海岸带全球变化综合风险评估及减灾策略

刘　强　吴绍洪　吕咸青等　著

科学出版社
北　京

内 容 简 介

本书是"十二五"国家科技支撑计划项目"重大自然灾害综合风险评估与减灾关键技术及应用示范"系列成果报告之一,内容主要涉及第四课题"重大自然灾害风险处置关键技术与应用示范"中的部分研究成果。在项目总体框架内,本书以风险管理理论为基础,重点论述全球气候变化背景下以我国山东沿海风暴潮为主的海洋灾害风险评估及减灾策略等专题研究。本书主要内容包括:在阐述风暴潮灾害的孕灾机制及过程的基础上,建立了风暴潮与天文潮耦合数值模型和二维风暴潮伴随同化模型;构建了以典型海岸带灾害风暴潮为主要致灾因子的综合风险评估指标体系,建立并优化了多目标海岸带灾害导致经济损失和人员伤亡的风险评估与预警模型;评估了全球气候变化背景下海平面上升对极值水位重现期的影响及山东沿海地区极值水位的淹没风险;以山东沿海灾害野外调查为案例,分析了山东省干旱、暴雨洪涝等气象灾害的时空特征,并对沿海地区海洋灾害综合风险进行了评估研究;提出了我国沿海典型城市重点区域海洋灾害防灾减灾工程措施与对策等。

本书可供海洋灾害预警预报、海洋国防建设、海洋工程、渔业养殖、海岛旅游、水利工程、地理科学、气象科学、风险评估与管理、防灾减灾等领域的沿海地区政府公务人员、科研和工程技术人员、企业管理人员以及大专院校海洋、水利、防灾减灾等方面的相关师生参考。

图书在版编目(CIP)数据

海岸带全球变化综合风险评估及减灾策略 / 刘强等著. —北京:科学出版社,2020.9

ISBN 978-7-03-061962-4

Ⅰ.①海… Ⅱ.①刘… Ⅲ.①海岸带-自然灾害-灾害防治 Ⅳ.①P732

中国版本图书馆 CIP 数据核字(2019)第 165163 号

责任编辑:杨明春 韩 鹏 / 责任校对:张小霞
责任印制:吴兆东 / 封面设计:北京图阅盛世文化传媒有限公司

科学出版社 出版
北京东黄城根北街 16 号
邮政编码:100717
http://www.sciencep.com

北京建宏印刷有限公司 印刷
科学出版社发行 各地新华书店经销

*

2020 年 9 月第 一 版 开本:787×1092 1/16
2020 年 9 月第一次印刷 印张:17
字数:405 000

定价:238.00 元
(如有印装质量问题,我社负责调换)

编辑委员会

主　　任：刘　强

副 主 任：吴绍洪　吕咸青　侯西勇　高　松

成　　员：徐俊丽　冯爱青　王晓利　张玉红

　　　　　李　锐　管　理　赵少亭　杨雪雪

　　　　　郝　婧　商　杰　白　涛

序

联合国减灾署（United Nations Office for Disaster Risk Reduction）自 1999 年成立以来，一直致力于防御与减轻全球重大自然灾害，特别关注日益频发的极端气候事件对人类生存和社会可持续发展构成的威胁。联合国政府间气候变化专门委员会（Intergovernmental Panel on Climate Change，IPCC）提出的《管理极端事件和灾害风险特别报告》（SREX），预测未来气候系统的变动将使气温和降水发生极端变化，对全球，特别是沿海地区将造成严重影响。

我国沿海地区人口密集、经济发达，同时也是台风、风暴潮等海洋灾害频发地区。近年来，我国沿海台风登陆的次数虽趋于减少，但强度在增大，沿海海平面上升速度为 3.0mm/a，远高于全球平均值 1.7mm/a，已成为受全球变化影响的脆弱区；同时受干旱、高温热浪和台风、风暴潮、洪涝等极端气候事件的影响，"旱者更旱，涝者愈涝"的情况将频繁出现。因此，我国海岸带是全世界灾害风险最高的地区之一。

事实上，我国沿海地区从汉代起便有风暴潮灾害的记录，时代越新，记载得越详细。仅 20 世纪我国沿海地区就发生过 4 次淹死万人以上的台风风暴潮灾害（1905 年、1922 年、1937 年和 1939 年）；近年来，每年因自然灾害死亡人数平均超过 2000 人，造成的财产损失达 3000 亿元。随着人口密度的增加和财富的积累，防灾减灾面临更大的挑战，必须增强防范意识，居安思危，未雨绸缪，才能有备无患。

由中国海洋大学刘强教授和中国科学院地理科学与资源研究所吴绍洪研究员等共同完成的《海岸带全球变化综合风险评估及减灾策略》一书，是我国具体论述海洋风暴潮对海岸带综合风险评估与防灾减灾策略建议的专著，是他们联合中国海洋大学吕咸青教授和中国科学院烟台海岸带研究所侯西勇研究员等科研团队，共同承担我国"十二五"国家科技支撑计划"重大自然灾害综合风险评估与减灾关键技术及应用示范"项目的重要成果。项目组的学者与专家分别从物理海洋、自然灾害、全球变化风险评估、防灾减灾策略、海洋工程、海岸带调研与监测及滨海经济发展等方面，针对全球变化背景下风暴潮灾害可能对我国沿海地区总体安全造成的冲击和影响，进行具体、客观的科学论证与分析。本书的出版，不仅可以传播海岸带风险评估知识，增长风险管理与减灾技能，更有利于提升全民应对全球变化背景下我国海岸带面临风险与危机的意识。谨此为序。

中国科学院院士 刘嘉麒

中国科学院地质与地球物理研究所研究员

2020 年 5 月 20 日于北京

前　　言

　　全球变化给人类社会的可持续发展带来挑战，世界各国纷纷将气候变化视为关乎全人类生存与发展的重大议题。1979 年在瑞士日内瓦召开的第一届世界气候大会上，科学家提出了大气二氧化碳浓度增加将导致地球升温的警告，气候变化首次作为一个受到国际社会关注的问题提上议事日程。我国沿海地区人口密集、经济发达，但受地理位置、地貌及东亚季风区气候特征等因素的影响，台风、风暴潮及强寒潮等极端气候事件频发；另外，海洋升温、酸化以及海岸侵蚀、土壤盐化、生物多样性丧失、湿地面积减少、生态系统退化等均加剧了海岸带生态环境的恶化。《2015 年中国海平面公报》显示，受全球气候变暖的影响，中国沿海海平面变化总体呈波动上升趋势，1980～2015 年中国沿海海平面平均上升速度为 3.0mm/a，远高于全球平均水平的 1.7mm/a。由极端气候事件及海平面上升造成的灾害对我国沿海地区的社会经济、生态环境、人类健康和人民生命财产安全都产生了重大影响，如国家海洋局发布的《2016 年中国海洋灾害公报》统计结果表明，2016 年我国各类海洋灾害共造成直接经济损失 50 亿元，其中造成直接经济损失最严重的是风暴潮灾害，占总直接经济损失的 92%。因此，我国海岸带和沿海地区已成为受全球变化影响的脆弱区和高风险区。

　　海岸带综合风险研究是当前全球变化及应对研究中的热点科学问题之一。联合国政府间气候变化专门委员会（IPCC）于 2011 年发布《管理极端事件和灾害风险促进气候变化适应特别报告》（SREX），系统评估了自然灾害的气候、环境和人类干扰因素之间的相互作用，提出了适应气候变化、管理气候灾害风险和提高应变能力的各种政策选项，为海岸带综合风险研究及应对提供了科学依据和方向。美国是开展海岸带综合风险评估研究最早的国家，美国国家海洋和大气管理局（National Oceanic and Atmospheric Administration，NOAA）与相关实验室将研发的 SLOSH（the Sea, Lake and Overland Surges from Hurricanes）数值模型用于海岸带洪水淹没计算中，主要以洪水风险区划图的形式来展示，广泛应用于飓风灾后风险评估与减灾规划上；NOAA 与美国联邦应急管理署（Federal Emergency Administration of the United States，FEMA）联合开发了基于 ArcGIS 平台的多灾种风险评估通用平台（Hazus-MH），具有多种数据库分析工具和制图功能接口，可以与美国地质调查局（United States Geological Survey，USGS）水文地质图库实现对接，提高风险评估结果的可靠性和准确性。我国于 2015 年编制了《中国极端天气气候事件和灾害风险管理与适应国家评估报告》，加强了对气候变化风险，尤其是对致灾因子危险性的时空格局刻画和情景预估；首次实现了对包括 11 种主要自然灾害和综合灾害在内的全球尺度风险的评估和制图，出版了《世界自然灾害风险地图集》。开展海岸带和沿海地区全球变化综合风险研究对各国应对气候变化有重要的科学和现实意义，然而当前研究以宏观大尺度、定性分析成果为主，尚未形成系统性、区域性、高精度、高分辨率以及定量的风险评估技术体系。

在此背景下，中国海洋大学、中国科学院地理科学与资源研究所、中国科学院烟台海岸带研究所等相关研究团队，在国家国际科技合作专项项目"基于风险管理体系和城市全面可持续发展的灾区重建"、"风险管理与城市可持续发展"、中国科学院知识创新工程方向项目群"中国重大自然灾害区域风险评估与灾后重建规划方法论研究"、国家自然科学基金面上项目"近海岸水环境模拟与污染风险机理研究"和"风暴潮灾害耦合风险数值模型及分析处置研究"、国家"十二五"科技支撑计划项目第四课题"重大自然灾害风险处置关键技术研究与应用示范"等研究积累的基础上，结合所取得的部分研究成果，完成了本书的编写工作，较为全面地展示了在海岸带全球变化综合风险评估领域所取得的最新成果。本书的主要内容包括：对风暴潮灾害的孕灾机制及原理进行了深入研究，建立了风暴潮与天文潮耦合数值模型和二维风暴潮伴随同化模型；构建了以典型海岸带灾害风暴潮为主要致灾因子的综合风险评估指标体系，建立并优化了多目标海岸带灾害（经济损失+人员伤亡）风险评估与预警模型；研究了气候变化背景下海平面上升对极值水位重现期的影响及沿海地区极值水位的淹没风险；分析了山东省干旱、暴雨洪涝等气象灾害的时空特征，并对沿海地区海洋灾害综合风险进行了评估研究；提出了我国沿海城市重点区域海洋灾害防灾减灾工程建议措施与对策等。本书的研究具有重要的理论价值和实践意义，尝试为减缓和适应全球变化与可持续转型研究提供可靠借鉴，促进形成对全球变化影响与风险评估的完整和系统的认识，为我国沿海地区的防灾减灾工作和气候变化下海岸带的风险管理提供必要的技术支撑及决策参考依据，并为国家的可持续发展服务，实现人与自然、人与社会的和谐发展。

参加编辑、出版工作的主要人员还有中国海洋大学的几届研究生们及中国科学院和国家海洋局北海预报中心的部分科研人员，在此谨向所有参编人员、审稿人以及院士、专家们表示衷心的感谢。最后特别感谢科学出版社对本书顺利出版的支持和在编排工作中的精心策划与合作。

限于水平，本书难免有不足之处，诚请广大读者给予批评指正。

刘　强

2020 年 5 月 20 日于青岛

目　　录

序
前言
1 风暴潮灾害及其风险理论机制 ·· 1
　1.1 风暴潮及其灾害的理论基础 ··· 1
　　1.1.1 风暴潮定义及种类 ·· 1
　　1.1.2 风暴潮灾害的影响因素 ·· 1
　1.2 风暴潮灾害的风险评估理论 ··· 3
　　1.2.1 风暴潮的危险性 ··· 4
　　1.2.2 风暴潮灾害承灾体的易损性 ··· 5
　　1.2.3 风暴潮综合风险区划评估 ··· 6
　1.3 本章小结 ·· 8
2 风暴潮灾害和形成机制 ·· 9
　2.1 风暴潮引起的灾害 ··· 9
　2.2 风暴潮灾害的历史资料评估 ··· 10
　　2.2.1 时间分布 ·· 10
　　2.2.2 空间分布 ·· 11
　2.3 引发风暴潮的自然因素 ··· 13
　2.4 海平面上升对风暴潮灾害的影响 ·· 14
　　2.4.1 概述 ·· 14
　　2.4.2 海平面上升对海岸带地区的影响 ··· 15
　　2.4.3 海平面上升对台风的影响 ·· 16
　2.5 本章小结 ·· 17
3 风暴潮数值模型与预报预警 ·· 18
　3.1 风暴潮模型的基本理论 ··· 18
　3.2 风暴潮与天文潮耦合的数值模型 ·· 18
　　3.2.1 风暴潮模型 ··· 18
　　3.2.2 天文潮模型 ··· 20
　　3.2.3 风暴潮与天文潮耦合模型 ·· 20
　　3.2.4 7203 号台风的个例计算 ·· 22
　3.3 风暴潮数值预报方法 ·· 38
　　3.3.1 伴随同化方法 ·· 38

	3.3.2 正则化方法	40
	3.3.3 7203号台风和8509号台风的个例计算	42
3.4	风暴潮监测与预报预警	50
	3.4.1 风暴潮监测	50
	3.4.2 风暴潮预报预警现状	51
	3.4.3 基于扩展卡尔曼滤波的风暴潮预警研究	52
	3.4.4 基于极限理论的风暴潮预警研究	53
	3.4.5 基于传统机器学习模型的风暴潮灾害损失预测研究	62
	3.4.6 基于深度学习模型的风暴潮增水预测研究	65
3.5	本章小结	69

4 气候变化与风暴潮灾害适应 …… 71

- 4.1 气候变化对风暴潮灾害的影响 …… 71
  - 4.1.1 气候变化与海平面上升状况 …… 71
  - 4.1.2 气候变化下风暴潮灾害的未来发展趋势 …… 71
- 4.2 气候变化下风暴潮极端灾害风险评估 …… 72
  - 4.2.1 气候变化背景下海平面上升对极值水位重现期的影响——以山东半岛为例 …… 72
  - 4.2.2 气候变化对沿海地区极值水位淹没风险的影响——以山东沿海地区荣成市为例 …… 88
- 4.3 气候变化背景下极值水位的风险及其适应对策 …… 101
  - 4.3.1 气候变化背景下极值水位的风险 …… 101
  - 4.3.2 适应对策 …… 102
- 4.4 本章小结 …… 104

5 山东省气象灾害时空特征 …… 106

- 5.1 山东省基本概况 …… 106
  - 5.1.1 位置与范围 …… 106
  - 5.1.2 自然地理特征 …… 106
  - 5.1.3 社会经济特征 …… 107
  - 5.1.4 自然灾害特征 …… 107
- 5.2 山东省气象干旱时空特征 …… 109
  - 5.2.1 数据与方法 …… 109
  - 5.2.2 结果与分析 …… 112
- 5.3 山东省暴雨洪涝灾害时空特征 …… 121
  - 5.3.1 数据与方法 …… 121
  - 5.3.2 结果与分析 …… 122
- 5.4 本章小结 …… 132

6 山东沿海海洋灾害风险评估及减灾策略 …… 134

- 6.1 海洋灾害风险评估的过程 …… 134
- 6.2 山东沿海城市海洋灾害的确定 …… 134

6.3 山东沿海地区海洋灾害综合风险评估 ... 135
6.3.1 致灾因子的危险性 ... 135
6.3.2 海洋灾害承灾体的脆弱性 ... 154
6.3.3 山东沿海地区防灾减灾能力的抵御性 ... 156
6.3.4 利用粗糙集理论对评价指标进行简化 ... 159
6.3.5 单一评价指标的选取及评价结果 ... 165
6.3.6 基于离差最大化的组合评价模型 ... 171
6.3.7 检验方法集的相容性 ... 172
6.3.8 组合权重及组合风险评价值的计算 ... 173
6.4 山东沿海区域海洋灾害综合风险的结果分析 ... 173
6.5 山东沿海各市海洋灾害的防灾减灾策略 ... 178
6.6 山东沿海各市海洋灾害及防灾工程实地调查 ... 182
6.6.1 重点海堤 ... 187
6.6.2 海岸侵蚀 ... 192
6.6.3 围填海状况 ... 193
6.6.4 海水入侵及盐渍化 ... 195
6.6.5 结论 ... 199
6.7 风暴潮及城市洪涝灾害风险预警——以寿光市为例 ... 199
6.7.1 区域概况 ... 199
6.7.2 风暴潮灾害统计 ... 199
6.7.3 避灾点及应急疏散路线规划 ... 200
6.7.4 结论与对策 ... 205
6.8 本章小结 ... 207

7 海洋灾害工程措施 ... 209
7.1 现在及未来风险防御工程措施 ... 209
7.1.1 减灾目标 ... 209
7.1.2 现在及未来风险防御工程措施减灾策略识别及分析 ... 211
7.1.3 减灾措施的优先等级确定 ... 213
7.2 重点区域防灾减灾工程措施的仿真模拟 ... 214
7.2.1 土木工程灾害的仿真模拟 ... 215
7.2.2 土木工程在灾害性荷载下的损伤机理研究 ... 216
7.2.3 海浪作用下土木工程破坏的三维仿真 ... 217
7.2.4 VR 技术在土木工程防灾各阶段的功能 ... 218
7.2.5 土木工程灾害应对策略及避灾模拟 ... 222
7.3 BIM 在我国沿海城市海洋灾害防灾减灾中的应用 ... 224
7.3.1 建筑物子系统 ... 225
7.3.2 市政设施子系统 ... 227

7.3.3　道路子系统 ··· 229
　　7.3.4　海港海堤子系统 ··· 231
　　7.3.5　BIM 在我国沿海海洋灾害防灾减灾中的应用流程 ············ 233
7.4　重点区域防灾减灾工程措施 ··· 234
　　7.4.1　黄岛区海堤现状 ··· 234
　　7.4.2　黄岛区海堤存在的关键问题 ··· 235
　　7.4.3　黄岛区防灾减灾工程对策 ·· 236
　　7.4.4　海堤的设计及经济评价 ··· 239
7.5　本章小结 ··· 244

参考文献 ·· 246

1 风暴潮灾害及其风险理论机制

1.1 风暴潮及其灾害的理论基础

1.1.1 风暴潮定义及种类

风暴潮（storm surge）是由于强烈的大气扰动，如强风和气压骤变（通常指台风和温带气旋等灾害性天气系统）而产生的海水异常升降的自然现象（冯士筰，1982），引起风暴潮的天气系统主要有热带气旋、温带气旋及爆发性气旋等。风暴潮通常与天文大潮、近岸浪、涌等因素发生耦合作用，甚至还会与上游洪水形成"三碰头"或"四碰头"灾害现象。风暴潮灾害不仅包括风暴潮引起的港口、码头、堤坝等遭受毁损，还包括堤坝被冲垮后，海水漫滩使得沿岸房屋、农田、养殖等受淹而发生的灾害（石先武等，2013）。

风暴潮根据风暴的性质，通常分为两大类：由台风引起的台风风暴潮和由温带气旋引起的温带风暴潮。台风风暴潮多见于夏秋季节，来势猛、速度快、强度大、破坏力强，凡是有台风影响的海洋国家，沿海地区均有台风风暴潮发生；温带风暴潮多发生于春秋季节，夏季也时有发生，增水过程比较平缓、增水高度低于台风风暴潮，主要发生在中纬度沿海地区，以欧洲北海沿岸、美国东海岸以及我国北方海区沿岸为多（黄金池，2002）。

1.1.2 风暴潮灾害的影响因素

1. 气候因素

中国沿海地区属于典型季风区：夏季盛行东南风，冬季盛行西北风，全年盛行的风向因季节而发生明显的改变。由于季风的影响，中国沿海地区的气候特点是：夏季温度较高，气候湿润；冬季温度较低，气候干燥。然而因南北纬度跨度大，各省、自治区、直辖市沿海地区的气候特点又会呈现出一定的差异性。

海南省、广西壮族自治区和广东省的南部属于热带季风气候区，该区域的年均气温为20~28℃，1~2月气温较低，平均气温为12~23℃，年均降水量达1500~2000mm。该区域的主要气候特点是冬季温暖湿润，夏季炎热潮湿。广西壮族自治区和广东省的北部、福建省、浙江省、上海市及江苏省的南部属于亚热带季风气候区，该区域的年均气温为15～20℃，年均降水量达800～1900mm。该区域冬季北部略寒，南部温润，夏季全区炎热潮湿，雨季集中在春夏。江苏省的北部、山东省、河北省、北京市、天津市和辽宁省属于温带季风气候区，该区域最冷月气温在0℃以下，年均降水量为500～600mm。该区域北部冬季寒冷干燥，夏季暖热多雨。

2. 天文因素

潮汐是在月球和太阳的引力作用下产生的海水周期性的升降运动，白天的涨落叫潮，晚上的涨落叫汐。潮汐的涨落现象平均以24小时50分（天文学上称为一个太阴日）为一周期。潮汐分为三种类型：半日潮、全日潮、混合潮。潮汐既有半日周期、全日周期，又有半月周期的变化，每月阴历的初一（朔）、十五（望）的潮汐，其潮差最大，称为大潮；阴历的初八（上弦）、二十三（下弦）的潮差在半月中最小，称为小潮。天文大潮对风暴潮灾害的发生起着不可忽视的作用，风暴潮能否成灾以及灾度的大小都与其有着直接的关系。根据统计历年来发生的风暴潮多数都发生在天文潮期。我国沿海因南北跨度大，各海区天文大潮的出现时间差异较大。渤海、黄海每年7～9月沿岸潮位较高，而台风多在这三个月影响北方，因此风暴潮灾害大多出现在这一时期。东海沿岸大潮出现的时间后推一个月，通常在8～10月，与台风的活跃时间一致，因此东海的大部分风暴潮灾害多发生在8～10月（赵昕等，2011）。南海因受地理纬度影响，天文潮的月际变化不大，但由于每年影响南海的台风最多，时间最长，即使是在小潮期，叠加上强风暴潮也会使沿岸受灾，所以南海风暴潮灾害时间长，次数多。

3. 地理条件

地理条件对风暴潮成灾有着重要的影响，在同一风暴潮致灾条件下，自然地理因素是导致风暴潮致灾强度空间异质性的主要原因。中国沿海地区位于北纬18°～43°之间，跨越了热带、亚热带和暖温带三个气候带。中国沿海地区位于北半球亚欧大陆的东岸，西北太平洋和南海的西侧，是世界上台风产生最多的区域。

中国沿海地区位于世界上最大的环太平洋构造带和亚欧构造带之间，平均海拔多在500m以下，处于中国地势的第三级阶梯，是丘陵、低山和平原交互分布的地区。其中辽东半岛、山东半岛和东南沿海地区，以山地、丘陵地貌为主，极易因台风暴雨而形成山崩、滑坡、泥石流和水土流失等地质灾害，而松辽平原、华北平原、江淮平原、长江中下游平原、珠江三角洲平原，海拔都在200m以下，极易受到台风引发的大风、暴雨和风暴潮灾害的影响。

4. 社会经济状况

中国沿海地区生态环境优美，经济发达，人口承载力高。沿海11省、自治区、直辖市总面积133.4万km²，占全国国土面积的14%，而人口总数达6.3亿，占全国人口总数的45%以上（国家统计局，2018）。沿海地区的人口分布在空间上呈现出一定的积聚效应，大量的人口集中在以北京、天津、上海和广州为龙头的环渤海经济圈、长江三角洲和珠江三角洲地区，这些地区地势低平，受台风及其引发的大风、暴雨和风暴潮等灾害的影响严重。此外沿海地区具有临海的区位优势，对外经济联系方便，成为经济最发达的地区，其生产总值占全国的55.1%以上，工业总产值占全国的71.3%，财政总收入占全国的64.4%（国家统计局，2018）。沿海地区因各省市的气候条件、地理位置、地形地势、产业结构、资源能源、政策市场等不同，其内部经济发展程度在空间分布上也是不平衡的。其中广东、江苏和山东的国内生产总值较高，占沿海地区生产总值的比例依次为10.8%、10.3%和8.5%，海南和广西的国内生产总值偏低，占沿海地区生产总值的比例都不足5.0%；广东、山东和江苏的工业生产总值也较高，占沿海地区工业总产值的比例依次为18.8%、17.5%和17.1%，海南的工业生产总值最低，占沿海工业总产值的比例不足1.0%；广东、江苏和上海的财政收入较高，占沿海地区财政收入的比例依次为21.7%、15.6%和12.9%，海南和广西的财政总收入较低，不足广东等财政收入较高省市的1/8。

城市化过程与经济发展是同步进行并相互促进的。改革开放以来，中国经济以每年10%左右的速率快速增长，取得了前所未有的成就，其中沿海地区的经济发展表现最为突出。自20世纪90年代以来，沿海地区国内生产总值占全国的比重虽然有所波动，但趋势一直是上升的。1992年，沿海地区占国内生产总值的比重为56.6%，1999年增加到58.7%，2009年进一步增加到64.5%，2018年增加到55.1%（国家统计局，2018）。经济的快速发展又会促进城市化进程的加快。沿海地区是中国经济发展最快的地区，因此沿海地区的城市化水平也很高。截至2018年，沿海地区的城市化水平均值已达60%，比全国城市化水平高出13%左右。沿海各省、自治区、直辖市的经济发展不平衡，所以城市化发展水平也表现出一定的差异性，上海、北京、天津和广东城市化水平较高，均超过了沿海地区城市化水平的平均值，广西和河北城市化水平较低，都低于全国平均城市化水平。城市化过程又会促进沿海地区人口、经济和财富的聚集，已形成了京津唐、长江三角洲和珠江三角洲的经济圈。这会使暴露于台风及其引发的大风、暴雨和风暴潮等灾害的承灾体增加，灾害造成的损失增大。

此外，中国沿海地区科学技术水平高，城市建设高速发展，各种基础设施不断涌现。目前，沿海地区的铁路、公路、港口、码头、机场、地铁、电信等方面的建设状况均好于内陆地区。例如，广东省目前已形成一个以广州市为枢纽，公路、铁路、水运、港口、航空等多种运输方式相结合，沟通省内外及港澳地区的便利快捷的交通运输及通信网络（周民良，2001）。另外，在沿海经济和科技快速发展的过程中，沿海地区产业结构也在逐步调整、优化，第三产业持续快速发展。到2018年，北京和上海的第三产业比重超过50%，广东、天津、福建、浙江和海南的第三产业比重超过40%。

1.2 风暴潮灾害的风险评估理论

自然灾害风险是自然灾害对人类社会可能造成的损失和伤害，是一种可能影响。自然灾害具有很大的不确定性，风险分析与评估是为了更好地认识风险，为风险管理提供科学依据，使未来情景向好的方向转变（章国材，2015）。自然灾害风险是致灾因子危险性及承灾体易损性的综合反映：
$$R_D(风险) = H(致灾因子危险性) \cap V(承灾体易损性)$$
其物理意义是风险（H）作用于人类社会的承灾体，由于承灾体的易损性（V）产生的风险；承灾体的易损性是由暴露在自然灾害中的承灾体的量（暴露E）及承灾体的易损性（V）组成。

风暴潮灾害的风险评估是风暴潮灾害管理研究的前提和基础，紧密联系了风暴潮灾害的危险性和承灾体的易损性。国内外对风暴潮灾害的风险评估开展了很多相关研究工作，主要集中于风暴潮的危险性和承灾体的脆弱性。从综合风险的角度对风暴潮灾害风险进行区划，以此指导风暴潮灾害风险的适应，从而达到规避风险和防灾减灾的目的。

1.2.1　风暴潮的危险性

风暴潮危险性是指风暴潮对一个地区的人或物造成危害的可能性大小，其危险性大小受风暴增水、天文大潮及暴雨洪涝等致灾因素的综合影响。在全球气候变化的背景下，海平面的上升使得沿海地区风暴潮的频率和强度明显增大，某些特定地区通常会出现多种致灾因子并存的情况。风暴潮灾害的危险性是风险评估、区划的重要组成要素，针对风暴潮灾害的致灾强度进行评估，主要包括风暴潮重现期计算和基于过程的情景数值模拟。

1. 重现期计算方法及应用

风暴潮重现期是指一个区域发生一定规模风暴潮灾害的频率，如百年一遇风暴潮增水值就是说在该地区发生达到该增水值规模的风暴潮的概率是1%。主要根据长时间尺度历史资料记录，预估某一特定区域10~1000年一遇的风暴潮灾害在未来发生的可能性大小（Wu et al.，2017）。风暴潮重现期是评价风暴潮灾害危险性的最重要因素，它可以实现对风暴潮灾害危险程度的长期预测分析。风暴潮重现期的估计作为海岸工程设计参数的参考依据，是工程建设和灾害防护综合评估的重要环节，对于特定区域的防灾减灾规划有十分重要的意义。

基于历史实测资料的重现期估计方法主要有频率统计分析方法和联合概率分布方法。频率统计分析方法主要包括：P-Ⅲ分布、Fisher/Gumbel分布及韦伯分布、柯西分布、广义极值分布、帕累托分布、对数正态分布、指数分布等参数模型（Chen et al.，2014；Walton 2000）。经典频率统计分析方法在典型风暴潮重现期工程设计中得到了广泛应用，针对潮位或浪高等单要素的典型重现期计算，《海堤工程设计规范》（GB/T 51015-2014）中推荐Gumbel分布或P-Ⅲ分布。李阔和李国胜（2010）采用Gumbel和P-Ⅲ分布计算珠江三角洲地区风暴潮重现期，并分析得出风暴潮增水与台风路径、天文潮及地形等环境要素具有密切关系。胡蓓蓓等（2012）根据1959~2005年海河闸站年极值最高潮位数据，求得不同频率年极值高潮位，根据历史上典型风暴潮淹没情景，在现有防潮堤的情况下，推求不同频率风暴潮进潮量并计算不同频率风暴潮淹没范围。针对风暴增水、天文潮、海浪等多要素的重现期计算，通过建立联合概率分布构建多要素连续或离散的累积概率分布

（董胜等，2005；王超，1986）。梁海燕和邹欣庆（2004）研究计算了海口湾的极值高水位及不同重现期的风暴潮与最高天文潮位的组合高水位。

2. 基于过程的情景数值模拟

经验频率统计方法受限于历史数据资料，因区域样本有限，在研究极端风暴潮灾害事件时存在较大的不确定性。风暴潮的数值模拟基于风暴潮发生过程，克服了经验统计方法的局限，研究主要包括台风气压场、风场的模拟，增水的模拟及天文潮与风暴潮增水的耦合模型（Vickery et al.，2000；黄金池，2002）。风暴潮数值模拟最初用于风暴潮预报技术，主要成熟的数值模式有：美国的 SLOSH 模式、英国的 SEA 模式、澳大利亚的 GCOM2D/3D 模式、荷兰的 DSCM 及 DELFT3D 模式、丹麦的 MIKE21 模式、加勒比海地区的 TAOS 模式。在工程设计领域中，对重点防护工程设施（如核电站、石油钻井平台等）采用可能最大风暴潮的设计标准（王喜年，2002）；基于各等级热带气旋参数之间的定量关系，建立各参数设定及路径合成的方法，合成多场热带气旋计算可能最大风暴潮（李颖等，2014）；模拟风暴增水叠加到当地天文大潮所产生的风暴潮灾害，将会造成大面积的漫堤和越浪现象，淹没风险增大（何佩东等，2015；吴玮等，2012）。

1.2.2 风暴潮灾害承灾体的易损性

承灾体易损性反映的是自然承灾体的暴露程度和脆弱性，脆弱性包括承灾体灾损敏感性和应对重建能力（Adger，2006）。风暴潮灾害的暴露程度即为风暴潮灾害的影响范围，暴露程度的大小受高潮位的影响；而脆弱性反映了承灾体对风暴潮灾害的影响程度，与沿海地区的自然环境承载力、人口分布及社会经济状况密切相关，一般包括自然脆弱性和社会脆弱性。自然脆弱性是由不同致灾强度引起的承灾体可能发生的损失，而社会脆弱性则是整个社会系统在灾害影响下所表现出来的自然属性。

脆弱性评估的方法主要有四类：基于历史灾情的方法、综合指数法、脆弱性曲线法、图层叠置法。承灾体脆弱性分析旨在建立致灾因子危险性和灾害损失之间的关系模型，基于灾后的经济调查或实验模拟，可以根据不同地区不同财产类别分别建立风暴潮损失率与淹没水深的关系曲线（郑君，2011）。一般通过构建风暴增水（或潮位）、淹没水深与沿岸承灾体损失之间的函数关系，构造脆弱性方程或建立脆弱性曲线来确定不同致灾强度作用下承灾体的损失率大小。尹占娥和许世远（2012）提出了农作物、建筑、室内财产、道路等承灾体对于风暴潮和洪水在内的多种自然致灾因子的脆弱性特征，并通过损坏百分比和重置价格（成本价值与折旧率）来表示各类承灾体的受损程度和自身价值。Kleinosky等（2007）利用 SLOSH 模型模拟不同强度的风暴潮的增水，结合高精度的数字高程模型（Digital Elevation Model，DEM）数据和承灾体分布，设计不同风暴强度下的承灾体淹没情景，统计得到风暴潮脆弱性曲线，进而对风暴潮风险进行定量评估。史培军（2012）针对社会脆弱性提出了"转入-转出"机制，此机制将社会看成一个平衡的系统，在风暴潮等自然灾害的作用下，社会系统所产生的应对能力反映了自然灾害下的社会脆弱性。基于中国风暴潮历史灾情数据，通过构建风暴潮灾害的自然脆弱性评估指数（Storm Surge

Vulnerability Index，SSVI），研究发现沿海地区的自然脆弱性存在明显的年代际变化，其中，21 世纪初期变化更为显著，这可能是与近年来全球气候变化下日益增加的极端气候事件有关；中国沿海绝大部分地市风暴潮灾害社会脆弱性处于中等脆弱性水平，东南沿海（广东、广西、海南）地区社会脆弱性较高；而上海、广州、天津和深圳由于基础设施、技术投入及信息化水平较高，具有很强的灾害吸收力和恢复力，脆弱性水平较低（谭丽荣，2012）。

为综合评估风暴潮灾害易损性，从社会经济、生态环境、土地利用和承灾能力等方面建立沿海地区的风暴潮灾害易损性评价指标体系，对风暴潮承灾体进行易损性评估（李阔和李国胜，2011；张俊香等，2008）。于文金等（2009）对江苏海岸带风暴潮承灾体的损失率进行了研究，提出了风暴潮区域生态环境经济损失评估的概念。通过分析未来海平面上升带来的风暴潮增水情景，评估不同情景下中国东部沿海地区主要风暴潮脆弱区土地利用淹没、受影响人口和经济的特征。各土地利用类型在不同风暴潮重现期下潮灾淹没损失值按以下顺序依次增大：水域、居住、绿化、农业、交通、公共设施、工业仓储用地（谢翠娜，2010）。主要风暴潮脆弱区分别为珠江三角洲地区、长江三角洲及浙北沿岸和苏北平原沿岸地区、莱州湾及黄河三角洲和渤海湾与辽东湾地区（王康发生，2010）。Hallegatte 等（2011）利用"投入-产出"模型评价了海平面上升对风暴潮灾害造成的经济损失。邱蓓莉（2015）构建了上海市社会经济脆弱性空间评价模型，得到不同风暴潮灾害情景下人口及经济的空间暴露度，评价了人口脆弱性、经济脆弱性及综合脆弱性。李琳琳（2014）将粗糙集理论引入风暴潮灾害脆弱性评价，并对沿海地区风暴潮灾害脆弱性进行了组合评价。Jonkman 和 Vrijling（2008）基于美国、英国、日本、荷兰等国家的灾情数据，建立了风暴潮灾害人口脆弱性模型，用于人口伤亡的灾害评估。大多的社会脆弱性评估是利用半定量方法来评估不同区域脆弱性的相对等级，主要是通过指标设计、层次分析、专家打分等方法对沿岸风暴潮的脆弱性进行等级划分（李国胜和李阔，2013；梁海燕和邹欣庆，2005），其中这种方法的指标体系构建以及权重赋值是难点。

气候变化下风暴潮承灾体的易损性程度加大，强调承灾体的脆弱性研究对沿海区域重大工程建设、灾害快速损失评估、防灾减灾对策研究、人员应急疏散、风险转移及风暴潮灾害保险体制建立有重要意义。

1.2.3　风暴潮综合风险区划评估

风暴潮风险的早期研究对风暴潮灾害的风险区划或损失评估主要采用的方法是构建经验统计模型确定风暴潮灾害灾度与损失之间的数学关系（冯利华，2002；郭洪寿，1991），损失评估结果误差较大。现阶段，国家海洋局与多部门合作编制了《风暴潮灾害风险评估和区划技术导则》，有利于指导开展各区域尺度的风暴潮灾害风险评估工作，为我国海洋灾害的重点防御区划提供技术规范。我国基于沿海经济、人口分布和验潮站历史观测数据，综合考虑风暴潮灾害危险性和沿海承灾体的脆弱性，绘制了沿海风暴潮灾害综合风险等级图（史培军，2011）。

1. 指标体系法

殷克东等（2011）根据风暴潮灾害风险因素建立了风暴潮灾害风险评价指标体系，采用聚类分析、熵值法及灰色关联分析，构建了青岛近海地区风暴潮灾害风险区划，将青岛 7 个区、3 个县级市划分为 4 个不同风险等级，揭示了青岛近海地区风暴潮灾害风险的地域差异性。张玉红（2013）在殷克东等研究的基础上，采用聚类分析及模糊综合风险评价法将研究区域进行综合分类；用熵值法、灰色关联分析分别对各地区潮灾风险进行量化，最后应用熵值-灰色-聚类方法以及熵值-灰色-模糊组合方法从主客观角度定性定量进行综合风险区划排名。把直接经济损失资料换算成直接经济损失指数，运用主成分分析法对表示致灾因子、孕灾环境与承灾体的评估因子进行数据处理，提取主成分作为 BP 神经网络模型的输入，从而建立直接经济损失评估模型（娄伟平等，2009）。利用数学模型计算海塘在溢流或局部溃堤工况下不同频率风暴潮可能的淹没范围、淹没水深，而后统计不同级别淹没水深范围内各类财产的直接经济损失，采用经验系数法估算间接经济损失（郑君，2011）。综上所述，本书提出简单合理的风暴潮灾害风险评价指标：水力计算指标、财产指标和灾情指标，通过这些指标可进行风暴潮风险分析和初步划分风险等级。

通过对风暴潮灾害经济风险的要素分析，建立风暴潮灾害经济风险区划指标体系。基于"四维一体"（熵值法、灰色关联分析法、主成分分析法和层次分析法，与 Kendall 一致性检验相结合）联合决策理论测度模型和层次聚类法对我国沿海地区风暴潮灾害进行经济风险区划，研究不同沿海地区面临完全相同的风暴潮灾害情况下的可能产生的经济损失差异（王晓玲，2010）。根据研究结果将我国沿海地区划分为四类，分别是高经济风险区：福建省、广东省和浙江省；较高经济风险区：上海市；中经济风险区：海南省、广西壮族自治区、山东省和辽宁省；低经济风险区：天津市、江苏省和河北省。运用因子得分基础上的聚类分析和熵值评价等方法，按风暴潮灾害的经济损失程度将沿海地区划分为 3 个区域（赵领娣和陈明华，2011；赵领娣等，2011）：上海市为第 1 区，表示风暴潮经济损失风险最小；海南省、福建省、浙江省、广东省为第 3 区，风险最大；其他省、自治区、直辖市为第 2 区，表示经济损失风险居中。灾害风险指数法用于风暴潮灾害致灾因子危险性和承灾体脆弱性的评价，分别采用灾次指数和承灾体指数，对沿海地区台风灾害风险进行评估（牛海燕，2012；牛海燕等，2011）。

2. 风险模拟评估法

根据对历史天气过程的分析和天文高潮值，选取制定不同强度的天气系统，模拟不同强度下滨海新区的温带风暴潮最大淹没范围（傅赐福等，2013）。综合考虑风暴潮淹没风险与承灾体脆弱性制作出滨海新区温带风暴潮灾害风险图。郜志超及其合作者（郜志超，2011；郜志超等，2012）根据台州市沿海区域的地理、水文、社会经济等特点，通过构建台风风暴潮灾害风险评价模型，对台州市区沿海地区的台风风暴潮灾害危险度、脆弱性和防灾减灾能力进行了分析，在地理信息系统（GIS）平台上进行淹没分析、叠置分析及格网拟合计算，最后绘制出了台州市台风风暴潮灾害高分辨率风险区划图。基于 Mike 21 水动力模型，运用数值计算和空间地理分析相交互方法，构建了台风风暴潮动态情景模拟模型；从危险性、脆弱性和暴露性角度，评估了不同频率风暴潮灾害风险，建立了一套适于上海风暴潮灾害风险分析与研究的方法体系（谢翠娜，2010）。参考内陆洪水损失评估的方法，梁海燕和邹欣庆（2005）通过建立适用的损失评估模型分析海口湾沿岸风暴潮的风险区域，并根据极值水位、风暴潮与天文大潮的组合水位等分析淹没范围及人口损失情况。针对台风风暴潮灾害影响的多种时空尺度和区域特征，开展对浙江沿海地区的台风风暴潮漫堤风险分析、典型沿海岸段台风风暴潮漫堤和淹没风险的实证研究（卢美，2013）。

1.3 本章小结

风暴潮灾害主要是由异常天气系统引起的风暴潮增水造成的，通常与天文大潮、近岸浪、涌等因素发生耦合作用，造成严重的损失。影响风暴潮灾害的因素可以分为气候因素、天文因素、地理条件、社会经济状况四类。其中，气候因素主要是通过温度、降水、季风等天气系统影响风暴潮的产生，而地理条件则是通过地壳构造产生的地貌、地形、地势等地理特征直接决定风暴潮灾害的影响范围。

依据灾害风险评估理论，从致灾因子的危险性、承灾体的脆弱性两方面评估，进而进行风险区划。通过综述国内外的研究进展，目前风暴潮灾害的研究要素比较单一，一般仅就风暴潮增水单一要素进行评估，以风暴潮灾害的重现周期及数值模拟等研究风暴潮灾害的危险性，而考虑天文大潮等因素的综合研究则处于初步阶段。气候变化引起的海平面上升促使高潮位升高，面临淹没风险的区域扩大，沿海低地等脆弱性区域更加敏感。结合沿海地区社会经济发展情况，综合天文大潮、海平面上升等因素的风暴潮灾害风险评估对极端灾害的风险管理和应对具有重大意义。

2 风暴潮灾害和形成机制

2.1 风暴潮引起的灾害

风暴潮是由于强烈的大气扰动（如强风和气压骤变）导致的海平面异常升降的现象。它是发生在海洋中的一种重力长波，具有数小时至数天的周期，介于低频的天文潮和地震海啸之间。风暴潮能否成灾很大程度上取决于风暴潮是否与天文潮相互叠加，尤其是与天文大潮的高潮相叠。此外，受灾情况也与地理位置、海岸形状、岸上及海底地形，以及滨海地区的社会和经济情况有关。

风暴潮的灾害性主要体现在两个方面：热带气旋、温带气旋等强烈风暴从近海登陆时，诱使海水向岸运动，导致近岸增水，此时若与天文大潮的高潮相互叠加，将会引起水位暴涨，危及沿岸人民生命和财产安全；热带气旋、温带气旋等强烈风暴离岸移行时，会造成岸边水位下降，若与天文大潮的低潮相互叠加，则会导致剧烈的风暴减水，暴露出大片海滩，对海岸工程造成威胁。一般来说，如果地理位置处于海上大风的袭击正面、海岸形状呈喇叭口、海底地形较平缓、人口密度较大、经济发达的地区，所受的风暴潮灾害要严重些，如9216号台风风暴潮。1992年8月28日至9月1日，受16号强热带风暴和天文大潮的共同影响，我国东部沿海发生了1949年以来影响范围最广、损失非常严重的一次风暴潮灾害。潮灾先后波及福建、浙江、上海、江苏、山东、天津、河北和辽宁等地区。风暴潮、巨浪、大风、大雨的综合影响，使南自福建省东山岛，北到辽宁省沿海的近万千米的海岸线，遭受不同程度的袭击。受灾人口达2000多万人，死亡193人，毁坏海堤1170km，受灾农田193.3万hm^2，成灾33.3万hm^2，直接经济损失上百亿元。另外，如果风暴潮潮位非常高，即使没有遇到天文大潮或高潮，也会造成严重灾害，如8007号台风风暴潮。1980年7月22日正逢天文潮平潮，但由于出现了5.94m的特高风暴潮位，因此对广东西部、海南和广西沿海造成严重风暴潮灾害（梁志松，2013）。

风暴潮灾害的破坏力主要体现在以下几个方面：

（1）风暴潮的多年冲刷使沿海的某些海岸带的地貌发生改变。

（2）风暴潮发生时会导致沿海居民生命和财产的损失，同时给沿海的滩涂开发和海水养殖带来严重的破坏。

（3）在风暴潮灾过后，有可能伴随着瘟疫流行、土地盐碱化，导致粮食失收，果树枯死，耕地退化。

（4）沿海地区的淡水资源受到污染，引起人畜饮水危机，生存受到威胁。

2.2 风暴潮灾害的历史资料评估

2.2.1 时间分布

近年来,我国越来越重视海洋强国建设,但是海洋灾害的频发却给我国经济社会发展带来了巨大的损失。图2.1 为我国海洋灾害带来的经济损失及其中风暴潮灾害所占比例,由图可知风暴潮灾害损失在海洋灾害损失中占有很大比例。中国是全球少数几个同时受台风风暴潮和温带风暴潮危害的国家之一(杨桂山,2009),我国也是西北太平洋沿岸国家中风暴潮灾害发生次数最多、损失最严重的国家(叶琳和于福江,2002)。图2.2 所示为2001～2015年风暴潮灾害造成的直接经济损失统计(国家海洋局,2001～2015)。

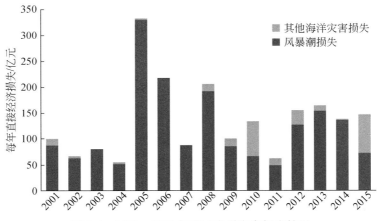

图2.1　2001～2015年我国海洋灾害损失情况

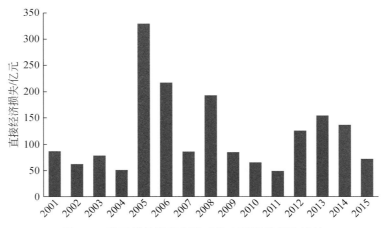

图2.2　我国风暴潮灾害造成的直接经济损失统计

据统计，1949~1997年，中国沿海城市共发生的风暴潮增水值大于1m的台风风暴潮共有301次，其中风暴潮增水大于2m的共有52次，风暴潮增水大于3m的共有11次。这些年间，其中每年引发不同程度的风暴潮灾害2.4次，其中几乎平均每两年会发生一次死亡人数在千人以上或者经济损失超过亿元的特大潮灾。一般将风暴潮灾害划分为四个等级，即特大潮灾、严重潮灾、较大潮灾和轻度潮灾，如表2.1所示。

表2.1 风暴潮灾害等级表

等级	特大潮灾	严重潮灾	较大潮灾	轻度潮灾
参考灾情	死亡千人以上或经济损失超过亿元	死亡数百人或经济损失0.2亿~1亿元	死亡数十人或经济损失千万元以上	死亡数人或无死亡但经济损失数百万元以下
超警戒水位幅度参考值	≥1.2m	≥0.8m	≥0.5m	略超或接近
等级代号	I	II	III	IV

我国自古以来就有对风暴潮灾害的记录。自汉代至中华民国时期，在我国的渤海湾、苏北沿岸、杭州湾附近和华南沿岸造成的死亡人数较多的特大风暴潮灾害就达到了26次，每次造成的死亡人数都达到数千人之多（杨保国，1996）。这仅是有历史文献记载的风暴潮灾害事件。可以说我国自古以来，沿海地区就深受风暴潮灾害影响。

自1949年以后，随着我国对沿海自然灾害观测的日益完善，沿海地区发生的风暴潮灾害的各项观测指标和损失情况得以较为完整地记录下来。从1949年至今，我国沿海发生的风暴潮灾害达到上百次。

2.2.2 空间分布

我国大陆海岸线长达1.8万多千米，岛屿海岸线长1.4万多千米，风暴潮灾害受灾区域北至辽宁省，南至海南省，但发生的频率和严重程度是不相同的。我国受风暴潮灾害比较严重的海域主要有：渤海湾至莱州湾沿岸、江苏省小洋河口至浙江中部、福建宁德至闽江口沿岸、广东汕头至珠江口、海南岛东北部沿岸。

南部沿海地区是我国受风暴潮灾害损失最为严重的地区。主要受灾地区有：广东省、广西壮族自治区、海南省。这些地区几乎每年都有风暴潮灾害发生，尤其是汕头岸段、雷州半岛和珠江口岸段。

东部沿海地区位于中纬度地区，因此风暴潮灾害的引发原因仍然主要是台风，主要受西北太平洋台风的影响。东部海域受影响的地区主要是福建省、浙江省、江苏省。

北部沿海地区属于中高纬度地区，除了受台风风暴潮之外，还受寒潮大风导致的风暴潮，主要包括山东省、辽宁省以及河北省。其中渤海湾和莱州湾是迎风岸，多表现为增水；而辽宁湾和秦皇岛岸段则为离岸风，多表现为减水。2007年3月，渤海湾和莱州湾发生了一次强温带风暴潮，其中最大增水值达到2.02m，烟台等地超过当地警戒水位49cm，造成直接经济损失21亿元（袁本坤等，2013）。

总体来说，我国沿岸地区风暴潮灾害较严重地区主要是长江以南的浙江省、福建省和广东省等地，较轻的地区主要是渤海湾以及天津沿海区域。下面对 2013~2015 年我国重大的风暴潮灾害、造成的经济损失以及登陆地点进行介绍，如表 2.2 所示。

表 2.2 2013~2015 年国内主要风暴潮灾害统计

年份	风暴潮名称	登陆地点	影响地区	造成的经济损失	验潮站
2015	1509"灿鸿"台风风暴潮	浙江省舟山市朱家尖沿海	江苏省、上海市、浙江省、福建省	合计 10.98 亿元，其中江苏省 0.58 亿元，上海市 0.05 亿元，浙江省 10.22 亿元，福建省 0.13 亿元	浙江省（定海站 252cm，三门站 173cm，镇海站 164cm，椒江站 151cm，砍门站 149cm），福建省（长门站 149cm）
	1513"苏迪罗"台风风暴潮	台湾省花莲县秀林乡	浙江省、福建省	合计 24.69 亿元。其中浙江省 0.79 亿元、福建省 23.9 亿元	福建省（琯头站 225cm，厦门站 129cm）、浙江省（鳌江站 198cm，白岩潭站 218cm，崇武站 159cm，平潭站 147cm）
	1522"彩虹"台风风暴潮	广东省湛江市坡头区	广东省广西壮族自治区、海南省	合计 27.02 亿元，其中广东省 16.5 亿元、广西壮族自治区 14.16 亿元、海南省 1.36 亿元	广东省水东站 232cm，湛江站 212cm，北津站 160cm，闸坡站 126cm，南渡站 113cm，广西壮族自治区石头埠站 107cm
2014	1409"威马逊"台风风暴潮	海南省文昌市翁田镇	海南省文昌市翁田镇，广东省湛江市，广东省南渡站、硇洲站、湛江站，广西壮族自治区铁山港站、石头埠、钦州站，海南省秀英站	合计 80.80 亿元，其中广东省 28.82 亿元，广西壮族自治区 24.66 亿元，海南省 27.32 亿元	广东省南渡站为 392cm，增水超过 200cm 的还有广东省硇洲站（260cm）、湛江站（256cm）；广西壮族自治区铁山港站（288cm）、石头埠（265cm）、钦州站（219cm），海南省秀英站（215cm）
	1415"海鸥"台风风暴潮	海南省文昌市翁田镇、广东湛江市徐闻县	海南省、广东省、广西壮族自治区	合计 42.75 亿元，其中广东省 29.85 亿元，广西壮族自治区 3.64 亿元，海南省 9.26 亿元	广东省南渡站为 495cm，增水超过或接近 200cm 的还有广东省湛江市（433cm）、硇洲站（388cm）、水东站（298cm）、北津站（238cm）、闸坡站（222cm）、海南省秀英站（199cm）

续表

年份	风暴潮名称	登陆地点	影响地区	造成的经济损失	验潮站
2014	"141008"温带风暴潮	黄海和东海沿海	山东省、江苏省、福建省	合计1.01亿元,其中山东省0.29亿元,江苏省0.20亿元,福建省0.52亿元	江苏省吕四站最大增水为211cm
2013	1319"天兔"台风风暴潮	广东省汕尾市	广东省汕尾市,福建省东山站,广东省遮浪站、汕头站、汕尾站、惠州站、南澳站	合计64.93亿元,其中福建省6.36亿元,广东省58.57亿元	广东省海门站增水为201cm,增水超过100cm的还有福建省东山站(103cm)和厦门站(102cm),广东省遮浪站(163cm)、汕头站(160cm)、汕尾站(150cm)、惠州站(137cm)和南澳站(125cm)
2013	1323"菲特"台风风暴潮	福建省福鼎市沙埕镇	福建省福鼎市沙埕镇,福建省琯头站、沙埕站,浙江省鳌江站、坎门站、洞头站、健跳站	合计34.92亿元,其中浙江省23.38亿元,福建省11.54亿元	浙江省鳌江站增水为375cm,增水超过100cm的还有浙江省坎门站(167cm)、澉浦站(166cm)、洞头站(121cm)和健跳站(107cm),福建省琯头站(142cm)和沙埕站(133cm),福建省三沙站和平潭站的最高潮位超过当地橙色警戒潮位,崇武站、厦门站和东山站的最高潮位超过当地黄色警戒潮位
2013	"130526"温带风暴潮	渤海和黄海沿海	山东省潍坊站、蓬莱站、石岛站、日照站,辽宁省东港站、小长山站、老虎滩站、鲅鱼圈站、葫芦岛站、芷锚湾站、河北省秦皇岛站	合计1.44亿元	山东省潍坊站风暴增水138cm,另外,辽宁省东港站、小长山站、老虎滩站、鲅鱼圈站、葫芦岛站和芷锚湾站,河北省秦皇岛站,山东省潍坊站、蓬莱站、石岛站和日照站11个潮(水)位站的最高潮位超过当地警戒潮位

资料来源:历年《国家海洋灾害公报》。

2.3 引发风暴潮的自然因素

风暴潮的形成可由许多因素引起,其中强烈的大气扰动(如热带气旋、温带气旋、寒潮或冷空气）就能产生风暴潮。

当热带气旋向大陆架上空移动时，风暴潮就可能形成。强烈的台风以及低气压能产生汹涌的波涛。当台风到达海岸时，强风卷起海水，将其推向内陆地区，形成能量巨大的风暴潮。由热带气旋导致的风暴潮多发生在夏秋季节。

而由温带气旋、寒潮或冷空气导致的温带风暴潮多发生在冬、春、秋三个季节，强烈的温带气旋或寒潮带来的向岸风能使海水向岸边堆积。我国渤海、黄海海域的温带风暴潮主要是由冷空气引起的，在春秋过渡季节，渤海和北黄海是冷、暖气团激荡比较激烈的海域。由寒潮所导致的风暴潮水位变化持续但不急剧（梁志松，2013）。

风暴潮的水位不仅与台风或寒潮的路径与强度等因素有关，还与沿岸的地理位置和地形有关。同一类台风在不同地区引起的风暴潮增水是明显不同的。例如，雷州湾、汕头港和拓林湾像一个口袋形状，当海水向湾内输送时，不易向周围扩散，容易导致水位急剧上升，增水显著。又如，杭州湾为典型的喇叭形河口，台风风暴潮使水位迅速升高，同时出现由湾口向湾顶逐渐增大（李纪生，1992）。

2.4 海平面上升对风暴潮灾害的影响

2.4.1 概　　述

海平面变化一方面是指绝对海平面变化，另一方面是指相对海平面变化。绝对海平面变化是指由海平面升降引起的海平面变化；相对海平面变化是指海平面相对于某海岸基准点的升降变化，其数值上等于绝对海平面与陆地升降量之和。冰川冻融、火山、构造运动、大地水准面变化及一些天文方面的综合因素导致了海平面的变化，但是最主要的原因是全球气候变暖。自20世纪70年代以后，全球气候变化越来越引起人们的关注，气候变化也成为学者们研究的热点问题和重要内容。IPCC研究表明，近百年来全球气候正经历着以全球变暖为主要特征的显著变化（IPCC，2013）。全球气候变暖的主要原因就是工业革命后，人类生产生活所排放的温室气体逐渐增多，导致温室效应增强。根据专家学者的研究预测，就算导致气候变暖的温室气体保持现有水平，在未来的100年以内，全球气候也将一直保持继续变暖的趋势。气候变暖使得海水温度上升、海平面上升，进而引起海岸带的巨大变化，出现大面积冰川融化、海平面上升、海水入侵和风暴潮多发以及洪涝等海洋灾害。全球气候变化对海岸这一关键地区的影响是多方面的，从不同的角度来看有不同的体现。

各国的政府、专家和学者非常重视全球气候变化和海平面上升（Nicholls and Cazenare，2010；Sahin and Mohamed，2014）。例如，Church（2005）研究表明海平面上升的原因是气候变暖导致海水温度升高，进而海洋热量升高引发了热膨胀；Cavenaze等（2003）利用卫星所记录的测高数据得到海平面的上升速率，在1993~2003年间全球海平面上升速率为3.1mm/a。IPCC第五次评估报告（IPCC，2013）指出了最近一百年内的全球气候变暖的趋势，进而说明海平面也是处于不断上升的状态之下，2100年的海平面上升范围将为 0.26~0.98m。Bittermann 等（2013）根据半经验研究的方法得出海平面到 2100 年大约上升 1.5m，还有一些学者认为到 2100 年绝对海平面会上升 1~5m（Grinsted et al.，2009）。

2.4.2 海平面上升对海岸带地区的影响

海岸带区域是指海洋和陆地相互交接、相互作用的地带，它包括邻海岸线一定宽度的陆域和海域。目前对海岸带定义和界定尚无统一的标准，不同的研究者对海岸带的内涵也有不同的认识和理解（熊永柱，2011）。我们通常说的海岸带区域是指沿海岸线呈带状分布的受人们活动影响且易于为人规划管理的行政地理单元。我国沿海地区人口密度大，经济发展迅速，因此海岸带也成为全球气候变化受影响的关键地区。由于我国沿海地带被过度聚集，高层建筑和工程的过多建设会增加地面的负荷。何健等（2005）认为我国沿海地区地面将会大幅度下沉，速率也会大幅度加快，其中大部分平原城市也在发生大规模的下降，面临海洋灾害威胁。海平面上升对沿海地区的社会、自然环境以及生态系统的影响如图 2.3 所示。

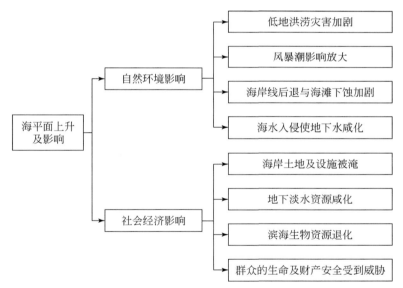

图 2.3 海平面上升及其影响（据杨桂山，2001）

自然环境影响方面：海平面的上升可能会淹没一些低洼的沿海地区，或使其排水能力下降，导致洪涝灾害；而且使风暴潮的强度增加，频率变大，风暴潮灾害加剧；加强了海洋动力作用，海岸线后退且加剧潮滩侵蚀，海水入侵使地下水咸化等。

社会经济影响方面：海平面的上升直接淹没大量的土地，尤其使耕地面积减小，影响耕种，农业生产下降；海岸边的大量工业设施遭到淹没或者破坏，如港口设施会部分遭到侵害；海岸线后退以及潮滩下蚀危及海岸防护工程，而上升的海平面与河道的高低潮位改变使得低洼地区排水能力降低，易造成洪涝灾害，影响工农业生产，给沿海地区人民造成巨大人身财产损失；沿海的地下水咸化，一定程度上威胁沿海地区的用水安全，如每年的枯水季节，海平面持续上升导致崇明岛的地下水咸化问题相应加剧；盐水入侵造成入海口和沿海地区生态环境的变化，滨海生物生存环境恶化使其存活率降低，生命岌岌可危甚至灭绝，生物资源丰富性受到影响。

在中国，受海平面上升影响严重的地区主要是经济发达的地区，也是城市化程度相对较高地区，如渤海湾地区、长江三角洲地区和珠江三角洲地区。

从世界范围来看，受海平面上升影响严重的低洼地区也是城市最密集的地区，建筑设施密集。由于城市发展的需求，过度开采这些地区的地下水，加快了地面沉降，无疑加大了海平面上升的速度。

海平面上升必然导致沿海地区的社会经济脆弱性增强，这必然会影响沿海地区的发展（许世远等，2006）。随着全球气候变暖和海平面上升，海洋气候也悄然地发生变化，海平面上升对海岸带的影响可以从多个角度来看。海平面上升不仅会加大风暴潮的最大增水值和风暴增水的频率，而且还会加大海岸地区发生洪涝灾害的频率（Sahin and Mohamed，2014）。学者们也开始注重研究海平面上升对风暴潮灾害的影响，在研究海平面上升对风暴潮的影响时，主要可以分为以下两种方法：①将风暴潮的最大增水与海平面的上升高度直接叠加，这一方法计算量较小，高效直接；②将海平面的上升高度与风暴潮的最大增水进行非线性关系的数值模拟；这一方法更加真实地反映实际的增水情况。Araujo等（2013）将近100年来海平面的变化情况对葡萄牙某一海域的影响进行了分析探讨，这为研究海平面的上升如何影响风暴潮灾害提供数据支持。Lee等（2013）评估了长期海平面变化对引起的浪高变化的影响，并研究了海平面上升对海岸防护措施的稳定性造成的影响，据此建立了风险评估模型，研究成果对提高近海岸灾害的管理提供了参考。概括起来，海平面上升对风暴潮的影响主要如下：①引起浪高的变化，对海岸防护措施的稳定性造成影响；②使低海拔岛屿抵御风暴能力大大减弱；③海水温度上升，热力作用更强，使风暴强度更大。

2.4.3 海平面上升对台风的影响

从前述可知，我国沿海地区造成损失最大的海洋灾害是风暴潮灾害，而风暴潮灾害中造成损失最大的就是台风风暴潮，因此我们还需要了解海平面上升对台风风暴潮的影响。

台风从定义上来说是指生成于热带或者副热带26℃以上洋面上的热带气旋。热带气旋又可以分为北太平洋西部地区的热带气旋，称为台风；北大西洋及东太平洋地区的热带气旋，称为飓风。在加强全球应对气候变化威胁、可持续发展和消除贫穷努力的背景下，IPCC发布了关于全球变暖超过工业化前水平1.5℃的影响及相关全球温室气体排放途径的特别报告（IPCC 2018）。Emanuel（1992）提出台风最大潜在强度理论（MPI），该理论解释了在影响飓风形成的一系列因素中最关键的就是海水温度，并从概率角度指出海平面温度每升高1℃，热带气旋温度大约随之增强6%。Knutson等（2010）在综合了历史数据以及资料的基础上分析了气候变暖对台风强度的影响力度，得到结论：到2100年，全球飓风强度增加2%~11%，同时中心大气压减小3%~21%。

2.5 本章小结

风暴潮是由于强风、气压骤变等强烈的大气扰动导致的海平面异常升降的现象。风暴潮能否成灾很大程度上取决于风暴潮是否与天文潮相互叠加。此外，受灾情况也与地理位置、海岸形状、岸上及海底地形，以及滨海地区的社会和经济情况有关。

风暴潮的灾害性主要体现在两个方面：热带气旋、温带气旋等强烈风暴从近海登陆时，诱使海水向岸运动，导致近岸增水，此时若与天文大潮的高潮相互叠加，将会引起水位暴涨，危及沿岸人民生命和财产安全；热带气旋、温带气旋等强烈风暴离岸移行时，会造成岸边水位下降，若与天文大潮的低潮相互叠加，则会导致剧烈的风暴减水，暴露出大片海滩，对海岸工程造成威胁。一般来说，如果地理位置正处于海上大风的袭击正面、海岸形状呈喇叭口、海底地形较平缓、人口密度较大、经济发达的地区，所受的风暴潮灾更严重；如果风暴潮潮位非常高，即使没有遇到天文大潮或高潮，也会造成严重灾害。

随着全球气候变暖和海平面上升，海洋气候也在发生变化，海平面上升对海岸带的影响可以从多个角度来看。海平面上升不仅会加大风暴潮的最大增水值和风暴增水的频率，而且还会加大海岸地区发生洪涝灾害的频率。海平面上升对风暴潮的主要影响为：①引起浪高的变化，对海岸防护措施的稳定性造成影响；②使低海拔岛屿抵御风暴能力大大减弱；③海水温度上升，热力作用更强，使风暴强度更大。

通过评估风暴潮的历史资料，可以分析得出风暴潮的时间分布及空间分布。其中，通过统计近年来我国海洋灾害损失情况以及风暴潮灾害造成的直接经济损失可以发现，从古至今，我国沿海地区就深受风暴潮灾害影响，是西北太平洋沿岸国家中风暴潮灾害发生次数最多、损失最严重的国家。而通过我国近年来风暴潮灾害统计以及我国风暴潮分布图，可以得出我国受风暴潮灾害的空间分布情况，即沿岸地区风暴潮灾害较严重地区主要是长江以南的浙江省、福建省和广东省等地，较轻的地区主要是渤海湾以及天津沿海区域。

3 风暴潮数值模型与预报预警

3.1 风暴潮模型的基本理论

在海洋中，通常以流体动力学中的湍流方程组来描述风暴潮的运动规律。因此，风暴潮本质上是一种非线性的湍流现象。在展开它的数学–流体力学的讨论前，首先从纯现象和物理的角度来分析一下它的形成和传播机制，尤其是在近岸海域中的特征和效应。

假设在海面上突然出现一个风暴，在风暴中心的低压区将会引起海面上升，水体的升高与气压的降低大约形成静压效应。同时，在风暴中心的周围，强风将以湍流切应力的作用导致海面水体形成一个与风场相同的气旋式的环流，然而由于科氏力（Coriolis force）的作用，在北半球海流向右偏，在南半球海流向左偏，因此表面海水形成辐散。由于海水运动是连续的，深层海水必定来补偿，于是形成了深层海水的辐聚。刚开始是沿着径向流向中心，但由于科氏力的作用，海流将向右偏，因此就形成了深层水中的气旋式环流。如果风暴停留不动，并且海水密度均匀，那么这种运动可以渗透到海洋中较深的水层。然而实际的渗入深度是有限的，因为海水是层化的，风暴也是移动的。另外，只要风暴的移行速度远小于长波的速度，那么海面对大气压的反应仍近似于静压效应，然而海流却不能对风场做出快速反应。因此，在风暴过后很长一段时间内，还会有风海流的残余。

当风暴来临时，海表面气压较低，再加上深层海流辐聚的影响，会导致部分海面隆起，随着风暴的移行而向前传播。同时，在风暴中心也形成了向周围传播的自由波，它们通常以长波的速度移行。由于自由波首先奔向岸边，当它们传播到大陆架浅水区域时，风暴携带的风暴潮波进入边缘浅海或者江河口，因为水深变浅，以及强风的直接影响和地形的缓坡作用，能量很快集中，风暴潮也就快速发展起来（沙文钰，2004）。

3.2 风暴潮与天文潮耦合的数值模型

3.2.1 风暴潮模型

在球坐标系下，二维风暴潮模型的控制方程形式如下：

$$\frac{\partial \zeta}{\partial t}+\frac{1}{a}\frac{\partial [(h+\zeta)u]}{\partial \lambda}+\frac{1}{a}\frac{\partial [(h+\zeta)v\cos\varphi]}{\partial \varphi}=0 \tag{3.1}$$

$$\frac{\partial u}{\partial t}+\frac{u}{a}\frac{\partial u}{\partial \lambda}+\frac{v}{R}\frac{\partial u}{\partial \varphi}-\frac{uv\tan\varphi}{R}-fv+\frac{ku\sqrt{u^2+v^2}}{h+\zeta}-A\Delta u+$$
$$\frac{g}{a}\frac{\partial \zeta}{\partial \lambda}+\frac{1}{\rho_w a}\frac{\partial P_a}{\partial \lambda}-\frac{\rho_a}{\rho_w}\frac{C_d W_x\sqrt{W_x^2+W_y^2}}{h+\zeta}=0 \tag{3.2}$$

$$\frac{\partial v}{\partial t}+\frac{u}{a}\frac{\partial v}{\partial \lambda}+\frac{v}{R}\frac{\partial v}{\partial \varphi}+\frac{u^2\tan\varphi}{R}+fu+\frac{kv\sqrt{u^2+v^2}}{h+\zeta}-A\Delta v+$$
$$\frac{g}{R}\frac{\partial \zeta}{\partial \varphi}+\frac{1}{\rho_w R}\frac{\partial P_a}{\partial \varphi}-\frac{\rho_a}{\rho_w}\frac{C_d W_y\sqrt{W_x^2+W_y^2}}{h+\zeta}=0 \tag{3.3}$$

式中，t 为时间；λ 和 φ 分别为经度（东经）和纬度（北纬）；h 为静水水深，ζ 为增水水位，$h+\zeta$ 为总水深；u，v 分别为流速在经度和纬度方向的分量；R 为地球半径，$a=R\cos\varphi$；$f=2\Omega\sin\varphi$，为 Coriolis 参数，Ω 为地球自转的角速度；k 为底摩擦系数；A 为水平涡黏系数；Δ 为拉普拉斯算子，$\Delta(u,v)=a^{-1}\{a^{-1}[\partial_\lambda(u,v)]+R^{-1}\partial_\varphi[\cos\varphi\partial_\varphi(u,v)]\}$；$g$ 为地球重力加速度；P_a 为海表面大气压；$\rho_w=1025\text{kg/m}^3$，为海水密度；$\rho_a=1.27\text{kg/m}^3$，为空气密度；W_x 和 W_y 分别为表面风场在经度和纬度方向的分量。风应力拖曳系数 C_d 采用 Wu（1982）研究中的形式，即

$$C_d=(0.8+0.065\times U_{10})\times 10^{-3}, \quad 0<U_{10}<50\text{m/s} \tag{3.4}$$

式中，U_{10} 为离海表面 10m 高处的风速。

风暴潮模式的闭边界条件中的法向分量设为零，即 $\vec{u}\cdot\vec{n}=0$，其中 $\vec{u}=(u,v)$ 为流速向量，$\vec{n}$ 为外法向单位向量；初始条件设为 $\zeta=u=v=0$。

许多研究表明，形成台风风暴潮的主要驱动力为海表面风应力和压强梯度力（Chen et al.，2012b；Zhang et al.，2007）。因此，为了准确地模拟风暴潮，选用合理的风场和压力场是非常有必要的。

与单纯的台风对风暴潮水位的影响相比，背景风场的影响可能比较小，但不应被忽略（唐建等，2013；闻斌等，2008）。闻斌等（2008）利用一个权重系数将台风风场和美国国家环境预报中心（NCEP）再分析数据的表面风场联结，构造出新的合成风场 $\vec{W}_{sy}$：

$$\vec{W}_{sy}=\vec{W}_{sm}(1-e)+e\vec{W}_{ncep} \tag{3.5}$$

式中，$\vec{W}_{ncep}$ 为 NCEP 风场；$\vec{W}_{sm}$ 为台风风场；e 为权重系数，取 $e=\dfrac{(r/nR)^4}{1+(r/nR)^4}$，（通常，$n$ 取 9 或 10）。权重系数 e 随着网格中心和台风中心的距离变化而变化，即确保在台风中心附近采用的是台风风场，而在远离台风中心的位置采用的是背景风场，同时也保证了这两个风场之间平滑过渡。

合成风场［式（3.5）］中的台风风场采用 Jelesnianski（1965）中的圆形风场模型，如下：

$$\vec{W}_{sm}=\begin{cases}\dfrac{r}{R+r}(V_{ox}\vec{i}+V_{oy}\vec{j})+W_R\dfrac{1}{r}\left(\dfrac{r}{R}\right)^{\frac{3}{2}}(A\vec{i}+B\vec{j}), & 0<r\leq R \\ \dfrac{R}{R+r}(V_{ox}\vec{i}+V_{oy}\vec{j})+W_R\dfrac{1}{r}\left(\dfrac{R}{r}\right)^{\frac{1}{2}}(A\vec{i}+B\vec{j}), & r>R\end{cases} \tag{3.6}$$

其中，$\vec{i}$ 和 $\vec{j}$ 分别为经度和纬度方向的单位向量；V_{ox} 和 V_{oy} 分别为台风中心移动速度在经度和纬度方向上的分量；r 为计算网格点与台风中心的距离；$\vec{W}_{sm}$ 为在 r 处的风速；R 为最大风速半径；W_R 为 R 处的风速。

$$A = -[(x-x_c)\sin\theta + (y-y_c)\cos\theta] \tag{3.7}$$

$$B = [(x-x_c)\cos\theta - (y-y_c)\sin\theta] \tag{3.8}$$

式中，(x, y) 和 (x_c, y_c) 分别为网格点和台风中心所在的位置；θ 为梯度风吹入角，即

$$\theta = \begin{cases} 20°, & r \leqslant R \\ 15°, & r > R \end{cases} \tag{3.9}$$

气压场也采用 Jelesnianski（1965）中的模型，即

$$P_a = \begin{cases} P_0 + \dfrac{1}{4}(P_\infty - P_0)\left(\dfrac{r}{R}\right)^3, & r \leqslant R \\ P_\infty - \dfrac{3}{4}(P_\infty - P_0)\left(\dfrac{R}{r}\right), & r > R \end{cases} \tag{3.10}$$

式中，P_a 为 r 处的海表气压；P_0 为台风中心气压；P_∞ 为台风外围气压。

3.2.2 天文潮模型

在球坐标系下，二维天文潮模型的控制方程形式如下：

$$\frac{\partial \zeta}{\partial t} + \frac{1}{a}\frac{\partial[(h+\zeta)u]}{\partial \lambda} + \frac{1}{a}\frac{\partial[(h+\zeta)v\cos\varphi]}{\partial \varphi} = 0 \tag{3.11}$$

$$\frac{\partial u}{\partial t} + \frac{u}{a}\frac{\partial u}{\partial \lambda} + \frac{v}{R}\frac{\partial u}{\partial \varphi} - \frac{uv\tan\varphi}{R} - fv + \frac{ku\sqrt{u^2+v^2}}{h+\zeta} - A\Delta u + \frac{g}{a}\frac{\partial(\zeta - \bar\zeta)}{\partial \lambda} = 0 \tag{3.12}$$

$$\frac{\partial v}{\partial t} + \frac{u}{a}\frac{\partial v}{\partial \lambda} + \frac{v}{R}\frac{\partial v}{\partial \varphi} + \frac{u^2\tan\varphi}{R} + fu + \frac{kv\sqrt{u^2+v^2}}{h+\zeta} - A\Delta v + \frac{g}{R}\frac{\partial(\zeta - \bar\zeta)}{\partial \varphi} = 0 \tag{3.13}$$

式中，t 为时间；λ 和 φ 分别为经度（东经）和纬度（北纬）；h 为静水水深，ζ 为增水水位，$h+\zeta$ 为总水深；u, v 分别为流速在经度和纬度方向的分量；$\bar\zeta$ 为引潮势；R 为地球半径，$a = R\cos\varphi$；$f = 2\Omega\sin\varphi$ 为 Coriolis 参数，Ω 为地球自转的角速度；k 为底摩擦系数；A 为水平涡黏系数；Δ 为拉普拉斯算子，$\Delta(u,v) = a^{-1}\{a^{-1}\partial_\lambda[\partial_\lambda(u,v)] + R^{-1}\partial_\varphi[\cos\varphi\partial_\varphi(u,v)]\}$；$g$ 为地球重力加速度；模式中水位和流速的初始值设为 0；闭边界条件设法向分量为零，即 $\vec{u}\cdot\vec{n}=0$，其中 $\vec{u}=(u,v)$ 为流速向量，$\vec{n}$ 为外法向单位向量；开边界条件的水位为

$$\zeta = \sum_{j=1}^{J} f_j H_j \cos(\omega_j t + u_j + v_j - g_j) \tag{3.14}$$

式中，H_j 和 g_j 分别为第 j 个分潮的振幅和迟角；ω_j 为分潮的角频率；v_j 为初相角；f_j 为交点因子；u_j 为交点订正角。

3.2.3 风暴潮与天文潮耦合模型

风暴潮与天文潮耦合的数值模型是在二维天文潮模型的基础上通过添加压力项和风

应力项得到,下面将详细介绍风暴潮与天文潮耦合模型。其中模型的耦合流程如图 3.1 所示。

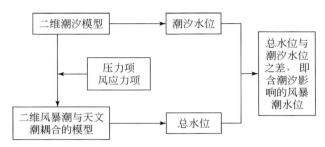

图 3.1 风暴潮与天文潮模型的耦合流程

在球坐标系下,二维风暴潮与天文潮耦合模型的控制方程形式如下:

$$\frac{\partial \zeta}{\partial t}+\frac{1}{a}\frac{\partial\left[(h+\zeta)u\right]}{\partial \lambda}+\frac{1}{a}\frac{\partial\left[(h+\zeta)v\cos\varphi\right]}{\partial \varphi}=0 \quad (3.15)$$

$$\frac{\partial u}{\partial t}+\frac{u}{a}\frac{\partial u}{\partial \lambda}+\frac{v}{R}\frac{\partial u}{\partial \varphi}-\frac{uv\tan\varphi}{R}-fv+\frac{ku\sqrt{u^2+v^2}}{h+\zeta}-A\Delta u+$$
$$\frac{g}{a}\frac{\partial(\zeta-\bar{\zeta})}{\partial \lambda}+\frac{1}{\rho_w}\frac{\partial P_a}{\partial \lambda}-\frac{\rho_a C_d W_x \sqrt{W_x^2+W_y^2}}{\rho_w}=0 \quad (3.16)$$

$$\frac{\partial v}{\partial t}+\frac{u}{a}\frac{\partial v}{\partial \lambda}+\frac{v}{R}\frac{\partial v}{\partial \varphi}+\frac{u^2\tan\varphi}{R}+fu+\frac{kv\sqrt{u^2+v^2}}{h+\zeta}-A\Delta v+$$
$$\frac{g}{R}\frac{\partial(\zeta-\bar{\zeta})}{\partial \varphi}+\frac{1}{\rho_w R}\frac{\partial P_a}{\partial \varphi}-\frac{\rho_a C_d W_y \sqrt{W_x^2+W_y^2}}{\rho_w h+\zeta}=0 \quad (3.17)$$

式中,t 为时间;λ 和 φ 分别为经度(东经)和纬度(北纬);h 为静水水深,ζ 为增水水位,$h+\zeta$ 为总水深;u,v 分别为流速在经度和纬度方向的分量;$\bar{\zeta}$ 为引潮势;R 为地球半径,$a=R\cos\varphi$;$f=2\Omega\sin\varphi$ 为 Coriolis 参数,Ω 为地球自转的角速度;k 为底摩擦系数;A 为水平涡黏系数;Δ 为拉普拉斯算子,具体公式如式(3.18)所示;g 为地球重力加速度;P_a 为海表面大气压;$\rho_w=1025\text{kg/m}^3$,为海水密度,$\rho_a=1.27\text{kg/m}^3$,为空气密度;W_x 和 W_y 为表面风场在经度和纬度方向的分量。

$$\Delta(u,v)=a^{-1}\{a^{-1}\partial_\lambda[\partial_\lambda(u,v)]+R^{-1}\partial_\varphi[\cos\varphi\partial_\varphi(u,v)]\} \quad (3.18)$$

风暴潮与天文潮耦合模型中水位和流速的初始值通过天文潮模型计算;闭边界条件设法向分量为零,即 $\vec{u}\cdot\vec{n}=0$,其中 $\vec{u}=(u,v)$ 为流速向量,$\vec{n}$ 为外法向单位向量;开边界条件的水位取为式(3.14)。此处,耦合模型中采用的风场模型与风暴潮模型中的风场模型相同,即通过权重系数将台风风场和 NCEP 再分析的表面风场联结,得到一个新的合成风场。

3.2.4　7203 号台风的个例计算

1. 风暴潮与天文潮相互作用对风暴潮水位的影响

利用建立的风暴潮与天文潮耦合模型模拟渤海、黄海、东海海域（117.5°~131.5°E，24°~41°N）的风暴潮水位。其中，地形数据取自 E-TOP-5，开边界设在台湾海峡、第一岛链和朝鲜海峡。空间分辨率为 5′×5′，网格点间经向步长不变，纬向步长随纬度变化，时间步长为 60 s。另外，该耦合模型中共考虑 8 个分潮，即 M2，S2，K1，O1，N2，K2，P1，Q1。

根据建立的风暴潮模型、天文潮模型以及风暴潮与天文潮耦合模型，分别可以计算三种水位，即纯风暴潮水位、潮汐水位和总水位。为了评估风暴潮与天文潮相互作用对风暴潮水位的影响，针对每个算例都计算上述三种水位（Zhang et al.，2007）。那么，从总水位中减去潮汐水位，可以得到考虑风暴潮与天文潮相互作用的风暴潮水位，然后再减去风暴潮模型计算的纯风暴潮水位，即可得到相互作用引起的水位。因此，可采用如下等式表示这几种水位之间的关系：

总水位＝潮汐水位＋纯风暴潮水位＋风暴潮与天文潮相互作用引起的水位

在利用天文潮模型计算潮汐水位之前，先对天文潮模型进行验证。天文潮模型中的计算区域、空间分辨率和时间步长都和风暴潮与天文潮耦合模型一致，海表面水位和水平流速的初始值都设为零。天文潮模型由引潮势和开边界条件驱动，其中 8 个分潮的开边界水位由式（3.19）计算得到，引潮势则是根据 Fang 等（1999）、Marchuk 和 Kagan（1989）中的公式计算，公式如下：

$$\bar{\zeta} = \sum_{n=1}^{4} \{\beta_n \alpha_n \cos^2\varphi [\cos(\omega_n t)\cos 2\lambda - \sin(\omega_n t)\sin 2\lambda] + \beta_{n+4}\alpha_{n+4}\sin 2\varphi[\cos(\omega_{n+4}t)\cos 2\lambda - \sin(\omega_{n+4}t)\sin 2\lambda]\} \quad (3.19)$$

式中，n 为第 n 个全日潮和半日潮；β 为 Love 数；α 为分潮振幅；ω 为分潮角频率；λ 和 φ 分别为经度和纬度。各分潮的振幅、角频率和 Love 数参见表 3.1。

表 3.1　8 个分潮的振幅、角频率和 Love 数

分潮	振幅 α/m	角频率 ω/（1/d）	Love 数
M2	0.242334	1.405189	0.693
S2	0.112743	1.454441	0.693
N2	0.046397	1.378797	0.693
K2	0.030684	1.458423	0.693
K1	0.141565	0.7292117	0.736

续表

分潮	振幅 α/m	角频率 ω/(1/d)	Love 数
O1	0.100661	0.6759774	0.695
P1	0.046848	0.7252295	0.706
Q1	0.019273	0.6495854	0.695

天文潮模型从 1972 年 4 月 27 日 8 时开始运行，模拟时间为 90d，其中对最后 60d 的模拟结果进行调和分析。进一步地，将 4 个主要分潮 M2，S2，K1，O1 的调和分析结果与 TOPEX/Poseidon（T/P）观测资料（图 3.2）作比较，结果表明，这 4 个分潮振幅与迟角的绝对平均误差分别小于 4cm 和 5°，如表 3.2 所示。M2，S2，K1 和 O1 的同潮图分别见图 3.3 和图 3.4。

表 3.2 4 个分潮 M2，S2，K1，O1 振幅与迟角的模拟结果与 T/P 观测结果之间的绝对平均误差

分潮	振幅/cm	迟角/(°)
M2	3.2	4.6
S2	3.3	4.0
K1	3.7	4.5
O1	3.6	4.4

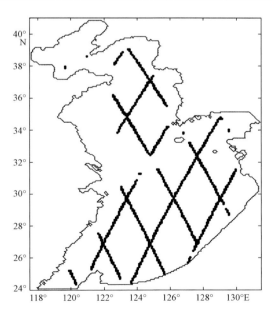

图 3.2 T/P 资料中观测点（图中黑点）

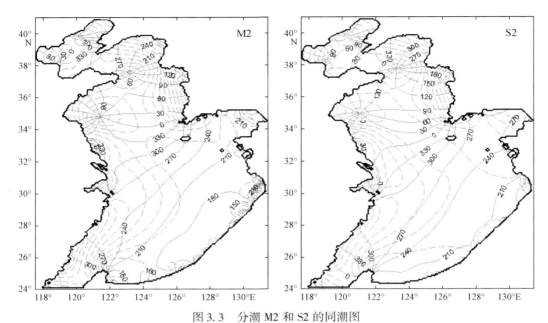

图 3.3 分潮 M2 和 S2 的同潮图

实线代表迟角 [单位：(°)]；虚线代表振幅（单位：m）；振幅区间为 [0.1, 3.0]m，
其中 M2 分潮的振幅间距为 0.2m，S2 分潮的振幅间距为 0.1m

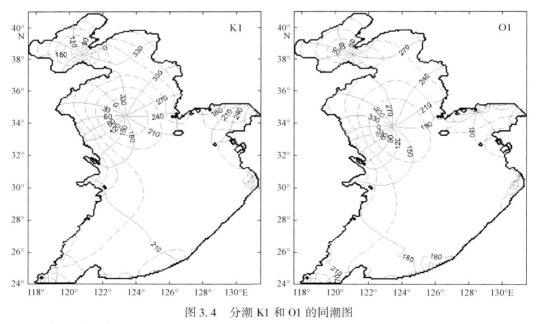

图 3.4 分潮 K1 和 O1 的同潮图

实线代表迟角 [单位：(°)]；虚线代表振幅（单位：m）；振幅区间为 [0.1, 3.0]m；振幅间距为 0.05m

现在以 7203 号台风风暴潮为例，我们将模拟渤海、黄海、东海海域内的总水位，并评估风暴潮与天文潮相互作用对风暴潮水位的影响。7203 号台风的路径（1972 年 7 月 25 日 8 时至 7 月 28 日 8 时，共 72h）和沿岸 10 个验潮站的位置如图 3.5 所示。

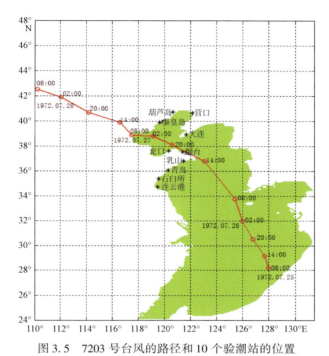

图 3.5 7203 号台风的路径和 10 个验潮站的位置

红色实线表示 7203 号台风的路径，红圈表示台风的时间序列，黑色星号表示验潮站的位置

为了讨论风暴潮与天文潮之间的相互作用，在其他条件相同时，假定 7203 号台风在 12 个不同时刻到达，即有 12 个独立的算例。具体过程如下：假设在第一个算例（记为 E1）中，台风在 1972 年 7 月 25 日 8 时到达；在第二个算例（记为 E2）中，台风在 1972 年 7 月 25 日 10 时到达，算例 E2 中台风到达的时间比算例 E1 中的晚 2h。换句话说，假定相邻两个算例中台风的到达时间都相差 2h，依此，总共有 12 个算例，那么在第 12 个算例（记为 E12）中，台风到达的时间为 1972 年 7 月 26 日 6 时。12 个算例中的背景风场均取自 NCEP 再分析表面风场资料中 1972 年 7 月 25 日 8 时到 7 月 28 日 8 时的数据，台风风速和压强的数据均来自 7203 号台风，并且每个算例都模拟 72h。另外，在每个算例中，潮汐水位和纯风暴潮水位也是分别计算的。

针对上述设计的 12 个算例，7203 号台风期间的渤海、黄海、东海海域的总水位可通过风暴潮与天文潮耦合模型计算得到，表 3.3 列出了台风期间 12 个算例在 10 个验潮站的极值水位。其中，在大连、营口、葫芦岛、秦皇岛、龙口、烟台这 6 个验潮站，以增水为主，给出的是最高水位值，而在乳山、青岛、石臼所和连云港验潮站，以减水为主，因此给出的是最低水位值。不考虑压力项和风应力项，天文潮模型能够计算出这 10 个验潮站的最高潮位和最低潮位，从而可提出每个验潮站的总水位与潮位的极值之间差的最大值可得到，如表 3.4 所示。从表 3.4 中可以看出，在增水过程为主的验潮站中，葫芦岛和秦皇岛验潮站所计算的差的最大值位于前两位，而在减水过程为主的验潮站中，石臼所和连云港验潮站的差的最大值居前两位。图3.6给出了12个算例在这4个验潮站的总水位和潮位的极值。

表3.3　7203号台风期间12个算例在10个验潮站的极值水位

算例	验潮站极值水位/cm									
	DL	YK	HLD	QHD	LK	YT	RS	QD	SJS	LYG
E1	166	221	189	166	136	206	−135	−138	−155	−163
E2	175	268	234	174	105	166	−130	−124	−134	−143
E3	184	305	263	176	106	120	−131	−127	−141	−150
E4	174	303	273	171	116	123	−130	−134	−174	−197
E5	213	286	272	187	119	135	−150	−158	−186	−202
E6	221	274	251	199	124	182	−140	−130	−144	−157
E7	194	240	223	205	129	205	−136	−124	−142	−151
E8	163	192	190	182	135	157	−137	−146	−149	−167
E9	152	220	181	182	157	139	−143	−175	−194	−203
E10	153	232	197	161	168	140	−146	−197	−239	−260
E11	160	222	201	129	180	147	−196	−227	−256	−269
E12	168	209	188	145	161	152	−209	−203	−215	−225

注：DL，YK，HLD，QHD，LK，YT，RS，QD，SJS和LYG代表10个验潮站，分别为大连，营口，葫芦岛，秦皇岛，龙口，烟台，乳山，青岛，石臼所和连云港。

表3.4　7203号台风期间10个验潮站的总水位和潮位极值的最大差值

验潮站	DL	YK	HLD	QHD	LK	YT	RS	QD	SJS	LYG
最大差值/cm	86	111	125	140	106	118	74	90	104	109

注：DL，YK，HLD，QHD，LK，YT，RS，QD，SJS和LYG代表10个验潮站，分别为大连，营口，葫芦岛，秦皇岛，龙口，烟台，乳山，青岛，石臼所和连云港。

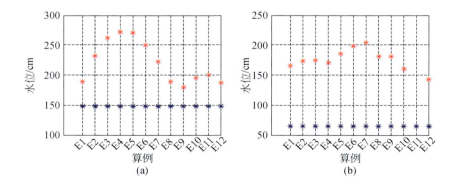

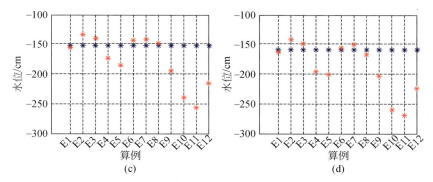

图 3.6　7203 号台风期间 12 个算例在葫芦岛（a），秦皇岛（b），石臼所（c）和
连云港（d）这 4 个验潮站的总水位和潮位的极值

从图 3.6 中可以看出，对增水过程为主的验潮站来说，葫芦岛验潮站中的算例 E4 和秦皇岛验潮站中的算例 E7 的差是最大的，而对减水为主的验潮站来说，石臼所和连云港验潮站中的算例 E11 的差是最大的。下面将详细分析这几个算例的模拟结果。

图 3.7（a）和（b）分别给出了 7203 号台风风暴潮在算例 E4 和算例 E7 中葫芦岛和秦皇岛验潮站的总水位和潮汐水位。从图中可以看出，这两个验潮站以增水为主，且最高

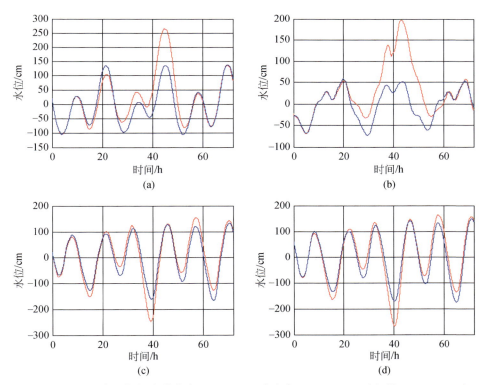

图 3.7　7203 号台风期间在葫芦岛（a，E4），秦皇岛（b，E7），石臼所（c，E11）和
连云港（d，E11）这 4 个验潮站的总水位（红线）和潮汐水位（蓝线）

水位分别为 273cm 和 205cm。如图 3.7（a）所示，对葫芦岛验潮站来说，增水过程主要发生在第 32h 到第 53h 之间。最高总水位和最高潮位之间的差为 125cm，这两个最高水位到达的时间相差 18min。为了更清楚地分析最高总水位形成的原因，我们给出第 30h、36h、42h 和 48h 的风场的空间分布（图 3.8），并结合相应时间内的潮汐水位变化进行分析。从图 3.8 中可以看出，在葫芦岛验潮站，风几乎都是向岸吹，引起海水向岸边急速流动，导致水位上升。尤其在第 42h，台风中心离葫芦岛验潮站最近，只有 262km，并且此时海水正处在涨潮的过程中。因此，强烈的向岸风和正在上涨的潮位共同作用，最终使总水位在 3h 后达到最大值。

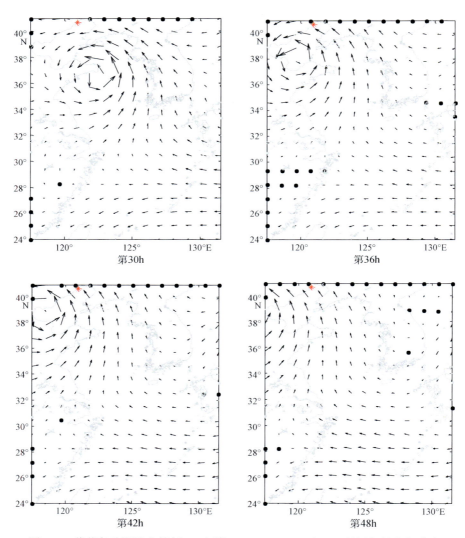

图 3.8　葫芦岛验潮站在算例 E4 中第 30h、36h、42h 和 48h 的风场的空间分布
红点代表葫芦岛验潮站的位置

与葫芦岛验潮站类似，秦皇岛验潮站在算例 E7 中仍然以增水为主，并且增水过程主要发生在第 31h 到第 54h 之间。总水位的最大值和潮位的最大值之间相差 140cm，这两个最高水位到达的时间相差 31min。图 3.9 给出了风场在第 30h、36h、42h 和 48h 的空间分布，从图中可以看出，台风中心在第 42h 离秦皇岛验潮站最近，仅有 129km。向岸风导致风暴潮水位急增，并与天文潮形成强烈的相互作用，并在第 43h 达到最高水位。

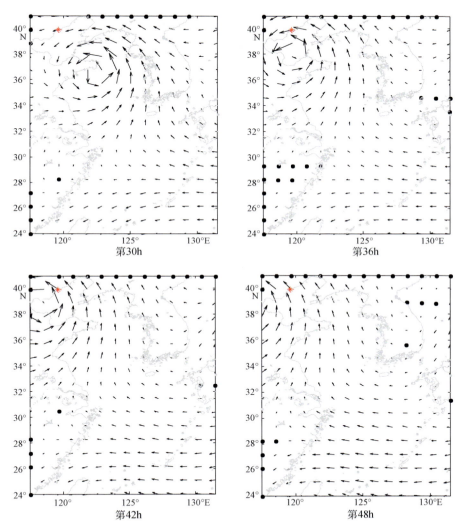

图 3.9　秦皇岛验潮站在算例 E7 中第 30h、36h、42h 和 48h 的风场的空间分布
红点代表秦皇岛验潮站的位置

而从石臼所验潮站［图 3.7（c）］和连云港验潮站［图 3.7（d）］在算例 E11 中的模拟水位变化可以看出，在第 36h 到第 42h 之间有一个明显而短暂的减水过程。图 3.10 给出了算例 E11 中第 36h 和第 42h 风场的空间分布，在离岸风和下降的潮位的共同影响

下，石臼所和连云港验潮站的最低水位分别达到了-256cm和-269cm，其中最低总水位和最低潮位的差分别是104cm和109cm，并且这两个最小值到达的时间差分别为34min和40min。从图3.10可以看出，与葫芦岛和秦皇岛验潮站相比，台风中心远离石臼所和连云港验潮站。经计算发现，台风中心离这两个验潮站的最近距离分别为305km和369km，在台风中心过境后5h和6.6h后，这两个验潮站的水位值降到最低。

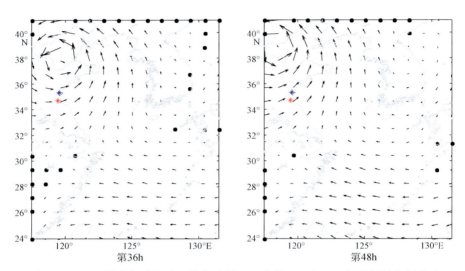

图3.10　石臼所验潮站和连云港在算例E11中第36h和48h的风场的空间分布
蓝点代表石臼所验潮站的位置，红点代表连云港验潮站的位置

2. 风速大小对风暴潮水位的影响

渤海、黄海、东海海域经常遭受不同程度的台风风暴潮的袭击，许多研究者已经指出，一些因素可能会影响风暴潮水位的高度、强度和持续时间，如地形（Chen et al.，2008；Westerink et al.，2008）、台风大小（Dietrich et al.，2011；Irish et al.，2008；Needham and Keim，2014）和台风登陆前的风速等。Sebastian等（2014）利用SWAN+ADCIRC模式通过改变风速大小构造了五个假想台风模拟了得克萨斯海岸的风暴潮，结果表明增加的风速会导致更高的风暴潮水位。

在这里，我们将利用已经建立的风暴潮与天文潮耦合模型，通过改变风速大小来讨论风速变化对风暴潮水位的影响。

模型选取的计算区域为渤海、黄海、东海海域（117.5°~131.5°E，24°~41°N），地形数据取自E-TOP-5，开边界设在台湾海峡、第一岛链和朝鲜海峡。空间分辨率为5′×5′，网格点间经向步长不变，纬向步长随纬度变化，时间步长为60s。另外，该耦合模型中共考虑8个分潮，即M_2，S_2，K_1，O_1，N_2，K_2，P_1，Q_1。

以7203号台风为例，我们将探讨渤海、黄海、东海海域内风速大小在考虑潮汐作用与不考虑潮汐作用时对风暴潮水位的影响。7203号台风的路径（1972年7月25日8时至7月28日8时，共72h）和沿岸10个验潮站的位置如图3.5所示。

为了讨论风速大小对考虑潮汐作用和不考虑潮汐作用的风暴潮水位的影响,以 7203 号台风风暴潮为例,在其他条件相同时,设计 20 个假想的台风风暴潮算例。换句话说,包括真实的 7203 号台风风暴潮在内,总共有 21 个算例。具体的设计过程如下:在第一个算例(记为 C1)中,模式中的风速为真实的风速,记为 W_1,然后假设后面每一个算例都比前一个算例的风速大小增加 3%,那么第二个算例(记为 C2)到最后一个算例(记为 C21)中的风速可采用如下公式表示,即

$$W_{i+1} = (1 + i \times 3\%) \times W_1, \quad i = 1, \cdots, 20 \tag{3.20}$$

式中,W_1 为真实风速;W_{i+1} 为设计的算例中的风速。

下面将从不同角度分析风速大小对考虑潮汐作用和不考虑潮汐作用的风暴潮水位的影响,并探讨在不同风速条件下,风暴潮与天文潮的相互作用对风暴潮水位的影响(图 3.11 ~ 图 3.18)。

当不考虑潮汐作用时,运行风暴潮模式来模拟渤海、黄海、东海海域内 21 个算例的台风风暴潮,在沿岸 10 个验潮站,每个算例的极值水位如图 3.11 所示。相应地,每个算例中的极值水位相对于第一个算例中的极值水位的相对增加百分比 [$(H_i - H_1)/H_1 \times 100\%$,$i = 2, \cdots, 21$,其中,$H_1$ 为第一个算例中的极值水位,H_i 为第 i 个算例中的极值水位] 如图 3.13 所示。而当考虑潮汐作用时,每个算例的极值水位以及极值水位的相对增加百分比分别可见图 3.12 和图 3.14。

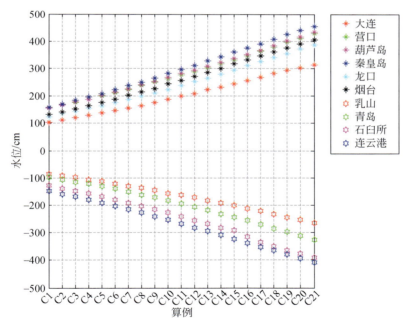

图 3.11　不考虑潮汐作用时 21 个算例在 10 个验潮站的风暴潮水位的极值

从图 3.11 ~ 图 3.14 可以看出,不论是考虑潮汐作用还是不考虑潮汐作用,风速大小对风暴潮水位的影响都是非常明显的。在不考虑潮汐作用的情况下,当风速增加 39% 时,10 个验潮站的风暴潮水位的极值至少增加 103%(图 3.13);而在考虑潮汐作

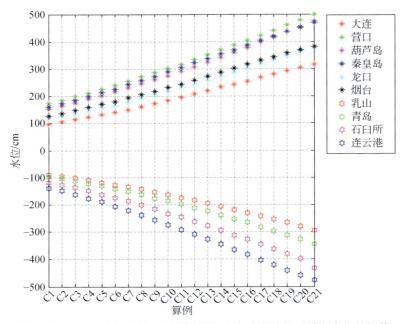

图 3.12 考虑潮汐作用时 21 个算例在 10 个验潮站的风暴潮水位的极值

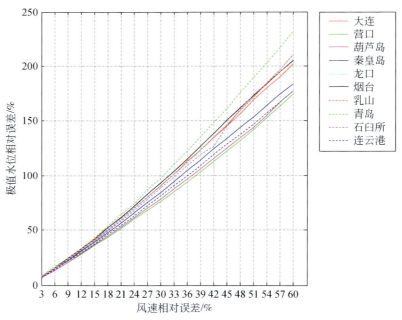

图 3.13 不考虑潮汐作用时算例 C2 到算例 C21 中的极值水位相对于
算例 C1 中的极值水位的相对增加百分比

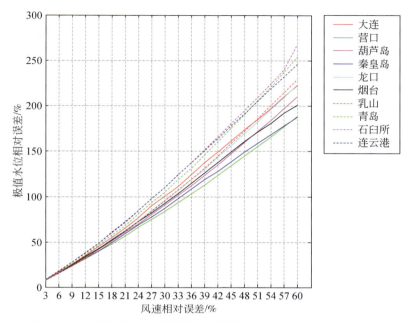

图 3.14　考虑潮汐作用时算例 C2 到算例 C21 中的极值水位相对于
算例 C1 中的极值水位的相对增加百分比

用的情况下，当风速增加 36% 时，风暴潮水位的极值至少增加 103%，如图 3.14 所示。这说明随着风速的增加，风暴潮与天文潮的相互作用对风暴潮水位的影响也变得非常明显。

通过比较图 3.11 和图 3.12 可以发现，对增水过程来说，21 个算例中考虑潮汐作用与不考虑潮汐作用的风暴潮水位极值的差在营口验潮站最大。而对减水过程来说，在连云港验潮站这两种风暴潮水位极值的差是最大的。因此，这两个验潮站的模拟结果将被进一步分析。

算例 C1，C6，C11，C16 和 C21 在营口和连云港验潮站的考虑潮汐作用和不考虑潮汐作用的风暴潮水位分别如图 3.15 和图 3.17 所示。从图中可以看出，在这两个验潮站，随着风速的增加，风暴潮水位上升或下降的非常明显，但是水位曲线的形状几乎不变。图 3.16 和图 3.18 分别给出了上述五个算例在营口和连云港验潮站考虑潮汐作用与不考虑潮汐作用的风暴潮水位的差，可以看出，随着风速逐渐增加，风暴潮与天文潮的相互作用对风暴潮水位的影响变得更加明显。当风速增加 60% 时，风暴潮与天文潮的相互作用在这两个验潮站引起的风暴潮水位差的最大值分别可达 76cm 和 89cm。

在这里，我们将探讨整个计算海域内不同风速条件下考虑潮汐作用与不考虑潮汐作用的风暴潮水位的空间分布。图 3.19 给出了算例 C1 和算例 C11 在整个计算海域内第 42h 的风暴潮水位的空间分布以及相应时刻的风场。

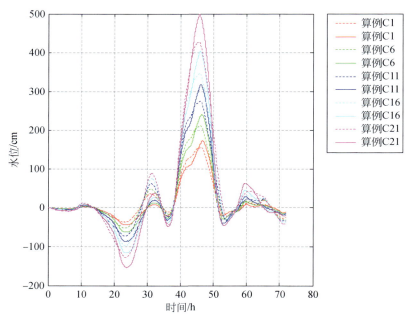

图 3.15 营口验潮站的考虑潮汐作用（实线）和不考虑潮汐作用（虚线）的风暴潮水位

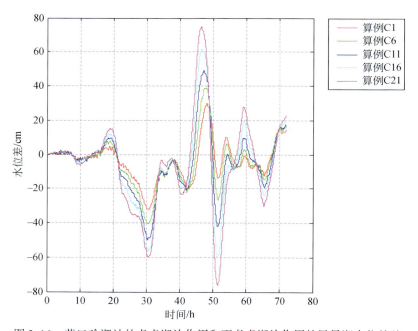

图 3.16 营口验潮站的考虑潮汐作用和不考虑潮汐作用的风暴潮水位的差

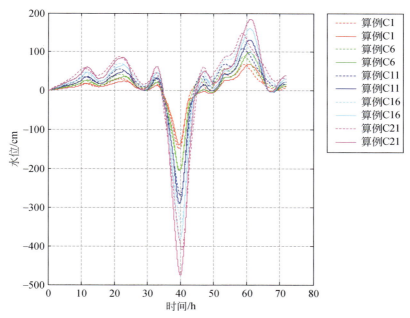

图 3.17 连云港验潮站的考虑潮汐作用（实线）和
不考虑潮汐作用（虚线）的风暴潮水位

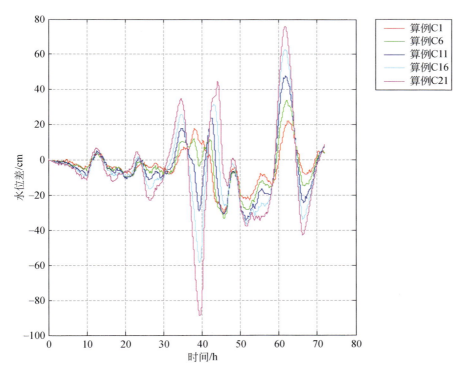

图 3.18 连云港验潮站的考虑潮汐作用和不考虑潮汐作用的风暴潮水位的差

如图 3.19 所示，在渤海海域，风几乎都是向岸吹的，因而导致岸边水位急速上升，而南黄海海域在离岸风的影响下，风暴潮水位以减水为主。特别地，随着风速的增加，这些海域的风暴潮增水或者减水变得更加明显。另外，在整个海域内，风暴潮与天文潮的相互作用对风暴潮水位的影响如图 3.19（e）和（f）所示，可以看出，风暴潮与天文潮的相互作用主要发生在渤海和南黄海，并且随着风速的增加，在这些海域的相互作用变得更加强烈。

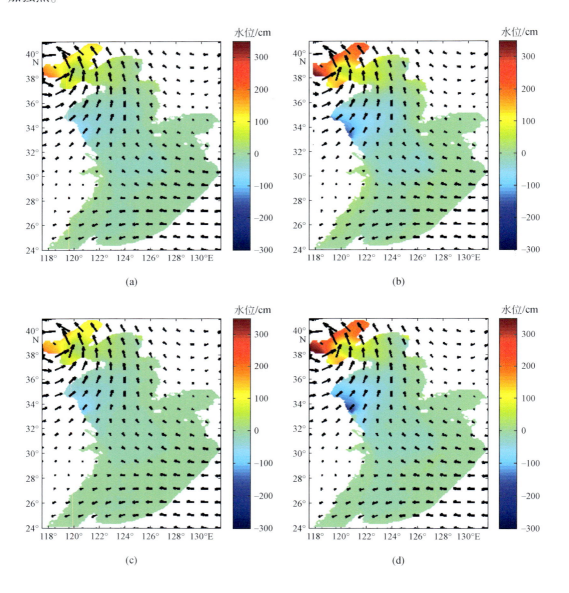

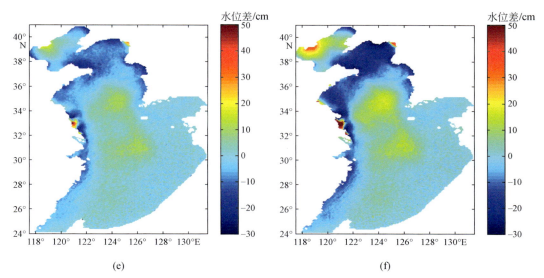

图 3.19 第 42h 的考虑潮汐作用与不考虑潮汐作用的风暴潮水位以及二者的差
（a）和（b）分别是算例 C1 和算例 C11 在不考虑潮汐作用下第 42h 的风暴潮水位；（c）和（d）分别是算例 C1 和算例 C11 在考虑潮汐作用下第 42h 的风暴潮水位；（e）和（f）分别是算例 C1 和算例 C11 考虑潮汐作用与不考虑潮汐作用的风暴潮水位的差。（a），（b），（c）和（d）中的黑色箭头代表第 42h 的风场

特别地，我们再给出算例 C1 在渤海海域内第 42h 的不考虑潮汐作用的风暴潮水位的包络线，如图 3.20 所示。在第 42h，台风中心到达渤海海域，强风吹向岸边，导致巨大的风暴潮增水，其中在天津和河北沿岸的增水尤其明显。

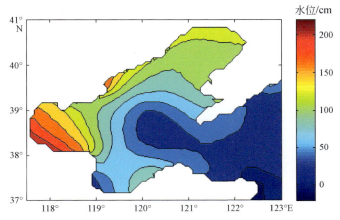

图 3.20 算例 C1 在渤海海域内第 42h 的不考虑潮汐作用的风暴潮水位的包络线

3.3 风暴潮数值预报方法

伴随同化方法常用在海洋模式中,在伴随同化的过程中,容易出现解的不适定性问题。正则化方法可用来应对反问题解的不适定性问题,其中,Tikhonov 正则化方法是最常用的正则化方法之一,并且在许多实际问题中已得到有效应用(Morozov,1984;Tikhonov,1963)。

以下将介绍伴随同化方法和正则化方法,并且将 Tikhonov 正则化方法应用到风暴潮伴随同化模式中来模拟渤海、黄海、东海海域的台风风暴潮。

3.3.1 伴随同化方法

伴随同化方法作为实现数值模型和观测资料有机结合的一种重要手段,近年来被广泛应用到风暴潮的数值模拟中(刘猛猛和吕咸青,2011;Fan et al.,2011;Li et al.,2013;Lionello et al.,2006;Peng et al.,2007;Peng and Xie,2006;Zhang et al.,2011)。伴随同化方法的流程如图 3.21 所示。

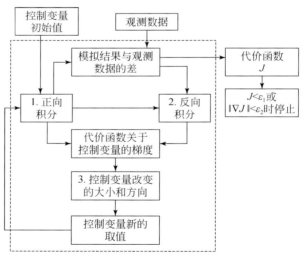

图 3.21 伴随同化方法的流程

二维风暴潮模型是由深度平均的连续方程和动量方程组成(Fan et al.,2011),具体如下:

$$\frac{\partial \zeta}{\partial t}+\frac{\partial [(h+\zeta)u]}{\partial x}+\frac{\partial [(h+\zeta)v]}{\partial y}=0 \tag{3.21}$$

$$\frac{\partial u}{\partial t}+u\frac{\partial u}{\partial x}+v\frac{\partial u}{\partial y}-fv+\frac{ku\sqrt{u^2+v^2}}{h+\zeta}-A\left(\frac{\partial^2 u}{\partial x^2}+\frac{\partial^2 u}{\partial y^2}\right)+$$
$$g\frac{\partial \zeta}{\partial x}+\frac{1}{\rho_w}\frac{\partial P_a}{\partial x}-\frac{\rho_a C_d W_x \sqrt{W_x^2+W_y^2}}{\rho_w}=0 \quad (3.22)$$

$$\frac{\partial v}{\partial t}+u\frac{\partial v}{\partial x}+v\frac{\partial v}{\partial y}+fu+\frac{kv\sqrt{u^2+v^2}}{h+\zeta}-A\left(\frac{\partial^2 v}{\partial x^2}+\frac{\partial^2 v}{\partial y^2}\right)+$$
$$g\frac{\partial \zeta}{\partial y}+\frac{1}{\rho_w}\frac{\partial P_a}{\partial y}-\frac{\rho_a C_d W_y \sqrt{W_x^2+W_y^2}}{\rho_w}=0 \quad (3.23)$$

式中，t 为时间；x 和 y 分别为笛卡儿坐标系中的东向和北向；h 为静水水深，ζ 为增水水位，$h+\zeta$ 为总水深；u，v 分别为流速在 x 和 y 方向的分量；$f=2\Omega\sin\varphi$ 为 Coriolis 参数，Ω 为地球自转的角速度，φ 为纬度；k 为底摩擦系数；A 为水平涡黏系数；g 为地球重力加速度；$\rho_w=1025\mathrm{kg/m^3}$，为海水密度；$\rho_a=1.27\mathrm{kg/m^3}$，为空气密度；$P_a$ 为海表面大气压；W_x 和 W_y 分别为表面风场在 x 和 y 方向的分量。

在风暴潮模式中，台风风场采用 Jelesnianski（1965）中的圆形风场模型，如下：

$$\vec{W}_{sm}=\begin{cases}\dfrac{r}{R+r}(V_{ox}\vec{i}+V_{oy}\vec{j})+W_R\dfrac{1}{r}\left(\dfrac{r}{R}\right)^{\frac{3}{2}}(A\vec{i}+B\vec{j}), & 0<r\leq R \\ \dfrac{R}{R+r}(V_{ox}\vec{i}+V_{oy}\vec{j})+W_R\dfrac{1}{r}\left(\dfrac{R}{r}\right)^{\frac{1}{2}}(A\vec{i}+B\vec{j}), & r>R\end{cases} \quad (3.24)$$

式中，i 和 j 分别为经度方向和纬度方向的单位向量；V_{ox} 和 V_{oy} 分别为台风中心移动速度在经度和纬度方向上的分量；r 为计算网格点与台风中心的距离，$\vec{W}_{sm}$ 为在 r 处的风速；R 为最大风速半径；W_R 为 R 处的风速。

$$A=-[(x-x_c)\sin\theta+(y-y_c)\cos\theta] \quad (3.25)$$
$$B=[(x-x_c)\cos\theta-(y-y_c)\sin\theta] \quad (3.26)$$

式中，(x,y) 和 (x_c,y_c) 分别为网格点和台风中心所在的位置；θ 为梯度风吹入角，即

$$\theta=\begin{cases}20°, & r\leq R \\ 15°, & r>R\end{cases} \quad (3.27)$$

气压场也采用 Jelesnianski（1965）中的模型，即：

$$P_a=\begin{cases}P_0+\dfrac{1}{4}(P_\infty-P_0)\left(\dfrac{r}{R}\right)^3, & r\leq R \\ P_\infty-\dfrac{3}{4}(P_\infty-P_0)\left(\dfrac{R}{r}\right), & r>R\end{cases} \quad (3.28)$$

式中，P_a 为在 r 处的海表气压；P_0 为台风中心气压；P_∞ 为台风外围气压，此处取为 1020hPa。

为了构造伴随方程，现定义代价函数如下：

$$J(\zeta)=\frac{1}{2}K_\zeta\int_\Sigma (\zeta-\hat{\zeta})^2 \mathrm{d}x\mathrm{d}y\mathrm{d}t \quad (3.29)$$

式中，ζ 为模拟水位；$\hat{\zeta}$ 为观测水位；K_ζ 为常数。

构造拉格朗日函数如下：

$$L = J(\zeta) + \int_{\Sigma_a} \zeta_a \left\{ \frac{\partial \zeta}{\partial t} + \frac{\partial [(h+\zeta)u]}{\partial x} + \frac{\partial [(h+\zeta)v]}{\partial y} \right\} \mathrm{d}x\mathrm{d}y\mathrm{d}t +$$

$$\int_{\Sigma} u_a \left[\frac{ku\sqrt{u^2+v^2}}{h+\zeta} - A\left(\frac{\partial^2 u}{\partial x^2} + \frac{\partial^2 u}{\partial y^2}\right) + \frac{1}{\rho}\frac{\partial p_a}{\partial x} - \frac{\rho_a}{\rho}\frac{C_d W_x \sqrt{W_x^2 + W_y^2}}{h+\zeta} \right] \mathrm{d}x\mathrm{d}y\mathrm{d}t + \quad (3.30)$$

$$\int_{\Sigma} v_a \left[\frac{kv\sqrt{u^2+v^2}}{h+\zeta} - A\left(\frac{\partial^2 v}{\partial x^2} + \frac{\partial^2 v}{\partial y^2}\right) + \frac{1}{\rho}\frac{\partial p_a}{\partial y} - \frac{\rho_a}{\rho}\frac{C_d W_y \sqrt{W_x^2 + W_y^2}}{h+\zeta} \right] \mathrm{d}x\mathrm{d}y\mathrm{d}t$$

类似于 He 等（2004）的推导方法，导出伴随方程形式如下：

$$\begin{aligned}
&\frac{\partial \zeta_a}{\partial t} + u\frac{\partial \zeta_a}{\partial x} + v\frac{\partial \zeta_a}{\partial y} + \frac{ku\sqrt{u^2+v^2}\,u_a}{(h+\zeta)^2} + \frac{kv\sqrt{u^2+v^2}\,v_a}{(h+\zeta)^2} + g\frac{\partial u_a}{\partial x} + g\frac{\partial v_a}{\partial y} = K_\zeta(\zeta - \hat{\zeta}), \\
&\frac{\partial u_a}{\partial t} - \left[f + \frac{kuv}{(h+\zeta)\sqrt{u^2+v^2}} \right] v_a - u_a\frac{\partial u}{\partial x} - v_a\frac{\partial v}{\partial x} + \frac{\partial}{\partial x}(uu_a) + \\
&\frac{\partial}{\partial y}(vu_a) + (h+\zeta)\frac{\partial \zeta_a}{\partial x} + A\left(\frac{\partial^2 u_a}{\partial x^2} + \frac{\partial^2 u_a}{\partial y^2}\right) - \frac{k(2u^2+v^2)u_a}{(h+\zeta)\sqrt{u^2+v^2}} = 0, \\
&\frac{\partial v_a}{\partial t} - \left[f + \frac{kuv}{(h+\zeta)\sqrt{u^2+v^2}} \right] u_a - u_a\frac{\partial u}{\partial y} - v_a\frac{\partial v}{\partial y} + \frac{\partial}{\partial x}(uv_a) + \\
&\frac{\partial}{\partial y}(vv_a) + (h+\zeta)\frac{\partial \zeta_a}{\partial y} + A\left(\frac{\partial^2 v_a}{\partial x^2} + \frac{\partial^2 v_a}{\partial y^2}\right) - \frac{k(u^2+2v^2)v_a}{(h+\zeta)\sqrt{u^2+v^2}} = 0
\end{aligned} \quad (3.31)$$

式中，ζ_a，u_a，v_a 分别为 ζ，u，v 的伴随变量。

在风暴潮伴随同化模型中，初始水位和初始流速都设为 0。闭边界设法向分量为 0，即 $\vec{u} \cdot \vec{n} = 0$，其中 $\vec{u} = (u, v)$ 为流速向量，$\vec{n}$ 为外法向单位向量。

3.3.2 正则化方法

正则化方法通常用来解决病态反问题，而 Tikhonov 正则化方法是正则化方法中最常用的一种。下面将详细介绍 Tikhonov 正则化方法的主要思想。

构造 Tikhonov 函数如下：

$$f = J + J_{\text{sta}} \quad (3.32)$$

式中，J 为由式（3.30）定义的代价函数；$J_{\text{sta}} = \frac{\alpha}{2} \| \boldsymbol{x} - \boldsymbol{x}_0 \|^2$ 为 Tikhonov 正则化方法中的稳定函数，α（$\alpha > 0$）为正则化参数，$\boldsymbol{x}_0$ 和 $\boldsymbol{x}$ 分别为先验的和待优化的控制变量。

那么，Tikhonov 函数 f 关于 $\boldsymbol{x}$ 的一阶导数为

$$f_x = g + \alpha(\boldsymbol{x} - \boldsymbol{x}_0) \quad (3.33)$$

f 关于 $\boldsymbol{x}$ 的二阶导数，即 Hesse 矩阵为

$$f_{xx} = G + \alpha \boldsymbol{I} \quad (3.34)$$

式中，g 为代价函数 J 的一阶导数；G 为代价函数的二阶导数；$\boldsymbol{I}$ 为单位矩阵。

我们的目标是要将 $f(\boldsymbol{x})$ 极小化，即

$$\text{Min}: f(\boldsymbol{x}) \tag{3.35}$$

由式（3.33）可看出，当 $\alpha=0$ 时，$f(\boldsymbol{x}) \equiv J(\boldsymbol{x})$，等效于不进行正则化；若 α 过小，稳定函数值相对于代价函数过小，反问题的病态性得不到有效改善，正则化的效果不明显；若 α 过大，问题将会偏离原问题，因而得到的解也会过于偏离原问题的解。因此，选择一个适当的 α 对于正则化方法的实施非常重要。一个可行的方案是根据 Engl 误差极小化准则确定 α。

假设 $\boldsymbol{p}=\boldsymbol{x}-\boldsymbol{x}_0$，那么在 $\boldsymbol{x}_0$ 的一个邻域内有

$$f(\boldsymbol{p}) \approx s(\boldsymbol{p}) = J(\boldsymbol{x}_0) + g(\boldsymbol{x}_0)\boldsymbol{p} + \frac{1}{2}\boldsymbol{p}^\mathrm{T} G(\boldsymbol{x}_0)\boldsymbol{p} + \frac{\alpha}{2}\|\boldsymbol{p}\|^2 \tag{3.36}$$

令 $\dfrac{\mathrm{d}s}{\mathrm{d}\boldsymbol{p}}=0$，可以得到

$$(\boldsymbol{G}_0+\alpha \boldsymbol{I})\boldsymbol{p}+\boldsymbol{g}_0=0 \tag{3.37}$$

那么，根据式（3.37）可得出以下三个重要结论：

由 $\boldsymbol{p}=-(\boldsymbol{G}_0+\alpha \boldsymbol{I})^{-1}\boldsymbol{g}_0$，可得

$$\boldsymbol{x}=\boldsymbol{x}_0-(\boldsymbol{G}_0+\alpha \boldsymbol{I})^{-1}\boldsymbol{g}_0 \tag{3.38}$$

令 $\dfrac{\mathrm{d}[(\boldsymbol{G}_0+\alpha \boldsymbol{I})\boldsymbol{p}+\boldsymbol{g}_0]}{\mathrm{d}\alpha}=0$，可推出 $\boldsymbol{p}+(\boldsymbol{G}_0+\alpha \boldsymbol{I})\dfrac{\mathrm{d}\boldsymbol{p}}{\mathrm{d}\alpha}=0$，则有

$$\frac{\mathrm{d}\boldsymbol{x}}{\mathrm{d}\alpha}=\frac{\mathrm{d}\boldsymbol{p}}{\mathrm{d}\alpha}=-(\boldsymbol{G}_0+\alpha \boldsymbol{I})^{-1}\boldsymbol{p} \tag{3.39}$$

令 $\dfrac{\mathrm{d}\left[\boldsymbol{p}+(\boldsymbol{G}_0+\alpha \boldsymbol{I})\dfrac{\mathrm{d}\boldsymbol{p}}{\mathrm{d}\alpha}\right]}{\mathrm{d}\alpha}=0$，可推出 $\dfrac{\mathrm{d}\boldsymbol{p}}{\mathrm{d}\alpha}+\dfrac{\mathrm{d}\boldsymbol{p}}{\mathrm{d}\alpha}+(\boldsymbol{G}_0+\alpha \boldsymbol{I})\dfrac{\mathrm{d}^2\boldsymbol{p}}{\mathrm{d}\alpha^2}=0$，则有

$$\frac{\mathrm{d}^2\boldsymbol{x}}{\mathrm{d}\alpha^2}=\frac{\mathrm{d}^2\boldsymbol{p}}{\mathrm{d}\alpha^2}=2(\boldsymbol{G}_0+\alpha \boldsymbol{I})^{-1}(\boldsymbol{G}_0+\alpha \boldsymbol{I})^{-1}\boldsymbol{p} \tag{3.40}$$

根据 Engl 误差极小化准则，我们要求

$$\text{Min}: \varphi(\alpha)=\frac{J}{\alpha}, \quad \alpha>0 \tag{3.41}$$

因此，令

$$\varphi'(\alpha)=\frac{\alpha J'-J}{\alpha^2}=0 \tag{3.42}$$

由于 $\alpha>0$，那么 $\alpha J'-J=0$。假设 $F(\alpha)=\alpha J'-J$，那么式（3.42）等价于确定 α，使 $F(\alpha)=0$。利用牛顿迭代公式，可以得到

$$\alpha_1=\alpha_0-\frac{F(\alpha_0)}{F'(\alpha_0)} \tag{3.43}$$

这里不断对 α 进行更新。

另外，可以得到

$$J'=J_p\frac{\mathrm{d}\boldsymbol{p}}{\mathrm{d}\alpha}=-\boldsymbol{g}(\boldsymbol{G}_0+\alpha \boldsymbol{I})^{-1}\boldsymbol{p}=\alpha \boldsymbol{p}^\mathrm{T}(\boldsymbol{G}_0+\alpha \boldsymbol{I})^{-1}\boldsymbol{p} \tag{3.44}$$

记 $\boldsymbol{C}=\boldsymbol{G}_0+\alpha \boldsymbol{I}$，那么

$$F(\alpha)=\alpha^2\boldsymbol{p}^\mathrm{T}(\boldsymbol{G}_0+\alpha \boldsymbol{I})^{-1}\boldsymbol{p}-J=\alpha^2\boldsymbol{p}^\mathrm{T}\boldsymbol{C}^{-1}\boldsymbol{p}-J \tag{3.45}$$

另外，

$$F'(\alpha) = \alpha J'' + J' - J' = \alpha J'' \\
= \alpha [\boldsymbol{p}^T(\boldsymbol{G}_0+\alpha\boldsymbol{I})^{-1}\boldsymbol{p} - 3\alpha\boldsymbol{p}^T(\boldsymbol{G}_0+\alpha\boldsymbol{I})^{-1}(\boldsymbol{G}_0+\alpha\boldsymbol{I})^{-1}\boldsymbol{p}] \\
= \alpha[\boldsymbol{p}^T\boldsymbol{C}^{-1}\boldsymbol{p} - 3\alpha\boldsymbol{p}^T\boldsymbol{C}^{-1}\boldsymbol{C}^{-1}\boldsymbol{p}]$$

(3.46)

由以上的推导可以看出，正则化参数的确定需要知道 Hesse 矩阵。但是此处 Hesse 矩阵难以计算，为简便起见，直接将 α 取作常数。

3.3.3　7203 号台风和 8509 号台风的个例计算

下面将模拟 7203 号和 8509 号台风期间渤海、黄海、东海海域的风暴潮水位。在这里，计算区域选取渤海、黄海、东海海域（117.5°~130.5°E，24.5°~41°N），空间分辨率是 5′×5′，网格点间纬向步长随纬度变化，经向步长始终不变；开边界设在台湾海峡、第一岛链和朝鲜海峡；地形数据取自 E-TOP-5；时间步长为 60s。7203 号台风（1972 年 7 月 25 日 8 时到 7 月 28 日 8 时）和 8509 号台风（1985 年 8 月 17 日 2 时到 8 月 20 日 14 时）的路径，以及沿岸 10 个验潮站的位置如图 3.22 所示。为了获得随时空变化的风应力拖曳系数，数值计算时将台风持续时间分成若干个过程，每个过程持续 6h。在数值实验中，时间步长为 1min，因此每个过程包括 360 步。

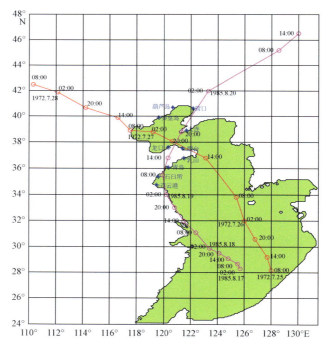

图 3.22　7203 号、8509 号台风的路径以及 10 个验潮站的位置分布
红线代表 7203 号台风的路径，紫色线代表 8509 号台风的路径，数字代表台风的时间序列，
蓝星代表验潮站的位置

根据 Tikhonov 正则化方法，将 7203 号和 8509 号台风期间 10 个验潮站的观测资料同化到当前的风暴潮模式中。在这里，我们分别取正则化参数为 1，10，100 和 1000，以便评估不同的正则化参数对模拟结果的影响，这 4 个算例分别记为 C1，C2，C3 和 C4。进一步地，将这 4 个算例的模拟结果和 Fan 等（2011）中用独立点方案模拟的结果（记为 C5）与观测水位一起作比较。

为了分析实验结果，本书对算例 C1～C5 中 7203 号和 8509 号台风风暴潮的模拟水位和实测水位进行了一系列的比较，并对这些结果作了进一步地分析。

表 3.5 和表 3.6 分别给出了 7203 号和 8509 号台风期间模拟水位与观测水位之间的均方根误差。这两个台风期间在每个验潮站的模拟水位与观测水位的均方根误差的结果如表 3.7 所示。此外，图 3.23～图 3.26 给出了 7203 号台风风暴潮在算例 C1～C5 中 4 个验潮站的模拟水位和观测水位的曲线以及它们之间的残差。图 3.27～图 3.29 给出了 8509 号台风风暴潮在算例 C1～C5 中 3 个验潮站的模拟水位和观测水位的曲线以及它们之间的残差。

表 3.5 7203 号台风期间算例 C1～C5 中每个过程模拟水位与观测水位的均方根误差（单位：cm）

算例	过程编号												平均值
	1	2	3	4	5	6	7	8	9	10	11	12	
C1	6	7	4	5	6	14	26	18	21	26	19	12	14
C2	5	7	5	5	5	16	27	18	19	25	19	12	14
C3	7	8	6	6	6	14	24	16	16	23	18	13	13
C4	10	11	10	9	11	20	22	19	20	23	19	15	16
C5	10	11	10	9	8	35	45	32	24	21	22	14	20

表 3.6 8509 号台风期间算例 C1～C5 中每个过程模拟水位与观测水位的均方根误差（单位：cm）

算例	过程编号														平均值
	1	2	3	4	5	6	7	8	9	10	11	12	13	14	
C1	11	7	4	7	10	9	7	10	7	21	32	66	36	43	19
C2	11	7	4	7	10	9	7	10	7	21	31	66	35	42	19
C3	11	8	4	7	10	9	8	10	7	19	29	67	34	40	19
C4	13	11	6	8	12	11	10	8	8	18	27	69	32	39	19
C5	13	7	5	9	10	9	7	11	11	35	49	101	38	30	24

表 3.7　7203 号和 8509 号台风期间算例 C1～C5 在每个验潮站的模拟水位与观测水位的均方根误差

(单位：cm)

验潮站	7203 号					8509 号				
	C1	C2	C3	C4	C5	C1	C2	C3	C4	C5
大连	13	12	13	19	25	50	50	50	52	73
营口	11	11	12	14	19	*	*	*	*	*
葫芦岛	10	11	10	16	23	*	*	*	*	*
秦皇岛	10	10	9	11	27	31	31	29	27	27
龙口	17	18	16	19	23	*	*	*	*	*
烟台	26	26	22	26	27	24	23	22	21	23
乳山	7	7	7	10	25	11	11	11	11	19
青岛	15	15	15	14	19	14	13	13	12	20
石臼所	15	15	13	12	19	15	14	14	14	24
连云港	23	23	20	17	25	16	16	16	17	25
平均值	15	15	14	16	23	23	23	22	22	30

* 代表该验潮站因观测资料的缺失而无法比较。

　　从表 3.5 中可以看出，7203 号台风风暴潮在算例 C1～C4 中模拟水位与观测水位的均方根误差的平均值分别为 14，14，13 和 16，其中算例 C3 中的均方根误差平均值是最小的。进一步地，我们可以看出由正则化方法得到的均方根误差的平均值都比独立点方案得到的均方根误差的平均值要小。表 3.6 的结果显示，8509 号台风风暴潮在算例 C1～C4 中模拟水位与观测水位的均方根误差的平均值是相同的，并且都小于算例 C5 中的值。在表 3.7 中，不论是 7203 号台风风暴潮还是 8509 号台风风暴潮，对所有验潮站来说，算例 C1～C4 中模拟水位与观测水位的均方根误差的平均值都明显小于算例 C5 中的平均值。因此，上述结果表明，与独立点方案所计算的风暴潮模拟水位相比，正则化方法得到的风暴潮模拟水位更接近观测水位。

　　另外，针对 7203 号台风风暴潮的结果，我们可以发现太大或者太小的正则化参数都不能得到最接近观测值的结果，因此，当利用 Tikhonov 正则化方法时应该选择一个合适的正则化参数。但是，对 8509 号台风风暴潮的模拟结果来说，正则化参数的大小对结果几乎没有影响。

　　图 3.23～图 3.29 更是直观地反映了上述分析的结果，由 Tikhonov 正则化方法计算的风暴潮水位更接近观测水位，并且模拟水位与观测水位的差更小。

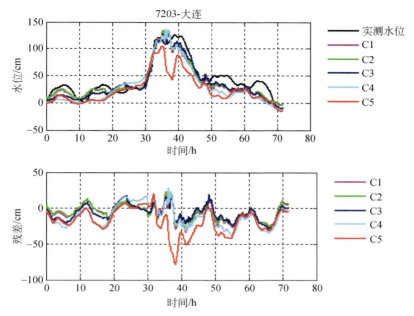

图 3.23 7203 号台风风暴潮在大连验潮站的 5 个算例的模拟水位（C1，C2，C3，C4，C5）和实测水位曲线（黑线）（上）以及它们之间的残差（下）

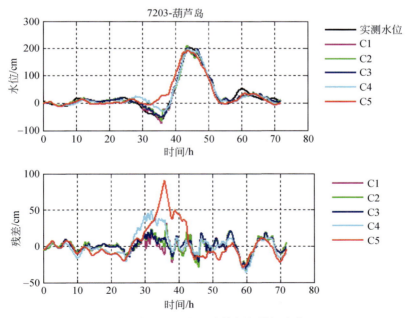

图 3.24 7203 号台风风暴潮在葫芦岛验潮站的 5 个算例的模拟水位（C1，C2，C3，C4，C5）和实测水位曲线（黑线）（上）以及它们之间的残差（下）

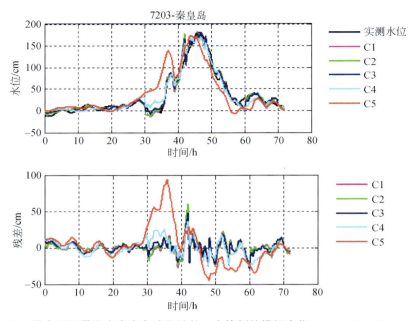

图 3.25　7203 号台风风暴潮在秦皇岛验潮站的 5 个算例的模拟水位（C1，C2，C3，C4，C5）和实测水位曲线（黑线）（上）以及它们之间的残差（下）

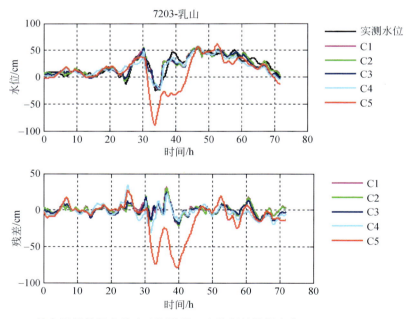

图 3.26　7203 号台风风暴潮在乳山验潮站的 5 个算例的模拟水位（C1，C2，C3，C4，C5）和实测水位曲线（黑线）（上）以及它们之间的残差（下）

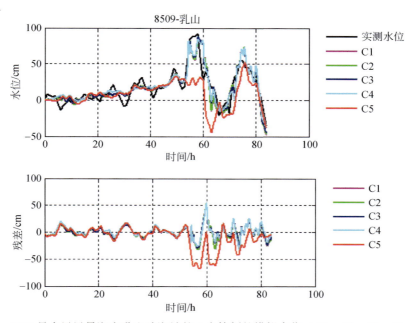

图 3.27　8509 号台风风暴潮在乳山验潮站的 5 个算例的模拟水位（C1，C2，C3，C4，C5）和实测水位曲线（黑线）（上）以及它们之间的残差（下）

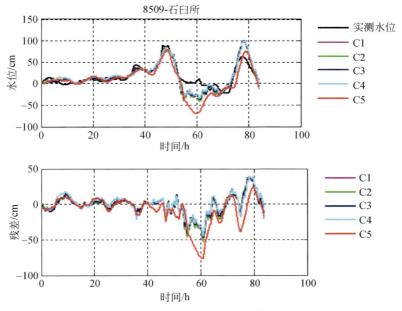

图 3.28　8509 号台风风暴潮在石臼所验潮站的 5 个算例的模拟水位（C1，C2，C3，C4，C5）和实测水位曲线（黑线）（上）以及它们之间的残差（下）

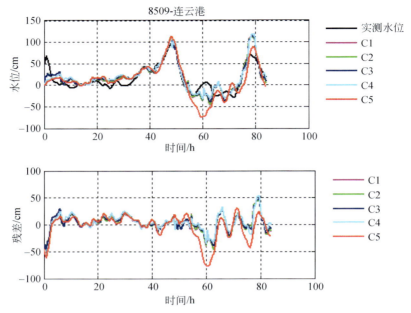

图 3.29　8509 号台风风暴潮在连云港验潮站的 5 个算例的模拟水位（C1，C2，C3，C4，C5）和实测水位曲线（黑线）（上）以及它们之间的残差（下）

对 7203 号台风风暴潮来说，算例 C3 中的模拟水位与观测水位的均方根误差的平均值最小，因此，将给出算例 C3 中反演的风应力拖曳系数的空间分布。而对 8509 号台风风暴潮来说，正则化方法计算得到的模拟水位与观测水位的均方根误差的平均值是相同的。此处，我们也只给出算例 C3 中反演的风应力拖曳系数的空间分布。

图 3.30 给出了算例 C3 中 7203 号台风风暴潮第 3 个，6 个，9 个和 12 个过程反演的风应力拖曳系数的空间分布。而算例 C3 中 8509 号台风风暴潮的第 2 个，6 个，10 个和 14

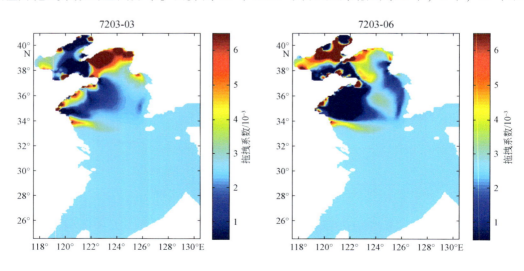

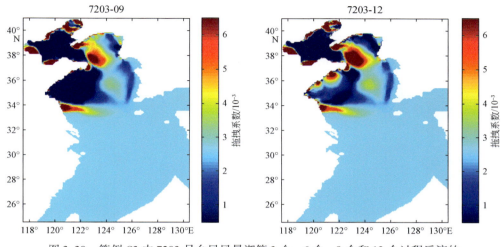

图 3.30　算例 C3 中 7203 号台风风暴潮第 3 个，6 个，9 个和 12 个过程反演的风应力拖曳系数的空间分布

个过程反演的风应力拖曳系数的空间分布如图 3.31 所示。从图 3.30 和图 3.31 可以看出，风应力拖曳系数较大或较小的值主要出现在渤海和北黄海，尤其是海岸线曲折的海域，而在南黄海相对较弱，在东海海域结果几乎不变。可能的解释是沿海地区水深比较浅，由于空间的限制，海水辐聚辐散的现象比较明显。

另外，从图 3.30 和图 3.31 也可以看出虽然在同一个海区内模拟 7203 号和 8509 号台风风暴潮，但是反演得到的风应力拖曳系数是完全不同的，这主要是由于它们的路径不同，强度也不同。

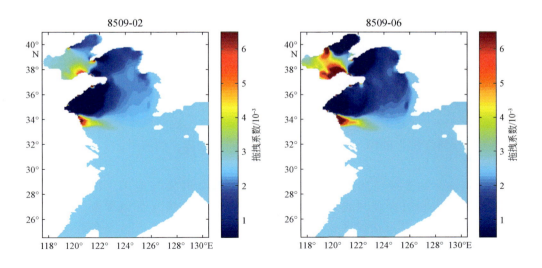

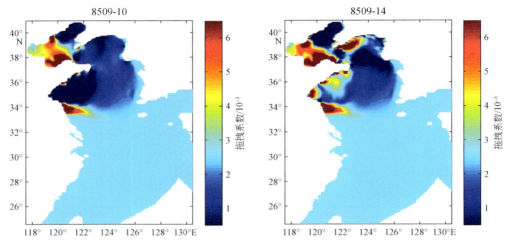

图 3.31　算例 C3 中 8509 号台风风暴潮第 2 个，第 6 个，第 10 个和第 14 个过程反演的风应力拖曳系数的空间分布

3.4　风暴潮监测与预报预警

3.4.1　风暴潮监测

近年来，我国的海洋科技不断进步，因此海洋观测能力也有较大进展。截至 2015 年，我国已建成了一套能够提供实时观测数据的立体观测网体系，包括海洋卫星（3 颗）、海上浮标（30 多个）以及海洋观测站（100 多个），这一体系可以为海洋灾害预警预报做出数据支持。但是，我国沿岸以及近海海洋观测站点与一些发达国家相比，在数量、分布和布局等方面还有些差距：我国观测站的数量较少，分布也较为不均，观测点的布局也不尽合理。此外观测要素密度、数据获取效率远不能满足海洋灾害预报预警发布的需求，应着力提高风暴潮漫堤、风暴潮漫滩的观测能力。除了风暴潮、海啸等突发性海洋灾害的监测外，一些缓发性海洋灾害的检测也越来越引起学者们的重视，如海平面上升、海水入侵以及海岸侵蚀等。

所以，应该继续重视与加强对海洋观测系统的规划开发与应用，以此来增强海岸带灾害区的海洋风险综合观测能力。对于一些重大海洋灾害（如风暴潮、海啸、巨浪潮等灾害）的重灾区以及频发区，应该对其布局和规划进行研究，并与我国沿海地区经济发展的需求相结合，开展有针对性和目标性的海洋灾害观测体系的开发建设，尤其是对于一些海洋灾害频发的地区更应该加密观测，提高观测数据的获取和实时分析的能力，同时还要保障所获取的观测数据具有所需的时效性和准确度。针对风暴潮漫堤和风暴潮漫滩的观测要求，应研发观测仪器，在易发生风暴潮漫堤、漫滩的区域开展相关观测工作。

除此之外，针对以上提出的我国沿海海洋观测站数量、分布和布局上的不足，应当重视协调沿海观测站点所属各个部门的监测工作。

最后，要建立多方位的海洋观测信息监测和传输系统，实现观测数据的高速稳定传输利用，就必定需要现代通信技术与网络技术相结合，融合有线技术与无线技术、光纤通信、卫星通信等多种技术。

3.4.2 风暴潮预报预警现状

近年来，我国海洋灾害的预报预警系统取得了较大的进展。海洋灾害预报主要包括经验系数法和指标预测法，我国尤其是在指标预测方面进展显著，风暴潮、海啸、海冰、海浪等海洋灾害在精细化程度和准确性程度上也取得显著提高。其中，在风暴潮指标预警方面，国内外学者有了一些研究。NOAA 在 20 世纪 70 年代开发了 SPLASH（special program to list amplitudes of surges from hurricanes），在 90 年代开发了 SLOSH 风暴潮预报模型。SPLASH 是一种能查算一次台风过程最大增水（peak surge）的诺模图方法，由 Jelesnianski（1972）建立（王喜年，2001）。SLOSH 同样是由 Jelesnianski 建立的，属于数值模式预报方法，该模型通过对气压场和风场的计算，进一步实现了预测一次风暴潮在空间和时间上的实时状态（王喜年，2002）。另外，2010 年 Marco 和 Georg（2010）基于历史数据，运用动态水文模型与人工神经网络相结合的方法有效提高了风暴潮指标预测的准确度。国内方面，殷克东等（2012）综合运用层次分析法和熵值法确定指标的权重，实现对风暴潮灾害的社会经济损失的预测，并以广东省七次风暴潮实例进行试验；Yang 等（2016）基于扩展卡尔曼滤波的方法建立风暴潮灾害风险预测模型，实现对我国风暴潮灾害经济损失和伤亡人口指标的预测。

计算机技术的日益发展进一步加速了大数据时代的到来，使得基于海量数据统计的机器学习方法开始被越来越多地运用到风暴潮预报研究中。早在 2003 年，Sztobry（2003）就利用人工神经网络方法建立风暴潮时的海平面变化模型；王甜甜和刘强（2018）建立了基于天牛须搜索（beetle antennae search，BAS）优化的 BP 神经网络模型，将其应用到风暴潮灾害经济损失预评估中。近年来，基于传统机器学习方法的预测模型在风暴潮研究方面取得了显著成果，但仍存在很多问题。例如，虽然三层神经网络结构被证明可以以任意精度逼近模型函数，但也会产生指数级的参数，在海量数据背景下对运算系统具有极高的要求。而深度学习方法（如卷积神经网络）则能通过权值共享机制有效地减少模型参数，且其能深入挖掘特征之间的相互关系，从而进一步提高风暴潮预测模型的性能，在风暴潮灾害的预测中有更广阔的前景。

深度学习这一概念由 Hinton 等（2006）于 2006 年正式提出，将其定义为通过大量数据的学习得到包含多层网络结构模型的机器学习过程，更深层次的理解为，数据通过深度学习网络，能将原始空间中的特征信息表征为新的特征信息，并自动地学习特征之间的深层关系并得到层次化的特征表示，从而更有利于识别分类。

本书分别介绍基于扩展卡尔曼滤波、极限分布理论、传统机器学习模型（BAS-BP）和深度学习模型（CNN-SVM）的风暴潮预测相关研究。

但是，沿海防灾减灾工作越来越细致的同时也要求海洋灾害预警能力必须紧跟其后，表现在以下几个方面：一是风暴潮、海啸、海冰、海浪等海洋灾害的精细化、时效性和准确性的数值预报方面还有提高的空间；二是对于不同的承灾体监测数据预报产品信息的发布应当更加精细化、更加有针对性；三是对于单一要素的预报预警以及有针对性的综合预报保障能力发展也应当提上日程。

因此，我国海洋灾害预警研究、重大海洋灾害频发地区的预报的精细化等预报能力仍需加强。需要加强对频发的海洋灾害，如风暴潮、海浪等的发生机理以及发展规律的深入研究，对于重点区域（如灾害频发区、重要港湾），应当提升重点预报的能力，我国沿海属于人口和经济的密集区，一定要提升沿海地区的综合预警能力。针对风暴潮防灾减灾需求，发展风暴潮漫堤和风暴潮漫滩预报系统并使之具备业务化运行的能力，提高风暴潮预报的精细化程度（于福江等，2015）。

3.4.3　基于扩展卡尔曼滤波的风暴潮预警研究

卡尔曼滤波（Kalman Filter，KF）是由 Kalman（1960）提出的一种"预测-校正"算法。卡尔曼滤波可以持续地将观测数据同化到动态系统中，在特定约束条件（递推式）下，取得状态向量的最小二乘无偏最优估计。扩展卡尔曼滤波（Extended Kalman Filter，EKF）则是在经典卡尔曼滤波基础上的发展。卡尔曼滤波只能对线性模型进行预测，而扩展卡尔曼滤波通过对系统方程和测量方程做实时的线性泰勒近似，则可以实现对非线性模型的预测。由于扩展卡尔曼滤波方法对预测模型的要求更为宽松，所以其在实际中的应用范围更加广泛（Chui and Chen，2013）。

首先从风暴潮致灾原理上建立概念模型，如图3.32所示。在概念模型图中标示了两组关于水位高度的指标，分别为风暴潮最大增水和超过警戒水位值。最大增水反映的是风暴潮过程对影响区域的灾害性水平，而超过警戒水位值则反映了特定区域在风暴潮影响下的脆弱性水平。通过建立该概念模型，可以将产生风暴潮灾害的影响因素简化为几种可以方便实时观测和测量的指标，指标体系如图3.33所示。本书将风暴潮灾害观测指标确定为三种：①最大增水值；②超过警戒水位值；③平均坡度。

其次确定扩展卡尔曼滤波的状态方程和观测向量转移方程。基于大量历史数据进行计算分析后得到死亡人数（含失踪）L 和直接经济损失 P 的递推式如下。得到的观测向量转移方程如下所示：

$$L(k+1) = L(k) - 3.0649 \tag{3.47}$$

$$P(k+1) = P(k) + 0.29 \tag{3.48}$$

$$Z(k) = H[X(k), k] \tag{3.49}$$

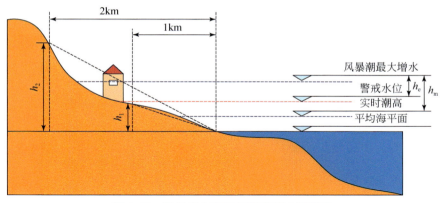

图 3.32 风暴潮灾害指标预测概念模型图

h_m 为风暴潮最大增水，h_e 为超过警戒水位值

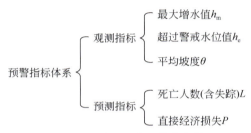

图 3.33 风暴潮灾害预警指标体系

$$Z(k) = \begin{bmatrix} h_m(k) \\ h_e(k) \\ \theta(k) \end{bmatrix} \quad (3.50)$$

$$X(k) = \begin{bmatrix} L(k) \\ P(k) \end{bmatrix} \quad (3.51)$$

式中，$H(\cdot)$ 表示非线性函数关系，这里则可表示不同次数的函数关系。$h_m(k)$，$h_e(k)$ 和 $\theta(k)$ 分别为在状态参数为 k 时的最大增水值、超过警戒水位值和坡度值；$L(k)$ 和 $P(k)$ 分别为在状态参数为 k 时的死亡人数（含失踪）和直接经济损失。基于扩展卡尔曼滤波的风暴潮灾害指标预警流程如图 3.34 所示。

3.4.4 基于极限理论的风暴潮预警研究

由于风暴潮灾害的影响因素和其产生的损失指标众多，本研究中只选取了其中较为有代表性的两个指标进行研究，即风暴潮最大增水和直接经济损失。

极限分布理论作为一种被广泛应用的用于极端事件概率计算的数学方法，其可行性已被广泛证实，其实用性也经过多方验证。本研究采用的极限分布为 Gumbel 分布。采用

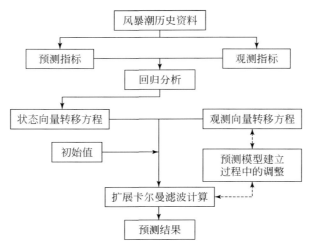

图 3.34　扩展卡尔曼滤波模型预测评估流程

Gumbel 分布的原因主要有：①Gumbel 分布对历史数据的概率分布刻画具有较强的准确性（Castillo，1988；Skjong et al.，2013；Yue et al.，1999）；②对 Gumbel 分布进行参数估计的方法较为丰富，有助于得到较为准确的概率分布函数（Scotto et al.，1999）；③由于 Gumbel 分布在水文学、气候学等领域的广泛应用，可以更加方便地将计算结果与前人的研究进行比较，从而得出相应的有价值的信息。

Gumbel 分布的极限分布函数如下，其中 α 和 β 均为该分布函数的参数。

$$F(x) = \text{EXP}\{-\text{EXP}[-\alpha(x-\beta)]\} \tag{3.52}$$

本研究应用不同的参数估计方法分别计算出其对应的分布函数，再对不同参数估计方法进行评估，从而选择表现最佳的参数估计方法，最终确定最准确的分布函数。本书运用了三种参数估计方法，分别为矩法、Thomas 曲线法和最小二乘法。

在完成三种参数估计方法的计算后，需要通过参数评估来判断哪一种参数估计方法的表现最佳，即最接近于还原真实的历史数据。本研究采取的参数评估指标包括三种：拟合标准差 σ、拟合相对偏差 V 和 K-S 检验 D_n。

$$\delta = \sqrt{\frac{\sum_{i=1}^{n}(x_i - \hat{x}_i)^2}{n-1}} \tag{3.53}$$

$$V = \frac{1}{n}\sum_{i=1}^{n}\left|\frac{x_i - \hat{x}_i}{\hat{x}_i}\right| \tag{3.54}$$

$$D_n = \max\{|F_n^*(x) - F(x)|\} \tag{3.55}$$

式中，$F_n^*(x)$ 为经验分布，$\hat{x}_i$ 的值由 $F_n^*(x)$ 可得到。在 K-S 检验时，显著性水平 α_s 设定为 0.05，结合样本量 n 的值，可查得 $\hat{D}_n$，当 $D_n < \hat{D}_n$ 时，该分布通过 K-S 检验（Zhou et al.，2014）。这三种参数评估指标中 σ 的精度最高，V 和 D_n 的精度相对较低，在比较参数估计的优良性时，优先比较 σ 的值（张延年等，2012）。

1. 计算结果

1) 风暴潮最大增水指标

通过三种参数估计方法进行计算得到的参数 α 和 β 的值如表 3.8 所示。

表 3.8 对最大增水进行三种参数估计得到的参数 α 和 β 的值

方法	α	β
最小二乘法	1.347	2.260
Thomas 曲线法	1.305	2.247
矩法	1.534	2.277

三种参数估计方法的风暴潮最大增水的概率分布曲线和概率密度曲线见图 3.35，风暴潮最大增水回归期曲线和历史数据见图 3.36。几个常用回归期下的风暴潮最大增水见表 3.9。

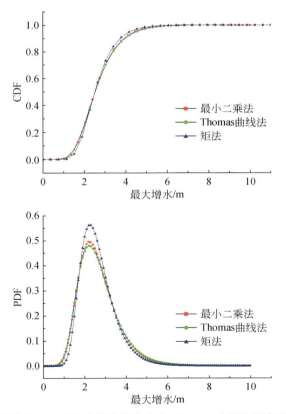

图 3.35 三种参数估计方法的最大增水概率分布（CDF）曲线和概率密度（PDF）曲线

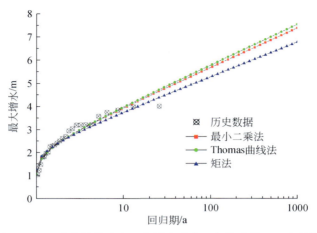

图 3.36　三种参数估计方法的最大增水回归期曲线和历史数据

表 3.9　三种参数估计方法的几个常用回归期下的最大增水　　（单位：m）

方法	回归期								
	1000a	500a	200a	100a	50a	25a	20a	10a	2a
最小二乘法	7.39	6.87	6.19	5.67	5.16	4.63	4.46	3.93	2.53
Thomas 曲线法	7.51	6.98	6.28	5.74	5.21	4.67	4.49	3.94	2.50
矩法	6.78	6.33	5.73	5.28	4.82	4.36	4.22	3.75	2.52

风暴潮最大增水的参数评估指标情况见表 3.10。其中在 K-S 检验时选取显著性水平 $\alpha_s = 0.05$，样本量为 26 时的 $\hat{D}_{26}(0.05) = 0.259$。从表 3.10 中可以看到三个参数估计方法的 D_n 值均小于 $\hat{D}_n$，即三个参数估计方法均通过 K-S 检验。最小二乘法的 σ 和 V 均为三个估计方法中最小，Thomas 曲线法次之。所以经过参数评估得出在最大增水的三种参数估计方法中，最小二乘法的表现最佳，所以用由最小二乘法估计得出的参数值确定分布函数公式。最大增水的 Gumbel 分布概率分布函数如下所示。

$$F(x) = \mathrm{EXP}\{-\mathrm{EXP}[-1.347(x-2.260)]\} \tag{3.56}$$

表 3.10　风暴潮最大增水参数评估表

方法	σ	V	D_n
最小二乘法	0.213	0.061	0.098
Thomas 曲线法	0.217	0.063	0.093
矩法	0.237	0.079	0.128

2) 直接经济损失

为了使研究更有普遍意义并方便数据的比较,本研究将直接经济损失以美元为单位,并根据研究期的 GDP 平减指数将研究期(1989~2014 年)内的风暴潮直接经济损失数据统一为 2014 年的价格水平。本研究的数据主要来自国家统计局的年度数据和国家海洋局的《中国海洋灾害公报》。

通过三种参数估计方法进行计算得到的参数 α 和 β 的值如表 3.11 所示。

表 3.11 对直接经济损失进行三种参数估计得到的参数 α 和 β 的值

方法	α	β
最小二乘法	0.845	0.962
Thomas 曲线法	0.810	0.935
矩法	0.948	0.983

三种参数估计方法的直接经济损失概率分布曲线和概率密度曲线见图 3.37,直接经济损失回归期曲线和历史数据见图 3.38。几个常用回归期下的直接经济损失见表 3.12。

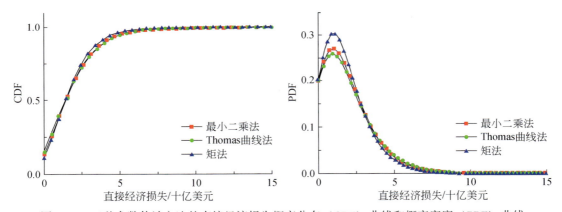

图 3.37 三种参数估计方法的直接经济损失概率分布(CDF)曲线和概率密度(PDF)曲线

直接经济损失的参数评估指标情况见表 3.13。其中在 K-S 检验时选取显著性水平 $\alpha_s = 0.05$,样本量为 26 时的 $\hat{D}_{26}(0.05) = 0.259$。从图 3.38 中可以看到三个参数估计方法的 D_n 值均小于 $\hat{D}_n$,即三个参数估计方法均通过 K-S 检验。最小二乘法的 σ 为三个估计方法中最小,Thomas 曲线法次之。矩法的 V 值最小,但是由于 V 值为相对偏差值,根据式(3.54),当 $\hat{x}_i$ 绝对值较小时,V 值出现较大偏差。并且由图 3.37 可知,矩法回归期曲线和历史数据的拟合情况并不比另外两条曲线更佳。综合考虑,选取最小二乘法为直接经济损失的最佳参数估计方法。直接经济损失的 Gumbel 分布概率分布函数表示如下。

$$F(x) = \text{EXP}\{-\text{EXP}[-0.845(x-0.962)]\} \tag{3.57}$$

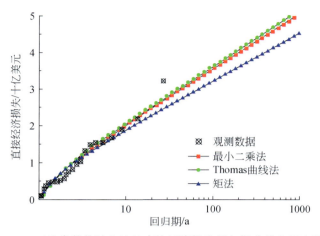

图 3.38 三种参数估计方法的直接经济损失回归期曲线和历史数据

表 3.12 三种参数估计方法的几个常用回归期下的直接经济损失

（单位：十亿美元）

参数估计方法	回归期								
	1000a	500a	200a	100a	50a	25a	20a	10a	2a
最小二乘法	9.13	8.31	7.23	6.40	5.58	4.75	4.48	3.62	1.40
Thomas 曲线法	9.46	8.60	7.47	6.61	5.75	4.88	4.60	3.71	1.39
矩法	8.27	7.54	6.57	5.83	5.10	4.36	4.11	3.36	1.37

表 3.13 直接经济损失参数评估表

方法	σ	V	D_n
最小二乘法	0.392	0.902	0.162
Thomas 曲线法	0.396	0.924	0.160
矩法	0.420	0.847	0.153

2. 实验结果分析

1) 两个指标比较分析

一般意义上，风暴潮的直接经济损失和最大增水之间必然存在着一些相关性。换句话说，具有较大最大增水指标的风暴潮事件，其造成的直接经济损失值往往也会越大。但是这种相关性的关系需要由客观的分析来确定。本研究将历史数据的最大增水和直接经济损失数据代入之前计算得到的回归期函数，从而分别得到每次风暴潮数据的最大增水和直接经济损失的回归期。接着将全部风暴潮事件按照最大增水回归期进行排序,而每一个风暴潮事件还对应了一个直接经济损失回归期,如图3.39所示。

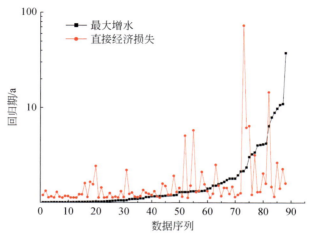

图 3.39 历史风暴潮事件的最大增水回归期和直接经济损失回归期比较

如图 3.39 所示,随着最大增水回归期的增加,直接经济损失回归期的值并没有出现非常明显的同步增加。经过计算得到两组数据的相关性系数为 0.02, 即线性相关性较低。从图 3.39 中还可以发现,当最大增水回归期较大时,出现较高的直接经济损失的回归期的频率增加,表明当最大增水增加时在一定程度上会导致直接经济损失的增加,但并不适用于全部具有较大最大增水的风暴潮事件。另外,在最大增水回归期较低时,其对应的直接经济损失的回归期倾向于高于最大增水的回归期。具体来说,最大增水的回归期为 1.29a 以下的 50 次风暴潮事件中仅有 3 次风暴潮事件的直接经济损失回归期低于最大增水的回归期,并且这三次风暴潮事件的两个指标回归期的差值均小于 0.05a; 而最大增水的回归期高于 1.29a 的 38 次事件中,有 27 次风暴潮事件的直接经济损失回归期低于最大增水回归期。这种现象表明,最大增水值的回归期较低时并不意味着直接经济损失也较低,而往往是具有较小的最大增水回归期的风暴潮事件会造成超过其回归期值的直接经济损失。

2) 地理区域特征分析

本书根据我国地理分区及风暴潮发生的特征情况,将我国沿海划分为三个沿海区域:沿海区域 I, 我国长江以北的海岸线,包括辽宁、河北、天津、山东、江苏的海岸线;沿海区域 II, 包括上海和浙江的海岸线;沿海区域 III, 包括福建、广东、广西和海南的海岸线。

经过计算,三个沿海区域的风暴潮最大增水和直接经济损失历史数据和回归期曲线分别如图 3.40 和图 3.41 所示。其中回归期曲线为根据本研究计算得到的我国风暴潮最大增水最佳的回归期曲线。三个沿海区域与回归期曲线的相关性系数 r、偏差的均值 d 和标准差 SD 见表 3.14。

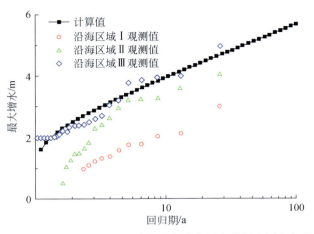

图 3.40　三个沿海区域的风暴潮最大增水历史数据和回归期曲线

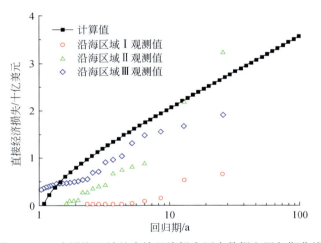

图 3.41　三个沿海区域的直接经济损失历史数据和回归期曲线

表 3.14　三个沿海区域的偏差评价参数

区域	最大增水/m			直接经济损失/十亿美元		
	d	SD	r	d	SD	r
沿海区域Ⅰ	1.736	0.105	0.984	2.604	0.699	0.916
沿海区域Ⅱ	0.816	0.420	0.951	0.975	0.560	0.953
沿海区域Ⅲ	−0.002	0.241	0.955	0.287	0.624	0.893

3）气候变化分析

本研究将 26 年的研究期内的风暴潮事件分为两部分，即前 13 年和后 13 年的风暴潮事件，并将这些风暴潮事件的最大增水和直接经济损失两项指标的回归期进行比较分析。

如图 3.42 和图 3.43 所示，回归期坐标轴被划分为 6 个区间，分别为 1～2a、2～5a、5～10a、10～20a、20～50a 和 50～100a。

这些数据表明，后 13 年的风暴潮事件发生频率更高，其中最大增水回归期较高的风暴潮事件的出现也变得更加频繁；后 13 年的风暴潮直接经济损失并没有明显的增加趋势。这表明，在风暴潮事件出现更加频繁、最大增水更高的情况下，直接经济损失并没有出现同步增加，这可能归功于我国风暴潮灾害防灾减灾工作越来越完善、灾害预警更加科学与准确。

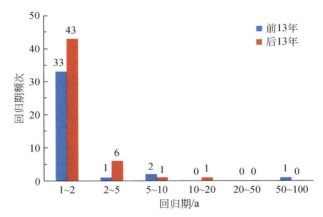

图 3.42 风暴潮最大增水回归期在前 13 年和后 13 年的出现频次

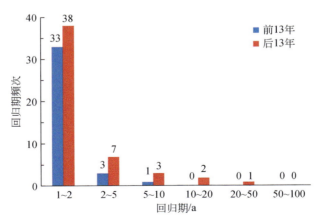

图 3.43 风暴潮直接经济损失回归期在前 13 年和后 13 年的出现频次

3. 小结

根据极限分布理论，应用 Gumbel 分布，对风暴潮最大增水和直接经济损失两项指标分别运用了三种参数估计方法，对 Gumbel 分布函数中的两个参数进行参数估计。得到的参数估计结果，通过计算参数评估指标，得出了最优的一组参数。经过计算，风暴潮最大增水和直接经济损失两项指标的最优参数估计方法均为最小二乘法。通过最小二乘法得到的最大增水和直接经济损失的回归期曲线和历史数据均较为吻合。

在确定了两项风暴潮指标（最大增水和直接经济损失）的函数分布后，本节还根据上述的计算结果进行了更加深入的分析，具体如下。

第一，将全部风暴潮数据代入回归期函数，分别得到最大增水和直接经济损失的回归期，再按照最大增水回归期进行排序，在此排序基础上将相应的每个风暴潮事件的直接经济损失对应起来进行相关性分析。分析表明最大增水和直接经济损失的回归期的线性相关性并不明显，即具有较大的最大增水值的风暴潮事件并不一定会造成较大的直接经济损失。分析还得出另一个结论，即最大增水回归期较小的风暴潮事件，往往会有更大的直接经济损失回归期，即造成较大的直接经济损失。这提醒我们对于具有较小最大增水的风暴潮事件也不能掉以轻心，也要全力做好风暴潮防灾减灾和灾害预警等工作。

第二，将我国海岸线划分为三个沿海区域，分别对三个沿海区域的风暴潮事件进行分析，分析各个沿海地区的最大增水和直接经济损失的特点。其中分析得出，沿海区域Ⅰ的最大增水和直接经济损失的水平为三个区域中最低，说明该沿海区域发生的风暴潮事件频率和强度较低。沿海区域Ⅱ的最大增水和直接经济损失回归期水平比沿海区域Ⅰ高，其中直接经济损失在回归期大于 10a 时与全国水平相当，说明在沿海区域Ⅱ发生较大损失的风暴潮事件的水平与全国水平相当。沿海区域Ⅲ的最大增水的回归期水平几乎与全国水平持平，说明每年的最大增水极值发生在沿海区域Ⅲ的概率最大，及沿海区域Ⅲ的风暴潮强度最大。沿海区域Ⅱ和沿海区域Ⅲ的直接经济损失回归期水平均较高，但在沿海区域Ⅱ，造成更大直接经济损失的风暴潮事件发生次数更多。这种现象可能与沿海区域Ⅱ包括了我国沿海经济最发达的上海市和浙江省有关，尽管风暴潮最大增水水平不如沿海区域Ⅲ，但更高的经济发展水平，使对风暴潮灾害的脆弱度更高，造成的经济损失也随之升高。

第三，将全部研究期划分为前后两个部分，通过对比两个时间段的风暴潮最大增水和直接经济损失在不同回归期区间出现的频次，探讨了风暴潮在全部研究期期间的变化情况。通过对比分析，发现研究期的后半段的风暴潮发生频次增加，其中最大增水在各回归期区间均有所增加，而直接经济损失则没有明显增加。这可能要归功于我国风暴潮灾害防灾减灾工作越来越完善、灾害预警更加科学与准确。

3.4.5 基于传统机器学习模型的风暴潮灾害损失预测研究

相较于深度学习网络，一般将传统的机器学习神经网络称为浅层神经网络（Yu et al.，2013）模型，其中应用最为广泛的则是由 Rumelhard 和 McClelland 于 1986 年提出的一种多层前向神经网络——BP（back propagation）神经网络（Osowski，1994），其由一个输入层（input layer），多个隐含层（hidden layers）和一个输出层（out layer）组成。由于大部分单隐藏层的BP神经网络都具有极强的拟合能力，因此本书选择的BP神经网络结构为输入层-隐含层-输出层三层结构网络。BP神经网络的关键是将实际输出与标准值之间的误差归为偏置（bias）和权重（weights）的"偏差"，因此通过反向传播的方式将偏差分摊到每个神经元的偏置和权重上，调整的过程是依据误差下降最快即负梯度的方向进行。

BP网络的优点之一就是在其网络训练过程中无需引入新的参数，训练过程完全依赖于误差函数对初始权值和阈值的调整，且初始权阈值一般是通过随机初始化的方式取得，但这也加大了初始权值和阈值对网络性能的影响，选择不当将对训练结果产生极大影响。不过现有很多研究表明，采用优化算法对初始权阈值进行优化后再对网络进行训练能在很大程度上提升网络性能，极大地避免随机初始化使网络陷入局部最优的问题。本书采用天牛须搜索（BAS）算法对BP神经网络进行优化，并将其应用到已经设定好的网络中，从而构造出最终的训练模型。通过这种方法构造的模型可以很好地克服标准BP神经网络稳定性差、易陷入局部最优等问题。

BAS算法（Jiang and Li，2017a，2017b）是2017年提出的一种基于天牛觅食原理的适用于多目标函数优化的新技术，其生物原理为：当天牛觅食时，其并不知道食物在哪里，而是根据食物气味的强弱来觅食。天牛有两只长触角，如果左边触角收到的气味强度比右边大，那下一步天牛就会向左飞，反之则向右飞。依据这一简单原理天牛就可以有效找到食物。与遗传算法、粒子群算法等类似，BAS算法不需要知道函数的具体形式以及梯度信息，就可以自动实现寻优过程，且其个体仅为一个，寻优速度显著提高。建模步骤如下：

（1）创建天牛须朝向的随机向量且做归一化处理：

$$\vec{b} = \frac{\text{rands}(k,1)}{\|\text{rands}(k,1)\|} \tag{3.58}$$

式中，rands( )为随机函数；k为空间维度。

（2）创建天牛左右须空间坐标：

$$\begin{cases} x_{rt} = x^t + d_0 \times \vec{b}/2 \\ x_{lt} = x^t - d_0 \times \vec{b}/2 \end{cases} \quad (t=0,1,2,\cdots,n) \tag{3.59}$$

式中，x_{rt}为天牛右须在第t次迭代时的位置坐标；x_{lt}为天牛左须在第t次迭代时的位置坐标；x_t为天牛在第t次迭代时的质心坐标；d_0为两须之间的距离。

（3）根据适应度函数判断左右须气味强度，即$f(x_l)$和$f(x_r)$的强度，$f(\ )$函数为适应度函数。

（4）迭代更新天牛的位置：

$$x^{t+1} = x^t - \delta^t \times \vec{b} \times \text{sign}(f(x_{rt}) - f(x_{lt})) \tag{3.60}$$

式中，δ^t为在第t次迭代时的步长因子；sign( )为符号函数。

采用 BAS 算法对 BP 网络进行优化，步骤如下：

（1）创建天牛须朝向的随机向量，定义空间维度 k，设模型结构为 $M-N-1$，M 为输入层神经元个数，N 为隐含层神经元个数，输出层神经元个数为 1，则搜索空间维度 $k = M \times N + N \times 1 + N + 1$。

（2）步长因子 δ 的设置。步长因子 δ 用来控制天牛的区域搜索能力，初始步长应尽可能大，使之足以覆盖当前的搜索区域而不至于陷入局部极小，本书采用线性递减权值策略，保证搜索的精细化，即

$$\delta^{t+1} = \delta^t \times \text{eta}, \quad t = (0, 1, 2, \cdots, n) \tag{3.61}$$

式中，eta 取 [0，1] 之间靠近 1 的数，本书中 eta = 0.95。

（3）确定适应度函数。以测试数据的均方根误差 MSE 作为适应度评价函数，用于推进对空间区域的搜索。函数为

$$\text{fitness} = \text{MSE} = \frac{1}{N} \sum_{i=1}^{N} (t_{\text{sim}(i)} - y_i)^2 \tag{3.62}$$

式中，N 为训练集样本数；$t_{\text{sim}(i)}$ 为第 i 个样本的模型输出值；y_i 为第 i 个样本的实际值。因此，算法迭代停止时适应函数值最小的位置即为问题所求的最优解。

（4）天牛位置初始化。初始参数取 [-0.5，0.5] 之间的随机数作为天牛须算法的初始解集，即天牛的初始位置，并将其保存在 bestX 中。

（5）评价。根据适应度函数 [式（3.62）] 计算在初始位置时的适应度函数值，并保存在 bestY 中。

（6）天牛左右须位置更新。根据式（3.59）更新天牛左右须的位置坐标。

（7）解的更新。根据天牛须算法中的左右须位置，分别求左右须的适应度函数值 $f(x_r)$ 和 $f(x_l)$，比较其强度并根据式（3.60）更新天牛位置，即调整 BP 神经网络的权值和阈值，并计算在当前位置下的适应度函数值，若此时的适应度函数值优于 bestY，更新 bestY，bestX。

（8）迭代停止控制。判断适应度函数值是否达到设定的精度（取为 0.001）或迭代进行到最大次数（100 代），如果满条件则转步骤（9），否则，返回步骤（6）继续迭代。

（9）最优解生成。算法停止迭代时，bestX 中的解为训练的最优解，即 BP 神经网络的最优初始权值和阈值。将上述最优解代入 BP 神经网络中进行二次训练学习，最终形成风暴潮损失预测模型。BAS-BP 模型流程图如图 3.44 所示。

本书收集了福建省 1994～2016 年间记录比较完善的 29 个风暴潮灾害损失数据并对其进行研究，数据主要来源为《中国海洋灾害公报》、福建省各市统计年鉴以及《中国风暴潮灾害史料集》，利用 BAS-BP 模型对数据进行处理。图 3.45 为 BAS-BP 网络预测模型训练集的拟合结果，由图可以看出，经过优化的模型预测曲线走势更加逼近真实值。图 3.46 是 BAS-BP 模型的适应度变化曲线，由图可知大约经过 45 次迭代就能找到最优解，收敛速度较其他优化算法显著提高。结果反映出 BAS-BP 回归预测模型在风暴潮灾害损失预测方面具有良好的适用性。

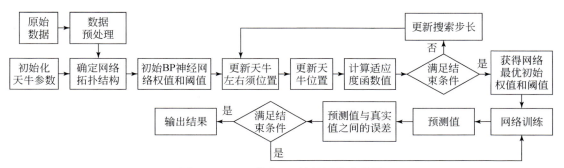

图 3.44　BAS 优化 BP 神经网络流程图

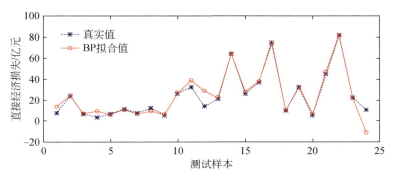

图 3.45　BAS-BP 神经网络训练集拟合结果

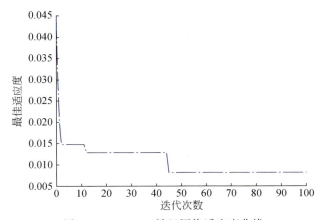

图 3.46　BAS-BP 神经网络适应度曲线

3.4.6　基于深度学习模型的风暴潮增水预测研究

风暴潮增水预测是将增水影响因子和风暴潮增水值共同作为预测模型的输入，对未来时刻的风暴潮增水值进行预测，具体如验潮站当地风速、验潮站当地气压、台风中心最大风速等影响增水值的基本参数。根据对未来时刻的风暴潮增水值的预测，相关部门可以快速实施灾情应急办法，保障人民的生命财产安全。

通常可以这样描述风暴潮增水预测问题。假设当前时刻 t，如果预测某一验潮站在风暴潮发生时下一时刻（$t+1$）所造成的风暴潮增水值 L_{t+1}，则可使用包含 L_t 在内的影响风暴潮增水的所有参数在过去一段时间（$t-N+1$，t）的历史增水数据作为预测模型的输入，来对 L_{t+1} 进行预测。

作为深度学习的典型模型，卷积神经网络（convolutional neural networks，CNN）目前广泛应用于图像识别，自然语言处理等各个领域，它由输入层、卷积层（convolutional layer）、池化层（pooling layer）、全连接层（fully connected layer）以及输出层5部分组成。由于使用卷积神经网络无需对输入特征进行提前处理，并且其权值共享的特性使其相较于全连接网络而言训练参数大大减少，然而其后的全连接层仍需设置大量的参数，因此为了弥补这一不足之处，本书将卷积神经网络与支持向量机相结合，支持向量机（support vector machine，SVM）是一种经典的机器学习理论，其原理来源于统计学习理论（Vapnik，1999；丁世飞等，2011），结构风险最小化准则的使用，使其不仅最小化样本误差，同时降低了结构风险，极大地提高了模型的泛化能力。支持向量机优良的模型性能，使其广泛应用于分类与回归问题（黄正伟和唐芳艳，2016；唐银凤等，2011；Bariamis et al.，2010）。

本书使用 SVM 替代 CNN 中的全连接层，利用卷积层提取输入数据的内在特征，并将其作为 SVM 的输入，经学习训练后实现回归任务，其模型如图3.47所示。

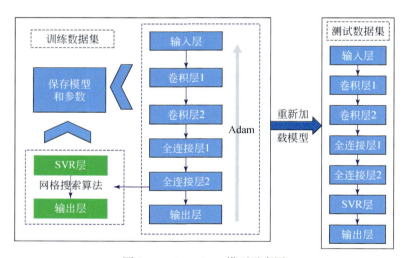

图3.47　CNN-SVM 模型示意图

具体实现步骤如下：

（1）根据时间窗口大小对风暴潮原始数据进行处理并构建成三维输入样本，并按一定比例将样本随机分为训练集和测试集；

（2）在训练阶段，构建和优化 CNN 结构，并用训练样本对构建好的 CNN 进行训练，训练好的特征向量被自动提取出来；

(3) 将提取出来的特征向量作为 SVM 的输入对 SVM 模型进行训练, 并利用网格搜索优化的超参数, 训练出 CNN-SVM 模型;

(4) 在测试阶段, 将训练好的 SVM 模型替换已训练完成的 CNN 中的全连接层, 将测试样本输入训练好的 CNN 中, 提取测试样本的特征向量;

(5) 将步骤 (4) 中得到的特征向量输入训练好的 SVM 模型中进行回归预测。

CNN 模型与 SVM 模型的优势相结合构建的 CNN-SVM 风暴潮增水预测模型实验结果如表 3.15 所示。表中给出了不同时间窗口下的训练集和测试集的预测结果及测试集训练时间。

表 3.15　不同时间窗口下 CNN-SVM 模型预测结果

时间窗口	训练集			测试集			CPU 运行时间/s
	MAE	RMSE	R^2	MAE	RMSE	R^2	
$t=24$	2.2506	4.1040	0.9805	2.9700	6.4952	0.9532	56
$t=48$	2.1377	3.6014	0.9834	2.144	3.085	0.9724	62
$t=72$	0.3423	2.0771	0.9930	2.635	3.678	0.9672	65

注: MAE 为平均绝对误差; RMSE 为均方根误差。

根据表 3.15 中的数据, 绘制了不同时间窗口下 CNN-SVM 预测模型的训练集和测试集的预测结果对比图 (图 3.48)。由图 3.48 可知, CNN-SVM 模型在风暴潮增水预测中具有很好的拟合能力, 随着时间窗口的增长, 模型的拟合能力并未下降, 且训练过程中并未出现过拟合的现象。图 3.49 给出了不同时间窗口下 CNN-SVM 模型的预测值与真实值之间的比较曲线图。

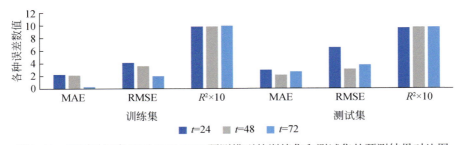

图 3.48　不同时间窗口下 CNN-SVM 预测模型的训练集和测试集的预测结果对比图

为了进一步更加直观地说明 CNN-SVM 模型在预测效果上的优越性, 本书绘制了 CNN 和 CNN-SVM 模型测试集数据的比较图, 如图 3.50 所示。由图可知, CNN-SVM 模型有更高的预测精度, 性能上较单一的 CNN 模型有很大程度的提升。图 3.51 绘制了 CNN 模型和 CNN-SVM 模型测试集训练时间的对比图, 由于 CNN-SVM 模型将全连接层替换为 SVM, 因此在训练时间上也有明显降低。

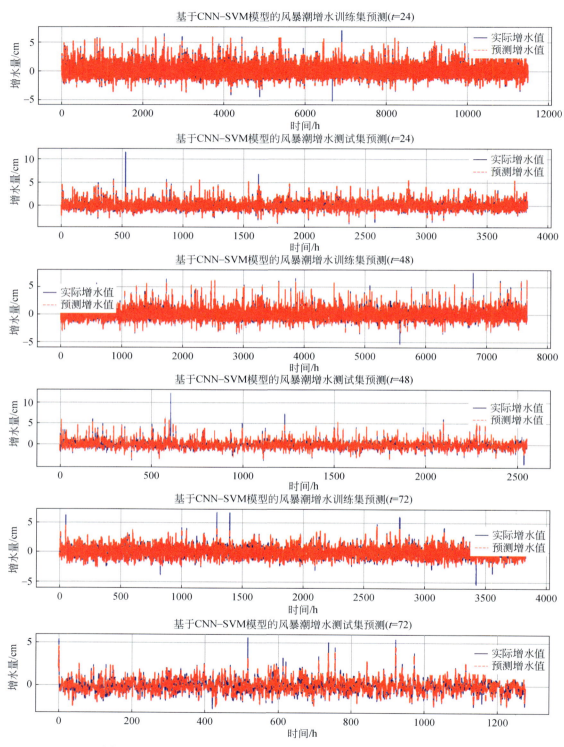

图 3.49　不同时间窗口下 CNN-SVM 模型预测风暴潮增水拟合曲线图

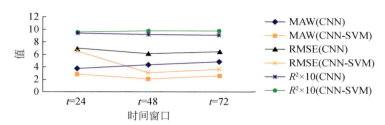

图 3.50　不同时间窗口下 CNN 和 CNN-SVM 模型预测结果对比图

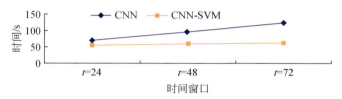

图 3.51　不同时间窗口下 CNN 和 CNN-SVM 模型 GPU 运行时间对比图

3.5　本章小结

根据大气扰动的特征不同，风暴潮可分为由热带风暴导致的和由温带气旋导致的两大类。其主要差别在于，前者一般有急剧的水位变化，后者的水位变化是持续而不急剧的。我国黄海、渤海海域特有的一种风暴潮是在春、秋过渡季节，由寒潮或冷空气所引起，特点是水位变化持续而不急剧，这类风暴潮也称为风潮。

首先建立球坐标下的不同风暴潮和天文潮的二维模型，而风暴潮与天文潮耦合的数值模型是在二维天文潮模型的基础上通过添加压力项和风应力项得到。以 7203 号台风风暴潮为例，模拟渤海、黄海、东海海域内的总水位，并评估风暴潮与天文潮的相互作用对风暴潮水位的影响。根据建立的风暴潮模型、天文潮模型以及风暴潮与天文潮耦合模型，分别可以计算三种水位，即纯风暴潮水位、潮汐水位和总水位。为了评估风暴潮与天文潮相互作用对风暴潮水位的影响，针对每个算例都计算上述三种水位。采用如下等式表示这几种水位之间的关系：

总水位=潮汐水位+纯风暴潮水位+风暴潮与天文潮相互作用引起的水位

伴随同化方法作为实现数值模型和观测资料有机结合的一种重要手段，被广泛应用到风暴潮的数值模拟中，但容易出现解的不适定性问题。而正则化方法常用来解决病态反问题，其中 Tikhonov 正则化方法是正则化方法中最常用的一种。本书将 Tikhonov 正则化方法应用到风暴潮伴随同化模式中来模拟渤海、黄海、东海海域的台风风暴潮。以 7203 号台风和 8509 号台风为例，模拟台风期间渤海、黄海、东海海域的风暴潮水位。根据 Tikhonov 正则化方法，将 7203 号和 8509 号台风期间 10 个验潮站的观测资料同化到当前的风暴潮模式中。分别取正则化参数为 1，10，100 和 1000，以便评估不同的正则化参数对模拟结果的影响，这 4 个算例分别记为 C1，C2，C3 和 C4。并将这 4 个算例的模拟结果和 Fan 等中用独立点方案模拟的结果（记为 C5）与观测水位一起作比较，并对这些结果作进一步分析。

我国沿岸以及近海海洋观测站点与一些发达国家相比，在数量、分布和布局等方面还有些差距：我国观测站的数量较少，分布也较为不均，观测点的布局不合理。应继续重视与加强对海洋观测系统的规划开发与应用，增强海岸带灾害区的海洋风险综合观测能力；继续加强我国海洋灾害预警研究、重大海洋灾害频发地区的预报的精细化等预报能力。因此，本书通过基于扩展卡尔曼滤波、极限分布理论、传统机器学习模型（BAS-BP）和深度学习模型（CNN-SVM）方法进行风暴潮预测的相关研究。

卡尔曼滤波是由 Kalman 提出的一种"预测-校正"算法，可以持续地将观测数据同化到动态系统中，在特定约束条件（递推式）下，取得状态向量的最小二乘无偏最优估计。首先从风暴潮致灾原理上建立概念模型。在概念模型图中标示了两组关于水位高度的指标，分别为风暴潮最大增水和超过警戒水位值。通过建立该概念模型，可以将产生风暴潮灾害的影响因素简化为几种可以方便实时观测和测量的指标。由于风暴潮灾害的影响因素和其产生的损失指标众多，本方法中只选取了其中较为有代表性的两个指标进行研究即风暴潮最大增水和直接经济损失。

极限分布理论作为一种被广泛应用的用于极端事件概率计算的数学方法，本研究采用的极限分布为 Gumbel 分布。根据极限分布理论，应用 Gumbel 分布，对风暴潮最大增水和直接经济损失两项指标分别运用了三种参数估计方法，对 Gumbel 分布函数中的两个参数进行参数估计，并根据上述的计算结果进行了更加深入的分析。分析得出我们对于具有较小最大增水的风暴潮事件不能掉以轻心，要全力做好风暴潮防灾减灾和灾害预警等工作。

传统机器学习方法 BP 神经网络在使用天牛须搜索算法优化后，其初始权值和阈值明显优于随机状态下 BP 神经网络的权值和阈值，优化后的 BAS-BP 模型在风暴潮灾害直接经济损失预评估时精度明显提高，克服了 BP 算法极易陷入局部最优的缺陷。

随着大数据、云计算技术的发展，计算性能的提高可以在很大程度上缓解训练的低效性，训练数据的大幅度增加可以降低数据过拟合的风险，因此深度学习网络模型开始广泛应用于各行各业的研究中。本书结合卷积神经网络与支持向量机的优点，构建了 CNN-SVM 模型，并验证了将深度学习模型应用于风暴潮增水预测中的可行性。结果表明，优化后的 CNN-SVM 模型在风暴潮增水预测中具有更高的拟合精度和更强的稳定性。

4 气候变化与风暴潮灾害适应

4.1 气候变化对风暴潮灾害的影响

4.1.1 气候变化与海平面上升状况

全球气候变化引起的平均海平面上升对沿海地区构成严重威胁。研究表明，近几十年全球气候变化引起的平均海平面上升速率加快（Hay et al.，2015；Kopp et al.，2009，2013；Meehl et al.，2005）。过去百年中，全球平均海平面上升速率为 1.6～1.9mm/a（Church and White，2011；Holgate，2007；Ray and Douglas，2011）。IPCC 第五次评估报告（IPCC，2013）指出，1901～2010 年全球海平面上升速率为 1.5～1.9mm/a（平均值为 1.7mm/a）；1971～2010 年的上升速率为 1.7～2.3mm/a（平均值为 2.0mm/a）；1993～2010 年的上升速率为 2.8～3.6mm/a（平均值为 3.2mm/a）。国家海洋局发布的中国海岸带 1980～2014 年的平均海平面上升速率为 3.0mm/a（SOA，2014）。Guo 等（2015）研究表明渤海、黄海、东海及南海的平均海平面上升速率分别为 4.44mm/a、2.34mm/a、3.02mm/a 和 4.25mm/a。受东亚季风的影响，中国北部海岸的海平面高于南部，最高点位于长江口，过去 50 年海平面上升速率达到 5.45mm/a（Wang et al.，2015）。近年来研究表明，至 2100 年，平均海平面上升高度将超过 1m（Nicholls et al.，2014；Nicholls and Cazenave，2010），会严重影响海岸环境和生态系统。不考虑未来沿海地区人口和风暴潮灾害频率的变化，许世远等（2006）预测在全球变暖的背景下海平面上升 0.5m，全球受风暴潮影响人口为 9000 万；海平面上升 1m，受影响人口将达 1.2 亿人。牛海燕（2012）研究表明，海平面上升 1.0m 时，上海沿海地区台风风暴潮灾害风险值约为 50000 多亿元，属于不可接受风险。海平面上升直接的影响是造成潮滩湿地与其他低地淹没和洪涝（Murdukhayeva et al.，2013；Wang et al.，2014a；郑君，2011），同时还加剧海岸侵蚀、盐水入侵和风暴潮等海岸灾害（李加林等，2006；施雅风，1994），影响海洋与海岸环境演变过程、港口码头设施和海堤、涵闸等各种水利工程，造成社会经济巨大损失。海平面上升影响沿海工程设施及计参数（陈奇礼和陈特固，1995；黄镇国等，2003）、降低海堤的防御能力（黄镇国等，1999），对我国沿海城市发展具有一定影响（杨桂山和施雅风，1995）。

4.1.2 气候变化下风暴潮灾害的未来发展趋势

全球气候变暖背景下，我国沿海地区高潮位呈显著上升趋势，风暴潮灾害的次数、强度和发生时间跨度也均呈一定程度的增加（谢丽和张振克，2010；卢美，2013）。气候变化引起的海平面上升被认为是引起沿海水位增长的重要内在驱动力（Karim and Mimura, 2008）。研究表明，由于全球气候变化促使过去百年极端事件的不断发生（Winsemius et al., 2016），因此气候变化将对未来海岸带风暴潮灾害风险产生一定的影响。

（1）气候变化将影响风暴潮未来的趋势及重现周期。近几十年全球气候变化引起的平均海平面上升速率加快，预估2100年全球风暴潮强度将上升2%~11%，发生频率将增加6%~34%（Knutson et al., 2010）。同期中国沿海水位增长速率将达2.0~14.1mm/a，海平面上升速率最高值大于全球平均值，中国沿海未来风暴潮的趋势将会受到影响（Feng and Tsimplis, 2014）。20世纪90年代以来，我国沿海大部分港口百年一遇的设计高潮位已被实测潮位超过（陈奇礼和陈特固，1995）。早期研究表明：未来海平面上升0.3m，广州黄埔港100年一遇风暴潮水位将降为30年一遇（黄镇国等，2003）；而海平面上升0.5m，天津海岸和上海黄浦100年一遇高潮位降为10年一遇，广州附近海岸则降为20年一遇（杨桂山和施雅风，1995）。

（2）气候变化将扩大沿海受灾区域并加重影响程度。即使全球升温控制在2℃以内，全球海平面上升高度仍超过1m（Levermann et al., 2013；Dutton et al., 2015），未来全球暴露于高淹没频率的城市及三角洲淹没区域增加（Guneralp et al., 2015）。海岸带的淹没灾害对社会经济影响很大，未来沿海地区更多的人口和资产将暴露于淹没风险之下（Mokrech et al., 2012；Alfieri et al., 2015；Hinkel et al., 2014）。中国30%以上的海岸地区为风暴潮灾害高脆弱性区域（Yin et al., 2012），由于人口趋海迁移现象严重，我国处于淹没风险的人口数量居世界第一（Neumann et al., 2015）。通过评估百年一遇重现期的淹没风险，广州、深圳、天津的风险程度位于全球城市前20位，海平面上升将造成巨大的损失（Hallegatte et al., 2013）。综合考虑海平面上升、潮位及地壳垂直运动，未来30年上海市局部区域淹没深度可达3.0m以上，全市25%的海塘和防汛墙存在漫堤风险（Yin et al., 2012；宋城城等，2014）。山东沿渤海湾地区至2100年，百年一遇风暴潮灾害的淹没范围将向陆推进240~800m，人口及社会经济将受严重影响（龙飞鸿等，2015）。21世纪，海平面上升伴随的经济恶化及生态破坏，可能导致发展中国家沿海地区的数亿人民流离失所（Dasgupta et al., 2009）。

4.2　气候变化下风暴潮极端灾害风险评估

4.2.1　气候变化背景下海平面上升对极值水位重现期的影响——以山东半岛为例

本研究结合风暴潮、天文大潮数据与典型浓度路径情景下海平面上升数据，阐明全球气候变化对极值水位概率的影响。以山东半岛为例，模拟极值水位的概率分布曲线，并分析由于未来海平面上升引起的重现期的变化，说明气候变化对极值水位的风险（Wu et al., 2017）。

1. 数据与方法体系

1）研究区域

山东半岛位于中国海岸的中部,延伸至黄海、渤海。山东半岛的气候类型属于中纬度季风气候,面积约为 4 万 km^2,海岸线长达 2500km,人口数量约为 2000 万人。由于快速城镇化及人口的趋海迁移,山东半岛人口增长较快。至 21 世纪中叶,山东半岛人口预计增加 500 万(赵鹏和李长如,2013)。1993~2012 年,山东半岛的海平面上升速率为 2.34~4.44mm/a(Guo et al.,2015)。据记载,1949~2013 年,山东半岛共发生 17 次较大的风暴潮,造成 299 人伤亡;1989~2013 年的统计数据显示直接经济损失累计近百亿元(Shi et al.,2015)。

为确保计算准确性,选择拥有长期完整的潮位信息记录序列的验潮站。潮位数据集主要包括八个验潮站的记录数据:龙口(1967~2013 年)、蓬莱(1985~2013 年)、烟台(1953~2013 年)、成山头(1981~2013 年)、石岛(1954~2012 年)、千里岩(1990~2012 年)、小麦岛(1990~2012 年)及日照站(1968~2012 年)。

2）数据与方法选取

本研究主要包括三个数据集:天文大潮、风暴潮及未来海平面上升数据。天文大潮、风暴潮数据由国家海洋局获取,未来 2050 年及 2100 年海平面上升数据采用 IPCC(第五次评估报告)公布的典型浓度路径(RCP)情景数据。

海平面上升数据:未来海平面上升数据采用的是基于 CMIP5 模拟的全球平均海平面上升情景数据。由于海平面上升是一个缓慢的过程,主要关注中、长期两个阶段其变化产生的影响。在本研究中,分为 2050 年和 2100 年两个时间尺度,RCP 2.6,RCP 4.5,RCP 6.0 及 RCP 8.5 四个情景,每个情景包含高、中、低三个水平以表示各情景海平面上升的区间范围(表 4.1)。

表 4.1 不同 RCP 情景下未来海平面上升高度　　　　　　(单位:m)

情景	2050 年			2100 年		
	低	中	高	低	中	高
RCP 2.6	0.17	0.24	0.32	0.26	0.4	0.55
RCP 4.5	0.19	0.26	0.33	0.32	0.47	0.63
RCP 6.0	0.18	0.25	0.32	0.33	0.48	0.63
RCP 8.5	0.22	0.30	0.38	0.45	0.63	0.82

天文大潮:各站天文大潮最高潮位是根据该站主要分潮的潮汐调和常数推算 19 年天文潮位统计得出。龙口、蓬莱、烟台、成山头、石岛、千里岩、小麦岛及日照站的天文大潮数值如图 4.1 所示。由于地球与月球引力的空间异质性,各站天文大潮高度有所差异。山东半岛沿岸天文大潮的范围为 2~5.5m,平均值为 3m 左右。

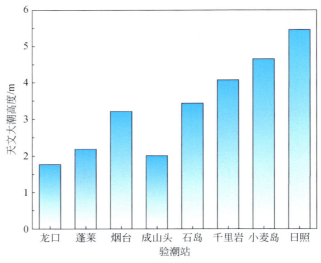

图 4.1　验潮站的天文大潮高度

风暴潮：从每个验潮站记录的潮位观测时间序列值减去天文潮的数值形成风暴潮潮位序列，从多年风暴潮潮位观测数据中筛选出年极值序列。基于 P-Ⅲ 模型拟合观测的风暴潮年极值数据，则可以得到各站点的极值风暴潮累积概率曲线。P-Ⅲ 模型是港口设计推荐使用的模型且对极值水位的拟合效果较好，以成山头站和千里岩站的有极值水位拟合结果为例（图 4.2）。因而，本研究年极值水位序列采用 P-Ⅲ 模型模拟。

现状条件下风暴潮恰逢天文大潮形成的水位，定义为现状极值水位；而在现状极值水位的基础上结合未来海平面上升情景数据形成的水位则定义为情景极值水位。

$$f(x) = \frac{\beta^{\alpha}}{\Gamma(\alpha)}(x-\alpha_0)^{\alpha-1} e^{-\beta(x-\alpha_0)} \tag{4.1}$$

$$\alpha = \frac{4}{C_S^2} \quad \beta = \frac{2}{\bar{x} C_V C_S} \quad \alpha_0 = \bar{x}\left(1 - \frac{2C_V}{C_S}\right)$$

$$C_V = \sqrt{\frac{1}{n-1}\sum_{i=1}^{n}\left(\frac{x_i}{\hat{x}} - 1\right)^2} \tag{4.2}$$

$$p = p(x \geq x_p) = F(x) = \frac{\beta^{\alpha}}{\Gamma(\alpha)}\int_{x_p}^{\infty}(x-\alpha_0)^{\alpha-1} e^{-\beta(x-\alpha_0)} \tag{4.3}$$

式中，参数变量 x 为观测的风暴潮增水年极值；$f(x)$ 为 P-Ⅲ 分布的概率密度函数；$F(x)$ 为风暴潮年极值增水序列的累积概率分布函数；$\Gamma(\alpha)$ 为 Gamma 函数；α、β、α_0 为 P-Ⅲ 分布的形状、尺度和位置参数；C_S、C_V 分别为变差系数和偏差系数。

当风暴潮遇上天文大潮，形成极值水位。考虑到天文大潮，极值水位的表达式为

$$g_p = x_p + t \tag{4.4}$$

$$p = p(x \geq g_p) = F(g) = \frac{\beta^{\alpha}}{\Gamma(\alpha)}\int_{x_p}^{\infty}(g-\alpha_0)^{\alpha-1} e^{-\beta(x-\alpha_0)} \tag{4.5}$$

式中，x_p 为累积概率分布曲线上不同概率 p 对应的风暴潮增水极值；t 为天文大潮最高潮位值；g_p 为现状极值水位；$F(g)$ 为现状极值水位累积概率分布函数。

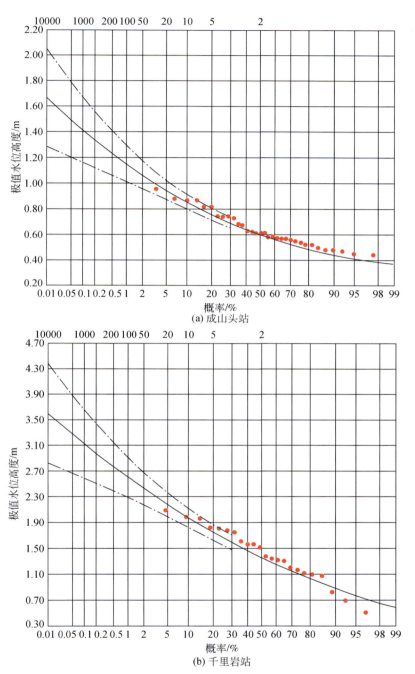

图 4.2 采用 P-Ⅲ模型拟合的风暴潮累积概率分布曲线

在气候变化的背景下，海平面逐渐上升。由于气候变化对风暴潮和海平面上升之间影响及反馈的不确定性，无法模拟风暴潮与海平面上升的内在机制（Shaevitz et al., 2014）。在大多数研究中，海平面上升对风暴潮统计概率的影响假定不变（Hunter, 2012；Kopp et al., 2014；Little et al., 2015）。因此，本研究方法假设未来风暴潮的强度及频率保持不变。

在现状极值水位的基础上,叠加未来海平面上升的情景数据,构建未来的情景极值水位:

$$h_p = g_p + r = x_p + t + r \quad (4.6)$$

$$p = p(x \geqslant h_p) = F(h) = \frac{\beta^\alpha}{\Gamma(\alpha)} \int_{x_p}^{\infty} (h - \alpha_0)^{\alpha-1} e^{-\beta(x-\alpha_0)} \quad (4.7)$$

式中,r 为不同情景下海平面上升高度;h_p 为情景极值水位;$F(h)$ 为未来极值水位累积概率分布函数。

$$T = \frac{1}{p} \quad (4.8)$$

式中,T 为极值水位的重现期,T 年一遇表示极端事件在任意一年发生的概率为 $1/T$(p)(Cooley et al.,2007)。极值水位的重现期是沿海工程建设、风险评估与决策的重要指标之一。

2. 结果与分析

1) 风暴潮的累积概率分布

风暴潮的长期观测年极值数据通过 P-Ⅲ 模型拟合得到风暴潮累积概率分布曲线(图4.3)。结果表明本研究中各站点的风暴潮累积概率分布曲线走势各不相同。当 $p<94\%$ 时,千里岩站的风暴潮拟合极值最高;而当 $p>94\%$ 时,龙口站的风暴潮拟合极值则处于较高水平。通过各站点间的相互比较,成山头的风暴潮极值整体偏低。对于整个山东半岛风暴潮极值潮位,当 $p=99.9\%$ 时高度范围为 0.32～0.64m,而当 $p=0.1\%$ 时高度范围为 1.42～3.11m。从风暴潮累积概率曲线中,能够得到各重现期对应的极值水位。其中,典型重现期的风暴潮极值列于表4.2中。例如,在百年一遇重现期时,山东半岛风暴潮极值范

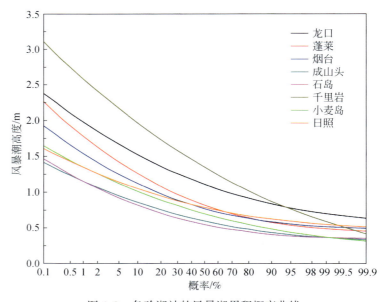

图 4.3 各验潮站的风暴潮累积概率曲线

围为 1.15～2.58m。由于水文、地理及气象等因素，山东半岛区域的各站点风暴潮极值高度不同。千里岩站的风暴潮极值序列最高，千年一遇的高度范围为 1.96～3.11m。然而，成山头站及石岛站的风暴潮极值最低，千年一遇的风暴潮极值高度仅为 0.85～1.45m。

表 4.2　典型重现期的风暴潮潮位极值

站点	1000a	500a	200a	100a	50a	20a	10a
龙口	2.38	2.27	2.10	1.98	1.85	1.67	1.52
蓬莱	2.27	2.12	1.93	1.78	1.63	1.42	1.26
烟台	1.93	1.82	1.66	1.54	1.42	1.25	1.12
成山头	1.42	1.34	1.24	1.15	1.07	0.95	0.86
石岛	1.47	1.38	1.25	1.15	1.06	0.92	0.82
千里岩	3.11	2.95	2.75	2.58	2.41	2.17	1.96
小麦岛	1.65	1.56	1.44	1.35	1.26	1.12	1.01
日照	1.61	1.53	1.43	1.35	1.26	1.14	1.05

2）现状极值水位与情景极值水位的累积概率分布

结合各验潮站周期性的风暴潮年极值与天文大潮高度利用 P-Ⅲ 模型重新拟合得到现状极值水位曲线，如图 4.4 所示。结果表明，较风暴潮累积概率曲线（图 4.3）相比，由于综合了天文大潮的因素，所有站点的极值水位显著增加。然而，因各站天文大潮高度的不同，现状极值水位的相对增加趋势显著不同。日照站的极值水位整体较高，范围为 5.98～7.10m（$p=0.1\%～99.9\%$）。但是，千年一遇的最高极值水位可能会出现于千里岩站，估算高度可达 7.19m。千里岩与日照站的极值水位曲线的交点约为 $p=0.25\%$，即 $p>0.25\%$ 时千里岩站的极值水位较高，而 $p<0.25\%$ 时日照站的极值水位较高。成山头的极值水位序列最低，高度范围为 2.35～3.43m。

基于各验潮站的现状极值水位曲线，叠加 RCP 2.6、RCP 4.5、RCP 6.0 和 RCP 8.5 情景下的未来海平面上升高度值构建情景极值水位曲线（图 4.5）。通过此方法构建的情景极值水位曲线的形状及走势与现状极值水位的基本一致。以最低情景极值水位的成山头站及最高情景极值水位的千里岩站为例，阐释未来海平面上升对极值水位的影响。各站点情景极值水位曲线分为 2050 年、2100 年两个时间尺度和四个情景，即 RCP 2.6、RCP 4.5、RCP 6.0 和 RCP 8.5，每个情景内包括高、中、低三个水平。为清楚地比较情景极值水位与现状极值水位的变化，图中黑色和彩色实线分别表示现状极值水位和情景极值水位。结果表明，海平面上升使特定重现期相应的极值水位上升。四个情景中，RCP 2.6 下的情景极值水位最低，RCP 8.5 下的情景极值水位最高，未来极值水位在 RCP 4.5 和 RCP 6.0 处于中间值。此外，每个情景中的高、中、低三个水平则呈现该情景极值水位的高、中、低范围。由于 21 世纪气候变化的持续，2100 年预估的情景极值水位较 2050 年更高。从图 4.5 中每条情景极值水位曲线中，可以估算相应重现期的极值水位高度。以成山头站为例，在 RCP 4.5 情景下，2050 年极值水位的高度范围为 2.54～3.76m，2100 年极值水位的高度范围为 2.67～4.06m；而在 RCP 8.5 情景下，2050 年极值水位的高度范围为 2.57～3.81m，2100 年极值水位的高度范围高达 2.80～4.25m。

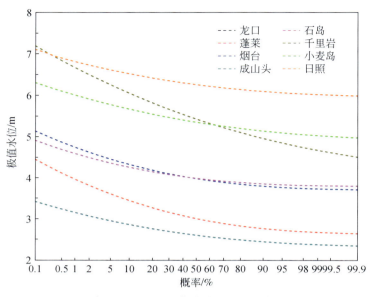

图 4.4　各验潮站现状极值水位的累积概率分布曲线

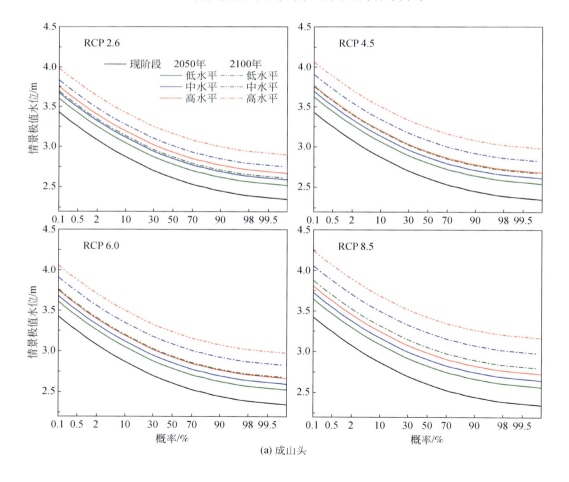

(a) 成山头

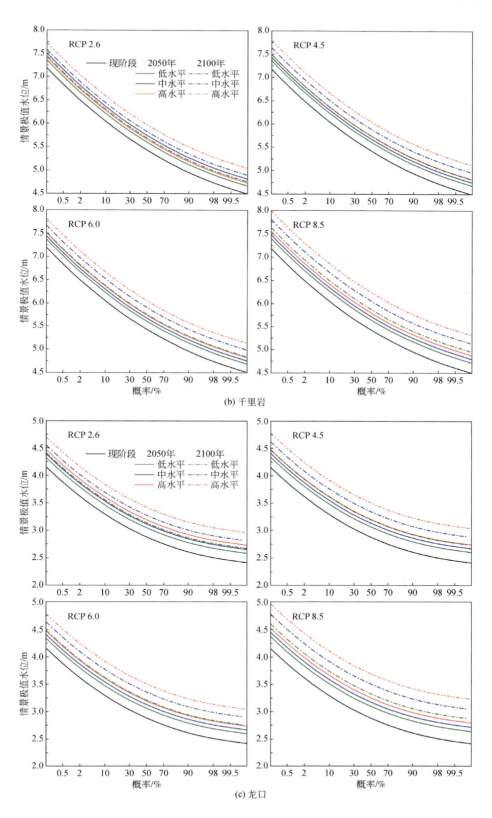

(b) 千里岩

(c) 龙口

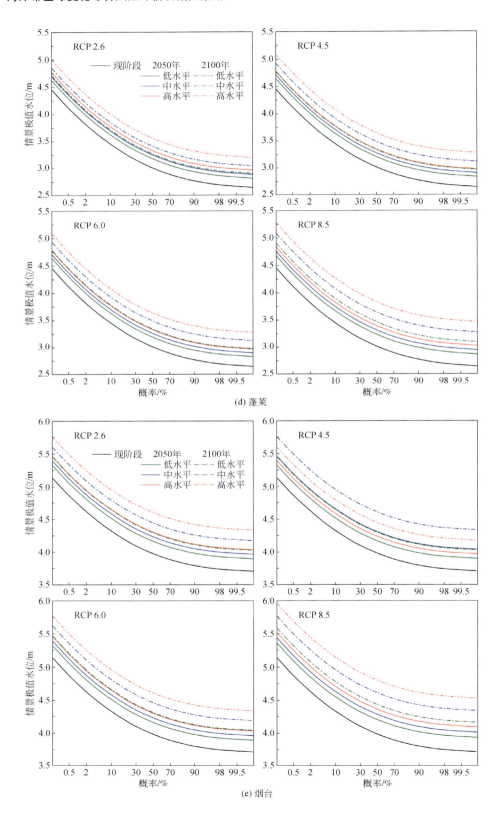

(d) 蓬莱

(e) 烟台

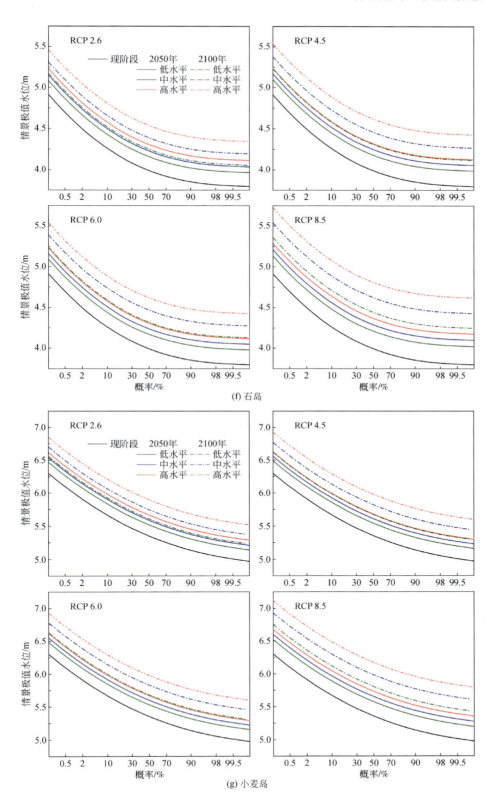

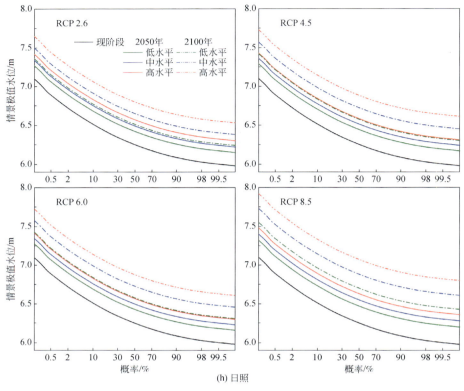

图 4.5 各站点的情景极值水位曲线

3)重现期的变化

考虑气候变化引起的海平面上升因素,极值水位的重现概率需要重新计算。因此,本研究分析了极值水位在现状条件与未来情景条件下重现期的变化,现状极值水位的主要重现期在未来的估算平均值如表 4.3 所示。研究结果表明,由于气候变化影响,未来极值水位的重现期显著缩短,图 4.6 综合展示了未来重现期的变化。为了更清晰地阐释气候变化的影响,从不同时间尺度(图 4.7)、不同情景(图 4.8)及情景内部各水平(图 4.9)三个角度分别说明海平面上升情景下未来极值水位重现期的变化。

表 4.3 未来情景极值水位的平均重现期

CT		ST/a											
		2.6L	2.6M	2.6H	4.5L	4.5M	4.5H	6.0L	6.0M	6.0H	8.5L	8.5M	8.5H
2050年	1000a	316	207	128	274	182	123	294	195	128	224	142	91
	500a	162	107	66	142	95	64	151	101	66	117	74	48
	200a	66	45	28	58	40	27	62	42	28	48	31	21
	100a	34	23	15	30	21	15	32	22	15	25	17	11
	50a	18	13	8	16	11	8	17	12	8	13	9	6

续表

CT		ST/a											
		2.6L	2.6M	2.6H	4.5L	4.5M	4.5H	6.0L	6.0M	6.0H	8.5L	8.5M	8.5H
2100年	1000a	182	88	36	144	60	28	135	57	28	67	28	11
	500a	95	47	20	75	32	15	70	30	15	36	15	6
	200a	40	20	9	31	14	7	30	13	7	16	7	3
	100a	21	11	5	17	8	4	16	7	4	9	4	2
	50a	11	6	3	9	4	2	9	4	2	5	2	2

注：CT 和 ST 分别表示现状极值水位与情景极值水位的重现期；L、M、H 分别表示 RCP 2.6、RCP 4.5、RCP 6.0、RCP 8.5 四个情景的低、中、高三个水平。

现状条件下典型重现期 1000 年、500 年、200 年、100 年、50 年一遇的极值水位在未来 RCP 8.5 情景的重现期缩短情况如图 4.7 所示。各站点的极值水位重现期缩短显著，而 2100 年将会比 2050 年缩短程度更加严重。以 RCP 8.5 高水平为例，在 2050 年，50 年一遇的现状极值水位将变为 3～11 年一遇，至 2100 年将变为 1～3 年一遇；至 2050 年，百年一遇的现状极值水位将变成 5～19 年一遇，而至 2100 年将缩短为 1～5 年一遇；而现在的千年一遇重现期的极值水位至 2050 年将缩短为 34～172 年一遇，甚至至 2100 年将会变为 2～30 年一遇。如表 4.3 所示，在不同情景下，未来重现期将显著缩短。随着全球海平面上升将导致极值水位的重现期的缩短，表明未来极值水位的发生概率更大。

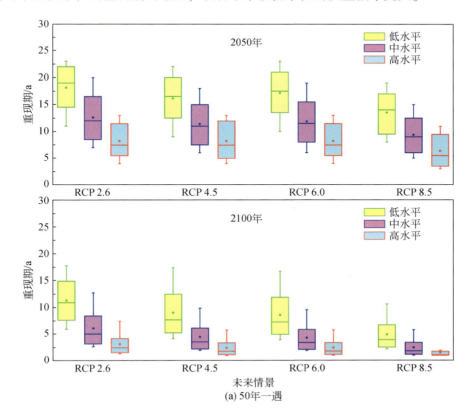

(a) 50年一遇

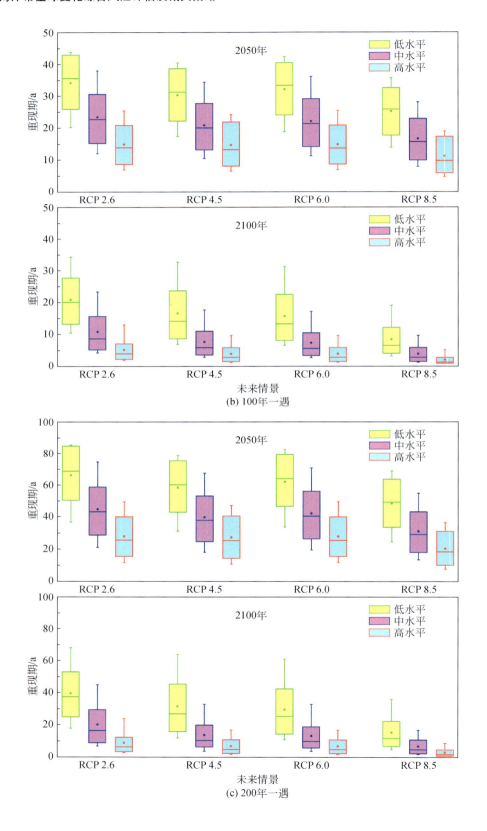

(b) 100年一遇

(c) 200年一遇

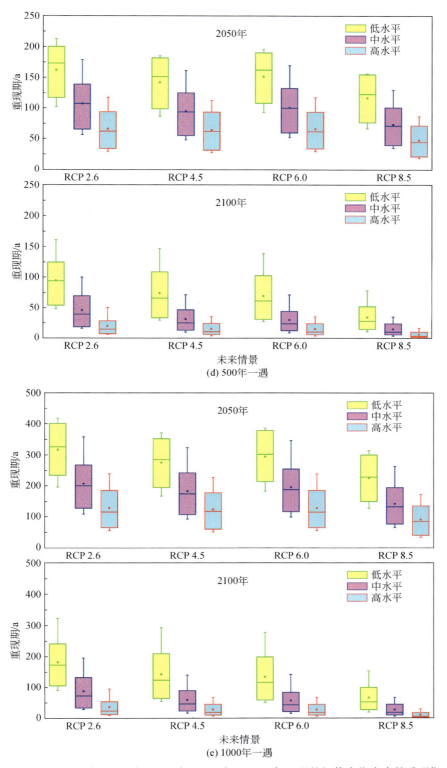

图 4.6　现状 50 年，100 年，200 年，500 年，1000 年一遇的极值水位未来的重现期

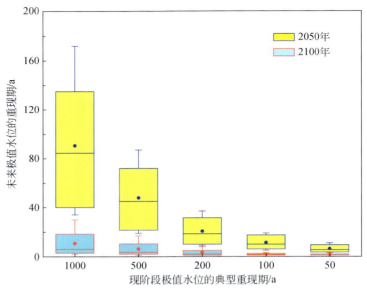

图 4.7 RCP 8.5 情景高水平下 2050 年和 2100 年未来重现期的变化

以现状百年一遇的极值水位重现期至 2100 年为例,说明在 RCP 2.6,RCP 4.5,RCP 6.0 和 RCP 8.5 四个情景下重现期的缩短程度(图 4.8)。结果表明:不同情景间重现期的缩短程度具有一定差异。在 RCP 2.6 情景下,重现期缩短程度最小,百年一遇的极值水位在 2100 年很有可能变为 2~13 年一遇。而在 RCP 8.5 情景下,重现期缩短程度最为严重,百年一遇的极值水位在 2100 年很有可能变为 1~5 年一遇。通过比较得出 RCP 4.5 和 RCP 6.0 两个情景处于中间程度,现状百年一遇的极值水位在 2100 年很有可能变为 1~10 年一

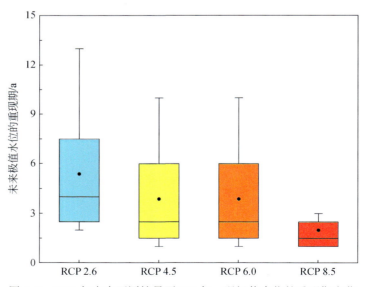

图 4.8 2100 年未来不同情景下 100 年一遇极值水位的重现期变化

遇。如表 4.3 中数据所示，1000 年、500 年、200 年、50 年一遇的极值水位在 RCP 2.6、RCP 4.5、RCP 6.0 和 RCP 8.5 四个情景下与百年一遇的极值水位呈相似的缩短趋势。

同一情景不同水平之间的重现期缩短程度分析如图 4.9 所示。以至 2100 年百年一遇的极值水位在 RCP 8.5 情景下为例，重现期由低到高水平呈缩短加剧趋势。通过三个水平之间的比较，在 RCP 8.5 情景高水平下重现期的缩短程度最为严重，依次为中、低水平。在 RCP 8.5 情景高水平下现状条件下的百年一遇极值水位在 21 世纪末将变为 1～5 年一遇，在中水平下将缩短为 1～10 年一遇，而在低水平下也将缩短至 3～19 年一遇。由此可以看出，由于全球气候变化，同一情景不同水平的极值水位重现期缩短程度不一，但都表现为显著的变化。

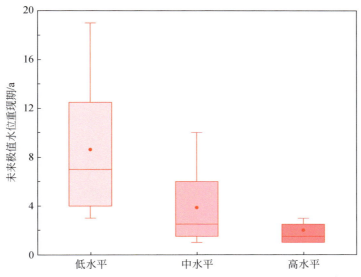

图 4.9　2100 年 RCP 8.5 情景下高中低三个水平未来重现期的变化

未来海岸带的有效风险管理与评估必须综合考虑气候变化引起的海平面上升与极值水位的影响。本研究基于 P-Ⅲ模型，综合风暴潮及天文大潮拟合了现状极值水位；同时考虑了未来海平面上升情景与现状极值水位相结合，构建了未来情景极值水位。较先前的研究相比，本研究改进了对未来极值水位重现期的估算。

由于地理位置和气象因素的区域差异，各验潮站的风暴潮累积概率曲线分布显著不同。在气象因素相对一致的站点，像千里岩、小麦岛及日照三站，由于正对海上风口，海岸呈喇叭口形，海床地形平坦，极易形成极值高水位。有研究通过人工神经网络模型评估气候变化对海平面上升的影响，结果表明至 21 世纪末极值水位将显著增加（Karamouz et al.，2014）。海平面上升很有可能导致风暴强度的增加，极易加剧全球沿海地区的灾害（Knutson et al.，2010）。此外，相关研究表明，气候变化引起的海平面上升促使极值水位呈震荡上升趋势（Feng and Jiang，2015）。在海洋表面温度上升 2℃，海平面上升 0.3 m 的情况下，孟加拉湾西部的淹没面积及淹没深度将分别增加 15.3% 和 22.7%（Karim and Mimura，2008）。据保守估计，至 2100 年，由于气候变化引起的海平面上升，全球易遭受洪水的三角洲区域面积将增加 50%（Syvitski et al., 2009）。这些研究表明，由于全球海平面上升，极值水位的上升趋势是不可避免的，其导致的灾害破坏力巨大。据历史数据统计，1980~2014 年，中国海域的海平面上升平均速率为 3.0mm/a，且 1949~2013 年，热带风暴潮的频率及强度呈增加趋势（Shi et al., 2015）。因此，结合海平面上升评估未来极值水位对沿海工程设计及有效应对气候变化是十分必要的。

已有的研究对年海平面极值的重现期做了初步研究（Feng and Tsimplis, 2014；Torres and Tsimplis, 2014），本研究在此基础上，深入研究气候变化引起的海平面上升对未来极值水位的影响并拟合得到不同情景下的未来极值水位累积概率分布曲线。结果表明，在典型浓度路径最高情景 RCP 8.5 下，现状的极值水位的重现期将显著缩短，即在现状极值水位在未来发生的概率会越来越大。21 世纪末，现状百年一遇重现期的极值水位将会缩短为 4~17 年一遇。未来重现期的显著缩短表明全球气候变化加剧了极值水位的风险。因此，本研究对未来气候变化下海岸带的风险管理及其适应防御具有重要的意义。

3. 小结

本研究结合海平面上升与现状极值水位，通过 P-Ⅲ 模型拟合未来极值水位的累积概率分布曲线并计算其重现期。以山东半岛为例，研究结果表明，由于气候变化引起的海平面上升将会严重缩短极值水位的重现周期。本研究从中、远期两个时间尺度，四个情景及情景内部的三个水平分析海平面上升对未来重现期的显著影响。在气候变化的背景下，海平面持续上升导致 21 世纪末极值水位的重现期显著缩短，在 RCP 8.5 情景下重现期缩短最为严重。在 RCP 8.5 情景高水平，现状百年一遇的极值水位至 2050 年将变为 11 年左右一遇，而至 2100 年则变为 2 年一遇。因而，在 RCP 高情景下，山东半岛的现状极值水位在未来几十年将变为常态。现状条件下的小概率事件如千年一遇的极值水位在 2100 年 RCP 8.5 情景下将变为 10 年一遇的大概率事件。未来重现期显著缩短现象表明未来沿海地区风险将会增大。在气候变化引起海平面持续上升的背景下，本研究结果可适用于沿海地区的风险评估，并为气候变化的适应对策提供理论基础。

4.2.2 气候变化对沿海地区极值水位淹没风险的影响——以山东沿海地区荣成市为例

本研究结合风暴潮、天文大潮及未来海平面上升三个因素，预估未来极值水位。以沿海城市山东半岛地区荣成市为例，多尺度综合评估未来的淹没风险。通过比较现状及未来淹没风险的损失及社会经济影响程度，探究气候变化引起的海平面上升所造成的风险。未来荣成市沿海地区的淹没风险评估包括 2050 年、2100 年两个时间尺度，三个主要的典型浓度路径情景 RCP 2.6、RCP 4.5、RCP 6.0、RCP 8.5。

1. 数据与方法

1) 研究区域

荣成市位于山东半岛的东部临黄海突出部位，海岸线长达 500km，陆地面积约

1500km², 拥有人口约67万人，国民生产总值高达800亿元，是全国百强县之一。荣成市属于温带季风气候，年平均降水量达760mm，平均气温11.7℃。荣成市与韩国隔海相望，是现代经济贸易的重要港口之一。2016年，山东半岛获批国家自主创新示范区，更多的资金流入山东半岛沿海区域的经济建设。然而，荣成市由于其特殊的地理位置，经常遭受极值水位的影响，如2015年的灿鸿台风事件。尤其是在海平面不断上升的背景下，荣成市淹没风险的评估是十分必要的。

2）评估流程及数据

淹没风险的评估流程如图4.10所示：第一步，基于P-Ⅲ模型，综合风暴潮、天文大潮及海平面上升数据拟合极值水位；第二步，基于四面邻域法淹没模型，利用求得的极值水位及数字高程数据识别淹没区域，计算淹没面积及淹没深度；第三步，利用极值水位淹没的直接经济损失模型评估可能的损失风险。所用数据列于表4.4中。

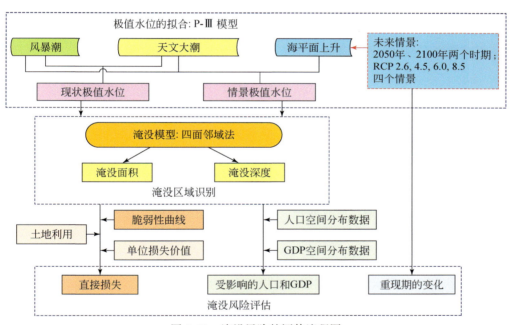

图4.10 淹没风险的评估流程图

表4.4 风险评估数据集：水文数据、地理数据及统计数据

数据集	内容	描述	来源
水文数据	海平面上升	2050年、2100年RCP 2.6、RCP 4.5、RCP 6.0、RCP 8.5情景的海平面上升高度数据	IPCC（2013）
	风暴潮	利用P-Ⅲ模型拟合概率分布曲线	国家海洋局验潮站观测数据
	天文大潮	主要分潮的潮汐调和常数推算天文大潮高度值	国家海洋局验潮站观测数据

续表

数据集	内容	描述	来源
地理数据	1:1万数字地形图	利用高程点和等高线生成10m×10m的DEM图	自然资源部
	土地利用空间分布图	30m×30m分辨率的土地利用类型图	中国科学院地理科学与资源研究所
	人口和GDP的空间分布图	2010年1km×1km的栅格数据	http://www.resdc.cn/
统计数据	各土地利用类型的脆弱性曲线及淹没损失估值	主要包括居住用地、耕地、草地及林地	（Yin，2011）

3）构建极值水位

极值水位的构建方法同4.2.1节。本研究主要包括位于荣成市的成山头和石岛验潮站的极值水位数据，其累积概率分布曲线如图4.6（a）和（f）所示。为减少极值水位空间分布的不确定性，利用ArcGIS软件中的反距离权重法（IDW）并结合荣成市周围的其他六个主要验潮站点（龙口、蓬莱、烟台、千里岩、小麦岛及日照站）生成荣成市多个时间尺度及不同情景下相应重现期的极值水位图层。

4）淹没区域的识别

利用四面邻域法结合DEM数据与极值水位图层数据识别淹没区域。淹没的各像元满足条件：高程小于等于极值水位值且必须能够与海域相连通，本研究不考虑城市景观及其他建筑对淹没过程的影响。根据此方法，能够得到研究区的淹没区域、面积及深度。

5）淹没直接经济损失模型及社会经济的影响

淹没的直接经济损失通过淹没面积、淹没深度、脆弱性曲线及各淹没土地类型的单位损失值计算，表达式为

$$\mathrm{EL} = \sum_i \sum_j A_{i,j} \times h_{i,j} \times r_{i,j} \times V_{i,j} \tag{4.9}$$

式中，EL为极值水位洪水淹没的直接经济损失；i为各土地利用类型，包括居住用地、耕地、林地、草地、水域及其他未利用的土地；j为i土地利用类型的淹没像元；A为淹没面积；h为淹没深度；r为相应淹没土地利用类型的脆弱性曲线（损失率）；V为各土地利用类型的单位损失值（元/m^2）。

将人口及GDP的空间分布数据与淹没面积叠加计算受影响的人口数量及GDP总值。在本研究中，不考虑未来土地利用覆被及社会经济的变化，未来直接经济损失、受影响的人口和GDP的计算均采用2010年的空间分布数据。

2. 结果与分析

1）淹没区域及面积

在无适应措施的情况下，根据DEM数据与拟合所得的极值水位，2050年和2100年RCP 8.5情景高水平极值水位50年、100年、200年、500年和1000年一遇重现期淹没

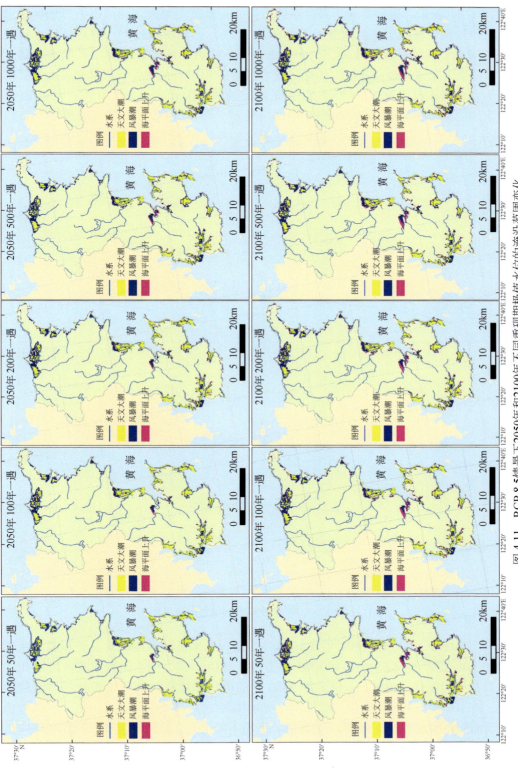

图 4.11 RCP 8.5情景下2050年和2100年不同重现期极值水位的淹没范围变化

范围如图 4.11 所示。随海平面上升，极值水位的淹没范围增大。荣成市沿海地区遭遇现状极值水位及情景极值水位时淹没面积如图 4.12 所示。现状条件下，遭遇极值水位的淹没面积范围为 156.60～168.8km²。由于未来海平面上升，淹没面积将呈扩大的趋势。在 RCP 2.6 情景下未来淹没面积扩大的趋势最小，而在 RCP 8.5 情景下未来淹没面积扩大的趋势最大。未来淹没面积 2100 年较 2050 年增加显著。在 RCP 8.5 情景下，至 2050 年遭遇极值水位的淹没面积范围为 168.35～186.46km²，而至 2100 年淹没面积将达 187.72～199.18km²。研究结果表明，至 21 世纪末，最大的淹没面积将达整个荣成市的 13%。

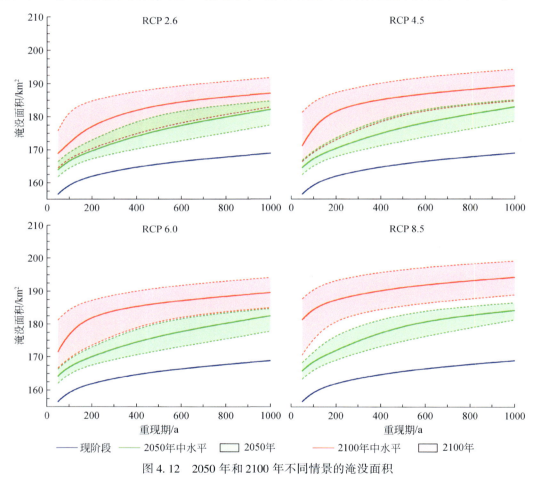

图 4.12 2050 年和 2100 年不同情景的淹没面积

50 年、100 年、200 年、500 年和 1000 年重现期未来极值水位的淹没面积相对现状的增长率如表 4.5 所示。以 100 年和 1000 年重现期极值水位为例，说明未来淹没面积相对现状的增长率的变化。RCP 2.6 情景下 2050 年的极值水位淹没面积较现状极值水位的淹没面积，在 100 年一遇极值水位的淹没面积将增加 3.23%～6.17%，而在 100 年一遇极值水位的淹没面积将增加 5.02%～9.34%。随着海平面不断上升，在所有情景下，2100 年较 2050 年淹没面积的增加更加显著。至 2100 年各情景的高水平情况下，100 年一遇重现期极值水位的淹没面积增加 14.21%～19.54%，1000 年一遇重现期极值水位增加的淹没面积更多。

表 4.5　在海平面上升情景下未来极值水位的淹没面积增长率　　（单位:%）

时间	重现期/a	RCP 2.6		RCP 4.5		RCP 8.5	
		低	高	低	高	低	高
2050 年	50	3.39	6.31	3.77	6.51	4.35	7.50
	100	3.23	6.17	3.62	6.37	4.20	7.41
	200	3.23	6.61	3.62	7.05	4.20	9.14
	500	3.32	9.38	3.98	9.64	5.42	10.64
	1000	5.02	9.34	5.71	9.51	7.30	10.35
2100 年	50	5.13	12.31	6.31	15.83	8.95	19.87
	100	4.98	14.21	6.17	15.83	10.08	19.54
	200	5.01	14.08	6.61	15.55	12.09	19.26
	500	6.78	13.81	9.38	15.30	11.90	18.50
	1000	8.24	13.53	9.34	14.98	11.73	17.87

淹没区域土地类型包括居住用地、耕地、林地、草地、水体及未利用土地,其中,水体及未利用土地的损失可忽略不计。RCP 8.5 情景下,可能淹没的居住用地、耕地、林地和草地的面积如图 4.13 所示。结果表明,居住用地及耕地较林地和草地暴露于极值水位的面积更大。现状条件下,当荣成市遭遇 50~1000 年一遇极值水位时,居住用地的淹没面积为 42.63~46.77km², 而耕地的淹没面积为 34.15~39.97km²。而考虑到海平面上升因素,在 RCP 8.5 情景低水平 100 年一遇极值水位下,至 2050 年,居住用地和耕地的淹没面积分别为 45.88km² 和 38.61km², 而至 2100 年,居住用地和耕地的淹没面积分别为 49.38km² 和 43.20km²; 在 RCP 8.5 情景高水平 100 年一遇极值水位下,至 2050 年,居住用地和耕地的淹没面积分别为 47.61km² 和 41.13km², 而至 2100 年,居住用地和耕地的淹没面积分别为 52.88km² 和 51.47km²。居住用地和耕地的淹没面积总和在 2050 年和 2100 年将分别达 50km² 和 56km²。图 4.14 展示了 RCP 8.5 情景高水平下 2050 年和 2100 年 100 年一遇的极值水位的淹没区域空间分布。

2) 直接淹没损失

淹没损失不仅取决于淹没面积与淹没深度,同时还受暴露的土地类型损失率及单位损失价值的影响,其极值水位的淹没损失情况如图 4.15 所示。50~1000 年重现期的现状极值水位下,直接淹没损失范围为 34 亿~45 亿元,而在不同 RCP 情景下未来海平面持续上升,淹没直接经济损失将不断加剧。当海平面上升 0.3m 时,未来极值淹没损失将增加 20%; 而当海平面上升 0.5m 时,未来极值淹没损失增加将超过 40%。至 2050 年,在 RCP 2.6 情景下,未来极值水位的淹没损失将达 39 亿~55 亿元,在 RCP 4.5 和 RCP 8.5 情景下的极值淹没损失更大。结果表明,21 世纪末,遭受极值水位可能产生的损失将十分严重。即使在 RCP 2.6 情景低水平情况下,损失范围为 41 亿~53 亿元。然而在 RCP 8.5 情景高水平情况下,损失范围将高达 57 亿~70 亿元。2050 年和 2100 年极值水位淹没损失值较现状极值水位淹没损失将分别增加 10 亿元和 24 亿元。在 RCP 8.5 情景高水平海平面上升 0.82m 的情况下，未来淹没损失将平均增加 60%。

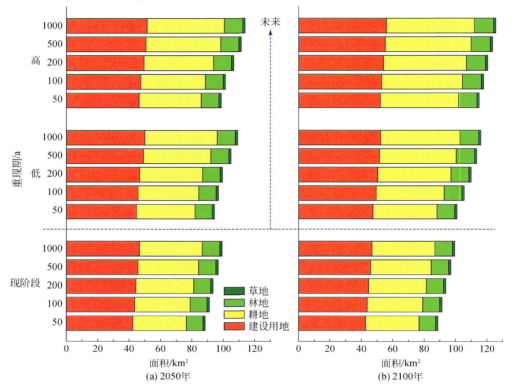

图 4.13　2050 年和 2100 年 50~1000 年一遇重现期主要土地利用类型淹没面积

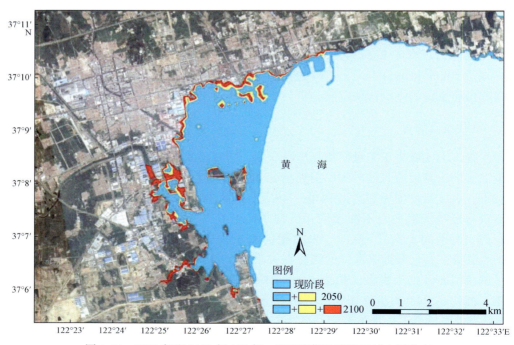

图 4.14　2050 年和 2100 年 100 年一遇重现期的淹没区域空间分布

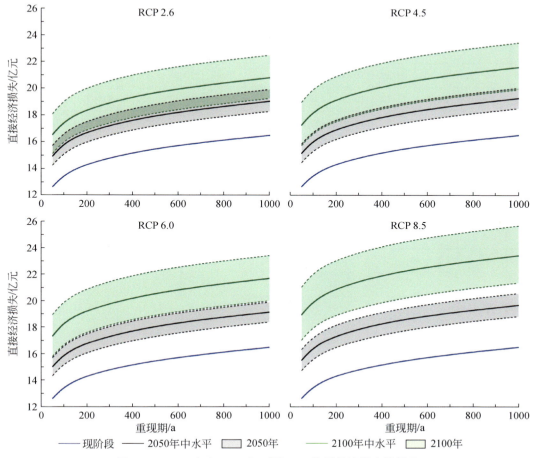

图 4.15 2050 年和 2100 年不同 RCP 情景的淹没直接损失

以 RCP 8.5 情景高水平为例（表 4.6），说明主要土地利用类型受极值水位淹没损失情况。在 50~1000a 重现水平，各土地利用类型的可能直接淹没损失呈上升趋势，但居民用地的损失尤为突出。目前，居民用地遭受现状极值水位的可能直接损失为 28 亿~37 亿元。居民用地、耕地、林地和草地在 2050 年较现状损失将分别增加 8.78 亿元、1.24 亿元、0.42 亿元和 0.16 亿元。而到 2100 年，各土地利用类型的损失将分别扩大至 19.96 亿元、2.73 亿元、1.04 亿元和 0.36 亿元。较现状极值水位的经济损失，2050 年的淹没损失最大增加 29%，而 2100 年的淹没损失最大增加高达 67%。不同情景各重现期的淹没损失增加情况如表 4.7 所示。

表 4.6 2050 年和 2100 年 RCP 8.5 情景高水平下主要土地利用类型的直接淹没经济损失　　（单位：亿元）

重现期/a	现状				2050 年 RCP 8.5（高水平）				2100 年 RCP 8.5（高水平）			
	R	F	W	G	R	F	W	G	R	F	W	G
50	436.81	65.61	18.88	9.48	564.82	84.09	24.82	11.97	729.55	106.69	33.19	14.91

续表

重现期 /a	现状				2050年 RCP 8.5（高水平）				2100年 RCP 8.5（高水平）			
	R	F	W	G	R	F	W	G	R	F	W	G
100	467.90	69.93	20.29	10.08	598.77	88.66	26.45	12.58	767.32	111.50	35.25	15.53
200	499.18	74.21	21.72	10.66	633.29	93.17	28.15	13.17	805.05	116.26	37.35	16.14
500	540.85	79.80	23.68	11.41	679.63	99.05	30.55	13.94	855.30	122.43	40.16	16.92
1000	572.00	83.99	25.16	11.97	714.13	103.44	32.39	14.51	892.63	127.03	42.27	17.51

注：R代表居住用地；F代表耕地；W代表林地；G代表草地。

表4.7　在海平面上升情景下未来极值水位的淹没直接损失的增长率　　（单位：%）

时间	重现期/a	RCP 2.6		RCP 4.5		RCP 8.5	
		低	高	低	高	低	高
2050年	50	12.75	24.49	14.32	25.20	16.64	29.29
	100	12.21	23.37	13.68	24.13	15.89	27.95
	200	11.69	22.38	13.09	23.12	15.21	26.84
	500	11.09	21.41	12.42	22.11	14.47	25.64
	1000	10.79	20.76	12.10	21.44	14.08	24.83
2100年	50	19.76	43.28	24.49	50.17	34.96	66.95
	100	18.86	41.46	23.37	48.01	33.41	63.92
	200	18.06	39.81	22.38	46.05	32.13	61.21
	500	17.23	37.87	21.41	43.74	30.63	58.08
	1000	16.74	36.56	20.76	42.21	29.62	56.00

3）极值水位淹没影响的人口和GDP

随着社会经济的迅速发展，沿海低地的人口和GDP分布密度较大。因此，当发生极值水位时，大量人口和GDP将受极端淹没的影响。不同情景下的海平面上升直接导致淹没面积的扩大，从而造成更多的人口和GDP暴露于淹没风险之下。在RCP 2.6，RCP 4.5和RCP 8.5情景下，2050年和2100年受影响的人口数量如图4.16所示。遭受50～1000年重现期的现状极值水位，受影响的人口数量为70000～79000人。由于海平面上升，在RCP 8.5情景下受影响的人口数量最多，而在RCP 2.6情景下受影响的人口数量相对较低，两者即为未来可能受影响的人口数量范围。至2050年和2100年，随重现期增加受影响人口的增加趋势显著，最大增加量分别为20000人和30000人。而在中间RCP 4.5情景下，面临淹没风险的人口至2050年将增加5.57%～12.36%，至2100年将增加9.52%～23.53%。不同情景各重现期的受影响人口增加情况如表4.8所示。

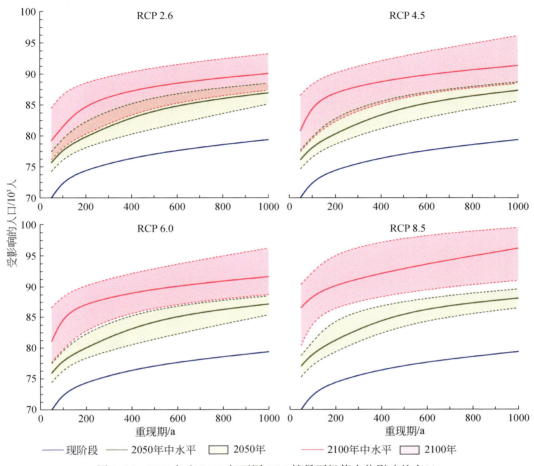

图 4.16　2050 年和 2100 年不同 RCP 情景下极值水位影响的人口

表 4.8　在海平面上升情景下未来极值水位影响的人口数量的增长率　（单位：%）

时间	重现期/a	RCP 2.6		RCP 4.5		RCP 8.5	
		低	高	低	高	低	高
2050 年	50	5.98	10.58	6.56	10.90	7.46	12.48
	100	4.95	9.52	5.57	9.84	6.47	11.47
	200	4.97	10.82	5.57	11.64	6.47	13.87
	500	5.03	12.07	6.57	12.36	8.72	13.64
	1000	7.24	11.50	7.82	11.74	8.97	12.89
2100 年	50	8.70	20.58	10.58	23.53	14.77	29.01
	100	7.69	19.64	9.52	21.80	16.09	27.10
	200	7.72	18.94	10.82	21.05	16.29	28.03
	500	10.02	17.87	12.07	20.24	15.37	26.70
	1000	10.05	17.42	11.50	21.15	14.64	25.33

同样，海平面上升也将导致 GDP 的暴露增加，不同时期各情景的极值水位淹没影响的 GDP 量如图 4.17 所示。如果不考虑海平面上升因素，面临极值水位淹没风险的 GDP 为 112 亿~122 亿元，而综合海平面上升后，未来受影响的 GDP 将增加。至 2050 年，在 RCP 2.6、RCP 4.5 和 RCP 8.5 情景下，各情景间受影响的 GDP 差异最大约为 13 亿元。至 2100 年，各情景间受影响的 GDP 差异范围将显著增大，受影响的 GDP 为 118 亿~138 亿元（RCP 2.6），120 亿~141 亿元（RCP 4.5）及 124 亿~145 亿元（RCP 8.5）。在最极端情况下，即 RCP 8.5 情景高水平，至 21 世纪末受影响的 GDP 将增加近 20%。不同情景各重现期的受影响 GDP 增加情况如表 4.9 所示。

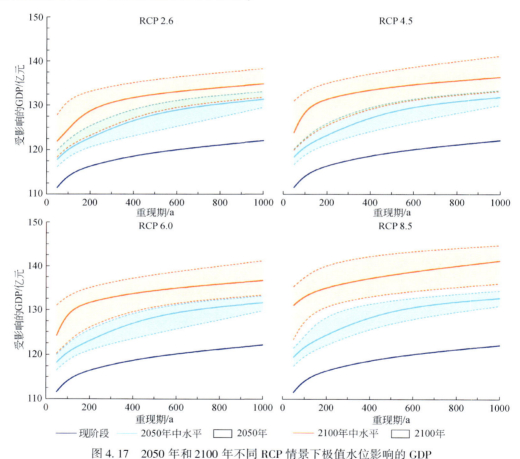

图 4.17　2050 年和 2100 年不同 RCP 情景下极值水位影响的 GDP

表 4.9　在海平面上升情景下未来极值水位影响的 GDP 数量的增长率　（单位:%）

时间	重现期/a	RCP 2.6		RCP 4.5		RCP 8.5	
		低	高	低	高	低	高
2050 年	50	4.18	7.54	4.61	7.76	5.26	8.90
	100	3.66	7.01	4.11	7.24	4.77	8.43
	200	3.68	7.86	4.12	8.41	4.78	10.95

续表

时间	重现期/a	RCP 2.6 低	RCP 2.6 高	RCP 4.5 低	RCP 4.5 高	RCP 8.5 低	RCP 8.5 高
2050年	500	3.74	9.46	4.80	9.67	6.44	10.58
	1000	6.09	9.01	6.47	9.19	7.20	10.04
2100年	50	5.64	13.43	6.88	15.95	9.66	19.43
	100	5.30	13.96	6.56	15.37	11.01	18.88
	200	5.71	14.38	7.86	15.92	12.51	20.50
	500	8.14	13.66	9.46	15.30	11.83	19.48
	1000	7.96	13.28	9.01	15.61	11.33	18.49

4）由于海平面上升引起的重现期变化

综合现状极值水位与海平面上升重新拟合情景机制水位，结果表明：由于气候变化，未来极值水位的重现期将显著降低（图4.18）。在各 RCP 情景的低水平情况下，至 2050 年典型重现期将缩短为原重现期的 14.49%~33.16%，在高水平情况下将缩短为原重现期的 3.47%~11.83%。例如，至 2050 年，100 年一遇的现状极值水位的重现期在 RCP 2.6 情景下将成为 8~31a，在 RCP 4.5 情景下将成为 7~26a，在 RCP 8.5 情景下将成为 5~21a。至 2100 年，在各 RCP 情景的低水平情况下，未来重现期将变为原重现期的 2.79%~17.67%，而在各 RCP 情景的高水平情况下，未来重现期的缩短现象十分显著，在 RCP 8.5 情景下，重现期的缩短现象尤为严重。21 世纪末，1000 年一遇的现状极值水位将变为 3 年一遇，而 100 年一遇的现状极值水位甚至将变为一年一遇，现状的极端事件在未来几十年变为大概率发生的普通事件。因此，极值水位重现期的缩短将显著增加沿海地区的淹没风险。

3. 讨论

本研究综合了风暴潮、天文潮及未来海平面上升情景，完善了极值水位淹没风险的评估。通过比较现状极值水位与情景极值水位的淹没情况，从而揭示海平面上升的风险。研究结果表明，在海平面上升最为严重的情况下，2050 年重现期最大将缩短 70%，至 2100 年重现期缩短超过 80%。在相似研究中，Nicholls（2002）的研究表明海平面上升 0.2m 将显著降低潮位的重现期，10 年一遇的高水位事件将变为半年一遇。海平面上升导致重现期缩短，未来沿海低地遭受极值水位淹没风险的可能性增加。

持续的海平面上升增加了水位高度，从而加大了沿海地区未来淹没灾害的潜在破坏力。例如，至 2050 年荣成市可能的淹没面积将增加 3%~11%，至 2100 年荣成市可能的淹没面积增加则高达 5%~20%。当海平面上升 0.3m 时，孟加拉湾地区受风暴潮灾害可能的淹没面积约为 15%（Karim and Mimura，2008）。同时，本研究结果表明，荣成市沿海地区的居住用地及耕地由于可能淹没面积大、直接损失高，在海平面上升的背景下较为脆弱。根据未来 RCP 情景下估算的情景极值水位，居住用地的淹没风险最高。荣成市沿海遭遇极值水位淹没而产生的可能经济损失至 2050 年可达 39 亿元，而至 2100 年将超过 65

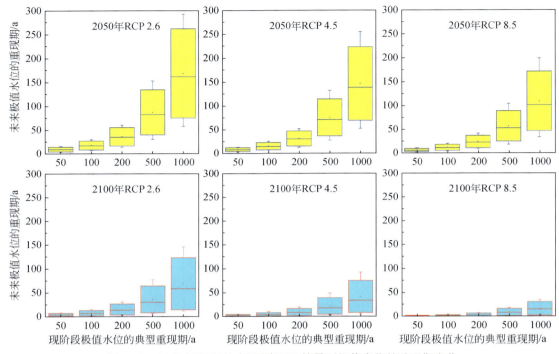

图 4.18 2050 年和 2100 年不同 RCP 情景下极值水位的重现期变化

亿元。据研究表明，与山东半岛位置相近的天津市至 2050 年淹没损失将达 150 亿元（Hallegatte et al.，2013）。在海平面上升的情况下，至 2100 年，极易遭受高水位的上海市由于防护堤及堤坝淹没及损坏，将有 46% 面积被淹没（Wang et al.，2012）。同时，研究表明包括旧金山在内的很多沿海城市在不久的将来将遭受淹没灾害，直接原因是海平面上升而不是暴雨（Gaines，2016）。持续的海平面上升很可能导致人口及 GDP 受极值水位淹没灾害的影响程度变大。社会经济的增长及人口趋海迁移造成沿海地区人口增长和城市化水平超过内陆腹地的发展，未来将有大量的人口及社会财富聚集于淹没风险区域（McGranahan et al.，2007；Smith，2011）。

海平面上升导致未来极值水位的重现期显著缩短，大量人口及财富遭受相应极值水位淹没灾害的概率更大。例如，在 RCP 8.5 情景下，现状条件下的 1000 年一遇的极端事件造成损失约为 45 亿元，而在 2050 年造成此损失的重现期将变为 50a 左右，至 2100 年将变为 2 年一遇，重现期显著缩短。在这种情况下，面临极端淹没风险的大量人口及工业只能向沿海内部迁移。然而，大部分沿海人口，尤其是发展中国家的沿海居民，对于不断增加的极值水位淹没风险却完全没有行动和准备（Woodruff et al.，2013）。

4. 小结

本研究预估了现状及未来 2050 年和 2100 年各 RCP 情景下极值水位的淹没风险。研究结果表明，未来持续的海平面上升将通过缩短重现期、提高淹没损失及增加受影响的人口和 GDP 加大未来极值水位淹没的风险。海平面上升显著缩短了极值水位的重现期从而使沿海低地遭受淹没灾害的可能性加大。淹没风险的增加还体现在由于海平面上升，淹没面积扩大，直接经济损失增加，受影响的人口及 GDP 增加。同时，研究分析表明海平面上升显著威胁人类赖以生存的主要土地类型，尤其是居住用地和耕地。在 RCP 8.5 情景下，至 2100 年极值水位的淹没风险将更加严峻。本研究结果揭示了海平面上升将显著增加沿海地区的极值水位风险。因此，应采取有效的减缓和适应措施以应对沿海地区极值水位淹没风险的增加，并为极端事件的风险防范提供理论基础。

4.3 气候变化背景下极值水位的风险及其适应对策

4.3.1 气候变化背景下极值水位的风险

沿海地区社会经济的快速发展以及全球气候变化引发海平面不断上升，致使高人口密度及大量社会资产面临沿海高水位的风险（Mokrech et al.，2012；Zong and Tooley，2003）。尤其是当风暴潮恰逢天文大潮产生的高潮位会造成沿海地区大面积的淹没，导致大量人群及财产遭受损失（Dawson et al.，2009；Quinn et al.，2014；Strauss et al.，2012）。由于全球气候变化，过去百年海平面上升很大程度上加大了极端洪涝事件的发生概率（Jahanbaksh et al.，2013；Winsemius et al.，2016）。因此，结合海平面上升与极值水位事件，应密切关注未来海岸带淹没风险的危险性及可能的损失。

气候变化引起的海平面上升被认为是引起水位长期增长的重要内在驱动力（Karim and Mimura，2008；Menéndez and Woodworth，2010）。研究表明，全球平均海平面的上升已经造成了极端事件甚至是极值水位频率的增加（Wahl and Chambers，2015）。由于全球海平面上升的影响，不同重现期的风暴潮极值水位将发生很大变化。我国沿海大部分港口百年一遇的设计高潮位已被实测潮位超过（陈奇礼和陈特固，1995）。不同重现期风暴潮潮位极值叠加未来相对海平面上升值，预测未来不同重现期的风暴潮极值水位。早期研究表明：未来海平面上升 0.3m，广州黄埔港 50 年一遇风暴潮极值水位将降为 15 年一遇，100 年一遇将降为 30 年一遇，200 年一遇则降为 55 年一遇（黄镇国等，2003）；未来海平面上升 0.5m，天津海岸和上海黄浦 100 年一遇高潮位降为 10 年一遇，广州附近海岸 100 年一遇高潮位降为 20 年一遇（杨桂山和施雅风，1995）。20 世纪 90 年代以来，全球平均海平面上升速率加快，风暴潮重现期缩短和高潮位发生频率增大。气候变化影响风暴潮及天文潮，在气候变化的背景下两者相遇产生的高水位很可能导致更加严重的极端事件（Gazioglu et al.，2010；Simav et al.，2013）。目前很多研究已经开始关注风暴潮对极值水位的影响（Sindhu and Unnikrishnan，2012）。在气候变化的背景下，研究表明 2100 年全球风暴潮强度将上升 2%~11%（Knutson et al.，2010）。然而，同时期中国沿海的极值水位增长速率将达 2.0 ~ 14.1mm/a（Feng and Tsimplis，2014）。目前的研究采用随机热带气旋模型模拟了由热带及温带气旋驱动的现状极值水位累积概率（Haigh et al.，2014a，2014b），但是未来海平面上升对极值水位影响的计算与分析研究较少。

极值水位的预测是海岸带淹没风险评估的重要步骤。目前的研究主要集中于风暴潮产生的海岸带淹没（Bhuiyan and Dutta，2011；Klerk et al.，2015；Woth et al.，2006），由热带及温带气旋引起的当前极值水位的预测已经有部分成果。然而，在气候变化的背景下，由于海平面上升，海岸带的淹没灾害将会更加严重。即使全球升温控制在2℃以内，全球海平面上升高度仍超过1m（Dutton et al.，2015；Levermann et al.，2013）。至2100年，由于气候变化引起的全球平均海平面上升高度范围为25~123cm，则全球0.2%~4.6%的人口及0.3%~9.3%的国民生产总值将会遭受淹没及损失（Hinkel et al.，2014）。至2030年，全球暴露于高淹没频率的城市土地较2000年将由30%增加至40%（Guneralp et al.，2015）。至2100年，根据预测的海平面上升高度，全球一半以上的三角洲区域将被淹没（Syvitski et al.，2009）。通过全球海岸带的淹没风险评估，东南亚的淹没频率持续增加（Hirabayashi et al.，2013）。研究表明，中国海岸带的极值水位也增加显著（Feng and Tsimplis，2014）。21世纪内，海平面上升伴随的经济恶化及生态破坏，将很可能使发展中国家沿海地区的数亿人民流离失所（Dasgupta et al.，2009）。海岸带的淹没灾害对社会经济影响很大。由于沿海社会经济的发展，未来沿海地区更多的人口和资产将暴露于淹没风险之下（Alfieri et al.，2015；Mokrech et al.，2012；Strauss et al.，2012）。在无适应措施的情况下，2100年全球处于淹没风险的人口将达0.2%~4.6%，年均GDP损失将达0.3%~9.3%（Hinkel et al.，2014）。中国的城镇化速度很快，人口趋海迁移现象严重，沿海低地城市人口和财富高度聚集，面临淹没风险的可能性很大（Nicholls and Cazenave，2010）。中国30%以上的海岸地区被评估为高脆弱性区域（Yin et al.，2012），暴露于淹没风险的人口数量居世界第一（Neumann et al.，2015）。通过评估百年一遇重现期的淹没风险，广州、深圳、天津的风险程度位于全球城市前20位，海洋水位的上升造成巨大的平均年损失（Hallegatte et al.，2013）。综合考虑海平面上升、地壳垂直运动及潮位数据，预测未来30年，上海市局部区域淹没深度可达3.0m以上，全市25%的海塘和防汛墙将存在漫堤危险（Yin et al.，2011；宋城城等，2014）。山东沿渤海湾地区至2100年，百年一遇潮位淹没范围向陆推进240~800m，人口及社会经济将受严重影响（龙飞鸿等，2015）。

4.3.2 适应对策

随着全球气候变化的影响日益显著，国内外对气候变化的适应认识不断增强（巢清尘等，2014；Magnan et al.，2016）。成本-效益计算分析表明，未来沿海地区淹没灾害所造成的损失要远大于适应的成本（Hallegatte et al.，2011；Hinkel et al.，2014）。在我国风暴潮灾情特征及风险评估的基础上，通过分析气候变化引起的海平面上升对风暴潮灾害风险的影响，未来中国沿海地区风暴潮灾害风险形势更加严峻。目前我国气候变化的影响与适应措施的研究差距较大（吴绍洪，2014），从而应加强沿海地区适应措施的研究。

围绕沿海地区加强适应气候变化的战略与防御灾害风险的重点任务，我国正在发展和集成符合中国国情的海岸带灾害适应技术框架（刘燕华等，2013）。针对气候变化下风暴潮灾害风险适应的步骤主要包括：①定量化评估气候变化下风暴潮灾害的风险是研究适应的前提，可使国家、部门及民众充分认识以应对未来沿海地区气候变化的风险。②衡量沿海地区目前的减灾能力。各地区减灾能力呈显著区域性差异，上海、广州等地的减灾能力较强,而一些地区相对较弱。③设定减灾目标,确定适应层面、时效及程度。减灾适应目标不仅要从国家层面设定适应目标,还应制定区域层面目标。减灾时效目标分为长期、中期及近期目标,而减灾程度目标应以适度适应为原则,谨防过度适应及适应不足(李阔等,2016)。④综合风暴潮灾害的风险与当前的减灾能力,量化减灾能力的不足,加强减灾适应能力建设。

为适应气候变化下风暴潮灾害的风险,我国在预警应急响应、工程防御及政策法规等适应能力建设方面不断加强。

1. 加强风暴潮的观测、预警机制

在气候变化背景下,近几十年来中国沿海地区风暴潮灾害加剧趋势明显。因此,必须加强沿海地区的观测预报和应急响应能力。目前,中国已经初步形成立体海洋观测网和海洋观测数据传输网,在沿岸设置各种业务化运行的水文气象观测站点和雷达遥测站。现已建设由国家到县区的逐级预警报服务体系,搭建了较为完整的风暴潮灾害观测预报网络,正在逐步完善和提高气候变化条件下的风暴潮灾害预警能力(何霄嘉等,2012)。同时,海洋环境的保障专项工作,如风暴潮灾害预报预警的业务化能力建设(主要包括数据监测、预报预警技术及产品服务),进一步健全完善了风暴潮灾害应急预案体系和响应机制,全面提高沿海地区防御灾害能力。

通过海洋环境的立体化观测网络,强化风暴潮灾害的监测预警,建立气候变化影响下的风暴潮灾害评估示范系统,为沿海重点地区和重大工程应对风暴潮灾害提供支撑和保障。对风暴潮灾害极端气候事件备有应急机动调查及观测预案,海洋航运业在频发的极端天气气候事件影响下尤为脆弱(蔡榕硕和齐庆华,2014),采取早期预警计划等措施可减轻风暴潮灾害的影响。

2. 建设海岸防护工程

近年来,在全球气候变化背景下,中国沿海地区面临严重的灾害威胁。因此,注重开展气候变化下沿海低洼地区及高风险区域极值水位风险评估工作,结合灾害区域特征,加强高脆弱性风险区域的防护建设,提高灾害防御能力。

加强海岸带适应气候变化下极值水位灾害风险的基础防护设施建设。河口三角洲地区地势低平,经济发达,人口密集,极值水位灾害的风险大,同时还面临气候变化引起的海平面上升的风险(Syvitski et al., 2009),长江三角洲、黄河三角洲及珠江三角洲沿海地区形势尤为严峻。近年来这些重点防护地区逐年增加对海堤等的建设投资并提高防御标准。沿海地区大部分堤防都已经达到或接近五十年一遇的防御标准,天津市等沿海重点城市已建设成百年一遇高标准防护堤坝,而风险较大的上海市防护堤由百年一遇提高到千年一遇(夏东兴和刘振夏,1994),中国沿海地区的海岸防护设施已经得到全面、快速的发展。

建设生物护岸工程等生态防御措施,可以起到护滩、护堤和促淤等海岸防护作用。生态修复防洪措施是低成本、高效益、无生态危害的海岸防护措施。在合适的地点,可以考虑全局和大规模实施并替代部分传统的海岸工程(Temmerman et al., 2013)。目前,中国部分地区已建有生态工程防洪防灾,如上海、江苏及黄河三角洲沿海,有效地减轻了海岸的侵蚀并达到良好的效果（孙卫东和彭子成，1996；杨世伦和王兴放，1998；左书华等，2006）。中国沿海防护林建设体系基本形成，沿海地区累计完成造林20万km^2。通过沿海防护林建设，沿海地区生态系统适应能力提高，减轻极值水位灾害的影响。

3. 健全适应的政策法规

在沿海地区极值水位风险日趋增加的背景下，强化应对风险的相关配套设施与制度尤为必要。根据风暴潮对近海与海岸带的影响及其趋势研究，我国海洋部门出台了《关于海洋领域应对气候变化有关工作的意见》、《海洋灾害应急预案》等一系列方案（仇天宇，2010）。风暴潮在全球气候变化背景下的灾害性已得到深刻认识，亟需多国相互交流与合作，并依靠科技创新引领适应工作。制定科学而合理的应对海洋灾害（如风暴潮）的程序与标准，进而为相关管理部门应对极端气候下的海洋灾害提供科学依据与参考。为改善海洋环境和加强资源保护，以有效遏制海洋资源的过度开发，我国在近些年陆续颁发以及修订了相关法律法规（如《海洋环境保护法》等），这些措施的实施有效地提高了适应极值水位灾害的能力。目前，我国现有法律法规不能满足长期适应气候变化的目标，需要进一步健全相关法律法规（李艳芳，2010）。

4.4 本章小结

气候变化引起的海平面上升将导致沿海低地自然灾害频发，而沿海地区人口和社会财富高度聚集，受灾人口数量和社会经济损失值较大。未来海岸带的有效风险管理与评估必须综合考虑气候变化引起的海平面上升与极值水位的影响。本研究基于P-Ⅲ模型，综合风暴潮及天文大潮拟合了现状极值水位。同时考虑了未来海平面上升情景与现状极值水位相结合，构建了未来情景极值水位，改进了对未来极值水位重现期的估算。结合淹没损失模型，定量评估极值水位造成的直接经济损失及对人口和GDP的影响，通过比较情景极值水位与现状极值水位的淹没灾损情况来揭示海平面上升的风险。未来时段以RCP 2.6、RCP 4.5、RCP 6.0、RCP 8.5四个情景至2050年和2100年为例。

深入研究气候变化引起的海平面上升对未来极值水位的影响，拟合得到不同情景下的未来极值水位累积概率分布曲线并计算其重现期。研究以山东半岛为例，结果表明，由于气候变化引起的海平面上升将会严重缩短极值水位的重现期。本研究从中、长期及四个情景分析海平面上升对未来重现期的显著影响。在气候变化的背景下，海平面持续上升导致21世纪末极值水位的重现期显著缩短，在RCP 8.5情景下重现期缩短最为严重。在RCP 8.5情景高水平，现状百年一遇的极值水位至2050年将变为11年左右一遇，而至2100年则变为2年一遇。因而，在RCP高水平情景下，山东半岛的现状极值水位在未来几十年将变为常态。现状条件下的小概率事件如千年一遇的极值水位在2100年RCP 8.5情景下将变为10年一遇的大概率事件。未来重现期显著缩短现象，表明未来沿海地区极值水位的危险性加大，风险将会增加。在气候变化引起海平面持续上升的背景下，本研究结果可适用于沿海地区的风险评估，并为气候变化的适应对策提供理论基础，对未来气候变化下海岸带的风险管理具有重要的意义。

本研究评估了极值水位造成的直接经济损失及对人口和 GDP 的影响范围。通过比较情景极值水位与现状极值水位的淹没灾损情况来揭示海平面上升的风险。持续的海平面上升将迫使高水位升高，从而加大了沿海地区未来淹没灾害的潜在破坏力。荣成市沿海地区的居住用地及耕地由于可能的淹没面积大、直接经济损失高，在海平面上升的情景下尤为脆弱。荣成市沿海遭遇极值水位淹没而产生的可能经济损失至 2050 年可达 39 亿元，而至 2100 年将超过 65 亿元。持续的海平面上升很可能导致人口及 GDP 受极值水位淹没灾害的影响程度增加。海平面上升导致未来极值水位重现期显著缩短，大量人口及财富遭受相应极值水位淹没灾害的概率更大。未来持续的海平面上升将通过缩短重现期、提高淹没损失及增加受影响的人口和 GDP 加剧未来极值水位淹没的风险。海平面上升显著缩短了极值水位的重现期从而使沿海低地遭受淹没灾害的可能性加大。淹没风险的增加还体现在：由于海平面上升，淹没面积扩大，直接经济损失、受影响的人口及 GDP 增加。同时，研究分析表明海平面上升显著威胁人类赖以生存的主要土地类型，尤其是居住用地和耕地。2050 年，受未来极值水位淹没的直接经济损失增加范围在 30% 以内；在 2100 年 RCP 8.5 情景高水平海平面上升 0.82m 的情况下，未来淹没损失将平均增加 60%。因此，应采取有效的减缓和适应措施以应对沿海地区极值水位淹没风险的增加，并适量补充对沿海地区淹没风险的研究以增强极端事件的风险防范。

5 山东省气象灾害时空特征

5.1 山东省基本概况

5.1.1 位置与范围

山东省位于中国东部沿海、黄河下游区域，北临渤海、东临黄海，海陆兼备，地理位置优越，是中国主要沿海省份之一，处于34°25′N~38°23′N 和 114°36′E~122°43′E 之间，陆地总面积约 15.67 万 km^2。

5.1.2 自然地理特征

山东省位于我国地势划分中的第三级阶梯，境内地形以山地丘陵为主，平原盆地交错环列。其中，大部分山地丘陵的海拔在 500m 左右，相对高度多为 200~350m，坡度在 20°以下。境内山地丘陵约占全省总面积的 34.34%，平原盆地约占 64.59%，河流湖泊区约占 1.07%。

山东省位于北温带半湿润季风气候区，气候属于典型的暖温带季风气候类型：春季天气多变，干旱少雨；夏季盛行偏南风，炎热多雨；秋季天气晴爽，冷暖适中；冬季多偏北风，寒冷干燥。总体而言，全省温暖湿润，四季分明，水热条件较同纬度内陆地区更佳。

全省年平均气温为 11~14℃，由东北沿海向西南内陆递增，极端最低气温为–11~–20℃，极端最高气温为 36~43℃。全省年均光照时数为 2290~2890h，年均日照百分率为 52%~65%；无霜期一般为 174~260d，南部多于北部，平原多于山地，沿海多于内陆；因受海洋气候影响，胶东半岛春寒延后，夏季气温较内陆气温低且湿润。山东省年均降水量一般在 550~950mm 之间，由东南向西北递减，泰山的年平均降水量达 1042.8mm，是全省降水最多的区域；山东省降水季节分布不均，全年降水量的 60%~70%集中于夏季，易形成洪涝，冬、春以及秋季降水较少，易发生旱情（张艳妮，2008）。

山东省水系较发达，自然河流平均密度在 0.7km/km^2 以上，干流长度大于 50km 的河流有 1000 多条。黄河自西南向东北斜穿山东境域，流程 610km。京杭大运河自南向北纵贯鲁西平原，长约 630km。湖泊集中分布于鲁中南山地丘陵区与鲁西南平原之间的鲁西湖带，以济宁为中心分为两大湖群，以南为南四湖，以北为北五湖，前者以微山湖为首，后者以东平湖最大（宋明春，2008）。

山东省的地带性土壤主要有棕壤（棕黄土）和褐土（黄土）两个类型，呈东西向规律性分布状。其中，棕壤主要分布于胶东和沭东丘陵区及鲁中南山，而褐土主要分布于胶济、京沪铁路两侧的山前平原地带和鲁中山地中下部的梯田河谷阶地上。山东省的非地带性土壤主要有山地草甸型土、潮土、盐碱土及砂姜黑土四个类型。其中，山地草甸型土主要分布在海拔 800m 以上的山顶坡，潮土广泛分布于鲁西北黄河冲积平原区，盐碱土主要分布于鲁西北平原的洼地边缘、河间洼地、黄河沿岸以及渤海沿岸，砂姜黑土仅见于滨湖地区及鲁南、胶东的低洼地带。

现今，山东省的植被以次生植被为主。山地丘陵区多分布温带针叶林和以人工林和萌芽林为主的落叶阔叶林。境内植被分布面积随水热状况的变化自鲁东半岛和鲁中南山地丘陵区的东南沿海向西北逐渐递减，其中，东部和东南沿海山地丘陵森林植被茂盛，种类复杂，而鲁西北森林少且种类贫乏，多为人工种植的次生林。平原草甸、沼泽草甸、沙生植被、盐生植被和滨海滩涂草甸植被广泛分布在平原、湖滨、河滩、海滨等适生的环境中。除自然植被外，山东省大面积土地为农田植被（王丽娜，2008）。

5.1.3　社会经济特征

山东省地域辽阔，区位优势明显，历史文化悠久，经济社会发展水平总体较高。至2016 年底，全省共划分为济南、青岛、淄博、枣庄、东营、烟台、潍坊、济宁、泰安、威海、日照、莱芜、临沂、德州、聊城、滨州、菏泽 17 个地级市，含县级单位 137 个。山东省人口众多，2015 年末全省常住人口为 9847 万人，全省平均人口密度约 627 人/km^2，是我国人口密度较高的区域之一，其中，胶济铁路沿线城市群、沿海城市以及鲁西南等地是省内人口分布最为密集的区域。

山东省是中国重要的农产区，素有"粮棉油之库，水果水产之乡"之称，粮食产量居全国第二位，并拥有全国最大的蔬菜基地。2015 年，山东省实现 GDP 约 6.3 万亿元，人均 GDP 63981 元。第一、第二和第三产业中，第二和第三产业所占比重较大且相近，各在 45% 左右，第一产业约占 10%，所占比重较小。山东省三类产业经济社会发展水平的空间差异较大，其中，鲁西南、胶东半岛和莱州湾南岸是全省第一产业较为发达的区域；第二和第三产业产值的空间分布较为相似，均是以胶济铁路沿线城市群最为突出，其次是东部和北部的沿海区域以及内陆的城市区域。

5.1.4　自然灾害特征

山东省是我国陆地及海洋自然灾害频繁发生的省份之一，陆地区域的自然灾害主要可分为洪涝灾害、干旱灾害、灾害性天气、地震灾害、地质灾害、土地灾害、农作物灾害、林木灾害等，沿海及海洋区域的自然灾害主要包括风暴潮、海水入侵、海岸侵蚀、赤潮灾害、海冰灾害、相对海平面上升等。在气象灾害方面，由于地处中纬度地带，经常受冷暖气团交替的影响，省内天气复杂多变，气象灾害种类多，发生频率高，除旱涝外，冰雹、大风、台风等气象灾害也屡有发生，对全省经济社会发展造成巨大的影响，尤其是近年来，在全球气候变化的影响下，山东省干旱和洪涝灾害频发，极端气候现象突出，且发展趋势显著增加。

1. 干旱灾害

山东省为资源性严重缺水地区，全省多年平均淡水资源仅占全国水资源总量的1.09%，人均水资源量344m³，仅为全国人均占有量的14.7%，为世界人均占有量的4.0%。山东省夏季降水量占全年降水量的60%~70%，甚至达到80%。其他季节降水稀少，季节降水分布不均的同时，区域降水分布也极不均匀。降水的不均衡性使全省大部分地区基本属于干旱半干旱、湿润半湿润地区，一旦遇到降水量比较少的年份，极易引发旱情，致使山东成为一个干旱灾害多发的省份。研究表明，20世纪90年代以来，因降水量减少和黄河断流的影响，旱情日趋严重（张晓艳等，2010）。1989~2004年全省平均每年受灾面积209.73万hm²，1991年、1997年、1999年、2000年、2001年和2002年受旱面积都在350万hm²以上，显著高于平均值。特别是1999~2002年，连续4年大旱，造成农业减产，工矿、企业停工停产，城乡供水危急。2010年9月至2011年2月出现的秋冬连旱是自1951年山东省有气象水文记录以来无有效降水持续时间最长、覆盖范围最广的气象干旱，创下了中华人民共和国成立以来同期之最（石春玲等，2012）。干旱灾害波及工业、农业、服务业和人民生活方方面面，对经济社会发展产生了重大影响，可见旱灾已是山东省各种自然灾害中的主要灾害之一。

2. 暴雨洪涝灾害

暴雨洪涝灾害是山东省仅次于干旱灾害的又一主要气象灾害（李楠等，2010）。据统计，1949~2000年，山东省累计洪涝成灾面积4430.5873万hm²，受灾人口622万人，死亡14417人，倒塌房屋1890.521万间，造成粮食减产87.3万吨，直接经济损失约648.51亿元。20世纪90年代以来，随着暴雨日数增多，降水强度加大，水灾面积也有增多趋势，洪涝灾害十分严峻，如1990年、1991年、1993年、1994年、1995年、1996年、1998年和2003年均有较为严重的洪涝灾害发生。其中，1993年8月4~5日鲁南及鲁西南特大暴雨尤其严重，造成南四湖流域诸河均发生较大洪水，沂河发生了自1974年以来的最大洪水，洪峰流量8100m³/s，部分河道漫溢、大堤决口，鲁西南平原大面积积水成涝，有210多万人被围困，79.4万间房屋倒塌，114人死亡，11577家以上乡镇厂矿企业被迫停产，直接经济损失逾60亿元。又如，2003年10月9~12日，山东省大部地区降暴雨或大暴雨，全省平均雨量76mm，超50多年来历史同期雨量，该次洪涝灾害造成农作物受灾面积65.7万公顷，成灾38.5万公顷，倒塌房屋5.49万间，损坏房屋5.06万间，9.82万人被围困，秋播推迟等，直接经济损失逾45亿元。2013年7月，山东省9市32县（市、区）先后遭受暴雨洪涝灾害，直接经济损失达23亿元之多。

5.2 山东省气象干旱时空特征

5.2.1 数据与方法

1. 数据资料

选用中国地面气候资料日值数据集中山东省 1961~2008 年的实测逐日平均温度和逐日降水量数据。中国地面气候资料日值数据集中山东省共有 32 个气象站，但各站建站时间不一致，并且中间年份部分站点改为一般气象站，为了保证气象资料的连续完整性，剔除气象数据缺测较多的站点，最终选用 18 个气象站近 50 年来的逐日气象观测资料，并根据数据处理的文档说明对所有站点的气象数据进行相应的处理，以满足综合气象干旱指数计算的需要。

2. 研究方法

1）综合气象干旱指数

综合气象干旱指数（CI）是参考《气象干旱等级》（GB/T 20481—2006）中定义的综合气象干旱指数计算方法（张强等，2006），利用近 30 天（相当月尺度）和近 90 天（相当季尺度）降水量标准化降水指数和近 30 天相对湿润度指数综合得出。

CI 既反映短时间尺度（月）和长时间尺度（季）降水量气候异常情况，又反映短时间尺度（影响农作物）水分亏欠情况，适合于实时气象干旱监测和历史同期气象干旱评估。CI 的计算公式为

$$CI = aZ_{30} + bZ_{90} + cM_{30} \tag{5.1}$$

式中，Z_{30}、Z_{90} 分别为近 30 天和近 90 天标准化降水指数（SPI）；M_{30} 为近 30 天相对湿润度指数；a 为近 30 天标准化降水系数，由轻旱以上级别 Z_{30} 的平均值除以历史出现最小 Z_{30} 值，平均取 0.4；b 为近 90 天标准化降水系数，由轻旱以上级别 Z_{90} 的平均值除以历史出现最小 Z_{90} 值，平均取 0.4；c 为近 30 天相对湿润度系数，由达轻旱以上级别 M_{30} 的均值除以历史出现最小 M_{30} 值，平均取 0.8。

SPI 的计算方法如下所示：采用 Gamma 分布函数拟合降水量以计算相应的 SPI。McKee 等（1993）采用 Gamma 概率分布来描述降水量的分布变化：假设某一时段的降水量为 x，则其满足 Gamma 分布的概率密度函数为

$$g(x) = \frac{1}{\beta^{\alpha}\Gamma(\alpha)} x^{\alpha-1} e^{-x/\beta} \tag{5.2}$$

式中，$\alpha > 0$ 为形状参数；$\beta > 0$ 为尺度参数；$x > 0$ 为降水量；$\Gamma(\alpha)$ 为 Gamma 函数，其概率函数为

$$\Gamma(\alpha) = \int_0^\infty y^{\alpha-1} e^{-y} dy \tag{5.3}$$

最佳 α、β 估计值可采用极大似然估计法求得

$$\hat{\alpha} = \frac{1+\sqrt{1+\frac{4A}{3}}}{4A} \tag{5.4}$$

$$\hat{\beta} = \frac{\bar{x}}{\hat{\alpha}} \tag{5.5}$$

式中，$A = \ln\bar{x} - \dfrac{\sum \ln x_i}{n}$，其中 x_i 为降水量序列的样本，$\bar{x}$ 为降水量序列的平均值，n 为计算序列的长度。则给定时间长度的累积概率可由下式计算：

$$G(x) = \int_0^x g(x)dx = \frac{1}{\hat{\beta}^{\hat{\alpha}} \Gamma(\hat{\alpha})} \int_0^x x^{\hat{\alpha}-1} e^{-x/\hat{\beta}} dx \tag{5.6}$$

由于 Gamma 方程不包含 $x=0$ 的情况，而实际降水量可能为 0，因此累积概率表示为

$$H(x) = q + (1-q)G(x) \tag{5.7}$$

式中，q 为降水量为 0 的概率。若 m 为降水时间序列中降水量为 0 的数量，则 $q = m/n$。累积概率 $H(x)$ 可通过下式转换为标准正态分布函数：

$$H(x) = \frac{1}{\sqrt{2\pi}} \int_{-\infty}^x e^{-t^2/2} dt \tag{5.8}$$

对其进行近似求解得到以下结果：

当 $0 < H(x) \leq 0.5$ 时，

$$\text{SPI} = -t - \frac{c_0 + c_1 t + c_2 t^2}{1 + d_1 t + d_2 t^2 + d_3 t^3} \tag{5.9}$$

其中，$t = \sqrt{\ln \dfrac{1}{(H(x))^2}}$

当 $0.5 < H(x) < 1$ 时，

$$\text{SPI} = t - \frac{c_0 + c_1 t + c_2 t^2}{1 + d_1 t + d_2 t^2 + d_3 t^3} \tag{5.10}$$

其中，$t = \sqrt{\ln \dfrac{1}{(1-H(x))^2}}$

式中，$c_0 = 2.515517$；$c_1 = 0.802853$；$c_2 = 0.010328$；$d_1 = 1.432788$；$d_2 = 0.189269$；$d_3 = 0.001308$。

相对湿润度指数 M 的计算方法如下所示：

$$M = (P - \text{PE})/\text{PE} \tag{5.11}$$

式中，P 为某时段的降水量（mm）；PE 为某时段的可能蒸散量（mm）；可能蒸散量利用 Thornthwaite 方法计算获得，计算式为

$$\text{PE}_m = 16 \times (10 T_i / H)^A \tag{5.12}$$

其中，PE_m 为月可能蒸散量（mm/月）；T_i 为月平均气温（℃）；H 为年热量指数；A 为常数。年热量指数由各月热量指数 H_i 计算得来：

$$H_i = (T_i/5)^{1.514} \tag{5.13}$$

年热量指数 H 的计算式为

$$H = \sum_{i=1}^{12} H_i = \sum_{i=1}^{12} (T_i/5)^{1.514} \tag{5.14}$$

常量 A 的计算式为

$$A = 6.75\times10^{-7}H^3 - 7.71\times10^{-5}H^2 + 1.792\times10^{-2}H + 0.49 \tag{5.15}$$

当月平均气温 $T_i \leq 0℃$ 时，月热量指数 $H_i = 0$，月可能蒸散量 $PE = 0$（mm/月）。

通过式（5.1），利用前期平均气温和降水量数据可以滚动计算出山东省历年逐日的综合气象干旱指数 CI，并根据气象干旱等级（表 5.1）对 CI 进行划分以开展干旱分析和评估。

表 5.1 CI 的干旱等级划分

等级	类型	CI
1	无旱	$-0.6 < CI$
2	轻旱	$-1.2 < CI \leq -0.6$
3	中旱	$-1.8 < CI \leq -1.2$
4	重旱	$-2.4 < CI \leq -1.8$
5	特旱	$CI \leq -2.4$

2）气象干旱过程

当 CI 连续 10 天为轻旱以上等级，则确定为发生一次干旱过程。干旱过程的开始日为第 1 天 CI 达到轻旱以上等级的日期。在干旱发生期内，当 CI 连续 10 天为无旱等级时干旱解除，同时干旱过程结束，结束日期为最后 1 次 CI 达到无旱等级的日期。干旱过程开始到结束期间的时间为干旱持续时间。干旱过程强度根据干旱过程内所有天的 CI 为轻旱以上的干旱等级之和来表示，其值越小（绝对值越大）则表明干旱过程越强（张强等，2006）。

当评价某时段（月、季、年）是否发生干旱事件时，所评价时段内必须至少出现一次干旱过程，并且累计干旱持续时间超过所评价时段的 1/4 时，则认为该时段发生干旱事件，其干旱强度由时段内 CI 为轻旱以上干旱等级之和确定（张强等，2006）。本书分别以年和季节为研究时段，对各季节划分作如下定义：1 月、2 月和前一年的 12 月为冬季，3~5 月为春季，6~8 月为夏季，9~11 月为秋季。

根据上述方法，分别统计出山东省 18 个气象站近 50 年中各次干旱持续过程以及相应的持续时间及其干旱强度。

3）干旱发生频率

干旱发生频率的计算公式为

$$P = \frac{n}{N} \times 100\% \tag{5.16}$$

式中，n 为实际有干旱发生的年数；N 为数据资料的年代序列数，1961~2008 年共有 48 年数据，但由于 CI 的计算是向后滚动的，代入资料计算的 CI 是从 1962 年开始，因此 N 取 47。

4）干旱覆盖范围

干旱覆盖范围的计算公式为

$$S = \frac{m}{M} \times 100\% \tag{5.17}$$

式中，m 为每年有干旱事件发生的站点数量；M 为总站点数。

5）干旱强度

首先，对 1961~2008 年山东省各气象站达到轻旱以上干旱等级的所有干旱日的 CI 求和，再对求得的历年各站干旱强度求算术平均值，将其定义为山东省历年平均的干旱强度。

5.2.2 结果与分析

1. 干旱覆盖范围的时间变化特征

1962~2008 年山东省历年和各季节平均干旱覆盖范围的时间变化趋势如图 5.1 所示。

山东省 1962~2008 年历年平均干旱覆盖范围为 75%。近 50 年中，全省年干旱覆盖范围超过 90% 的年份共有 14 个，分别是 1977 年、1981 年、1984 年、1986 年、1988 年、1989 年、1992 年、1995 年、1996 年、1997 年、1999 年、2001 年、2002 年以及 2006 年。全省旱情以 20 世纪 80 年代最为严重，平均干旱覆盖范围达 84%，90 年代和 70 年代次之，平均干旱覆盖范围分别为 79% 和 78%，2000 年以后的平均干旱覆盖范围为 73%，60 年代平均干旱覆盖范围最小，为 56%。此外，近 50 年中，山东省出现了三次连旱且年干旱覆盖范围均超过 90% 的严重旱情，分别是 1988~1989 年连旱、1995~1997 年连旱以及 2001~2002 年连旱。相对而言，年干旱覆盖范围最小的年份为 1964 年和 2003 年，年干旱覆盖范围值为 0，表明全省全年无干旱发生。

山东省春季多年平均干旱覆盖范围为 72%。1962~2008 年，春季发生大范围干旱的年份共有 21 个，分别是 1962 年、1965 年、1968 年、1973 年、1977 年、1981 年、1982 年、1984 年、1986 年、1988 年、1992 年、1993 年、1995 年、1996 年、1999 年、2000 年、2001 年、2002 年、2005 年、2006 年以及 2008 年。全省春季旱情以 2000 年以来和 20 世纪 80 年代最广泛，平均干旱覆盖范围分别达 84% 和 83%，70 年代和 90 年代的春旱平均覆盖范围分别为 73% 和 63%，60 年代春季平均干旱覆盖范围为 56%，覆盖面积最小。近 50 年中，山东省春季无干旱发生的年份一共有 4 个，分别是 1964 年、1969 年、1990 年

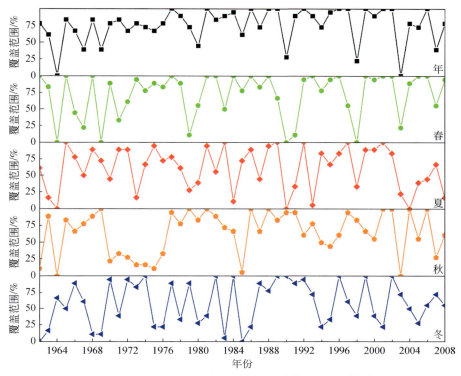

图 5.1 1962~2008 年山东省历年和各季节的干旱覆盖范围

和 1998 年。总的来说,山东省易发生春旱,且大范围春旱旱情发生的概率较大,春旱对农业生产会产生较严重的影响,因此,在干旱预警与监测工作中应对春季旱情的发生与发展予以高度重视。

夏季,多年平均干旱覆盖范围为 61%。近 50 年中,山东省夏季发生大范围干旱的年份共有 9 个,其中 7 次发生在 20 世纪 80 年代和 90 年代。全省夏旱以 80 年代最为严重,覆盖率达到了 70%,70 年代次之,多年平均干旱覆盖范围为 64%,60 年代和 90 年代以及 2000 年以后夏季多年平均干旱覆盖范围分别为 58%、59% 和 51%,干旱情况也相对较重。山东省夏季无旱情发生的年份分别是 1964 年、1990 年和 2004 年。山东省夏季雨热同季,降水相对集中,但同时蒸散发也较大,因此干旱程度也相对严重。

秋季多年平均干旱覆盖范围为 65%,略高于夏季干旱范围。山东省秋季发生大范围干旱的年份共 12 个,主要集中在 20 世纪 80 年代和 2000 年以后。全省 80 年代秋季旱情最严重,多年平均干旱覆盖范围达 77%,其次是 90 年代,干旱覆盖范围达 73%,60 年代和自 2000 年以后秋旱覆盖范围较接近,分别是 65% 和 67%,而 70 年代最低,为 43%。近 50 年中,全省秋季无干旱发生的年份仅有 2 个,分别是 1964 年和 2003 年。自夏季集中降水期过后,山东省秋季降水明显减少,一定程度上加大了秋季干旱发生的概率。

全省冬季多年平均干旱覆盖范围在各季节中最小,为 58%。但近 50 年中,山东省冬季爆发大范围干旱的年份仍较多,共有 11 个,主要集中在 20 世纪 70 年代初和 90 年代。山东省冬季干旱以 90 年代最为严重,多年平均干旱覆盖范围达 71%,70 年代次之,覆盖范围为67%，80年代和自2000年以后冬旱程度相当，多年平均干旱覆盖范围分别为56%和55%，60年代山东省冬旱范围最小，为38%。全省冬季无旱情的年份共2个，分别是1962年和1985年。

对山东省历年以及四季干旱覆盖范围的时间变化趋势序列进行置信度水平为$\alpha=0.01$和$\alpha=0.05$的F显著性检验发现：山东省历年以及四季干旱覆盖范围的线性变化趋势均不显著。

综合历年和各季节干旱发生的年份可知，山东省大范围干旱主要集中在20世纪80年代和90年代及2000年以后。其中，80年代全省历年和四季大范围干旱发生次数共达20次，旱情最严重。山东省季节连旱且覆盖范围达90%以上的年份相对较少，其中，共有3个年份出现了春、夏、秋三季连旱，分别是1981年、1988年以及2001年；秋冬连旱的年份有2个，分别是1990年和2002年；1992年和1997年分别发生了大范围春夏和夏秋连旱。可见，山东省大范围季节连旱主要集中在80年代以后，60~70年代无大范围季节连旱旱情发生。

2. 干旱持续日数的时间变化特征

根据山东省1962~2008年历年逐日CI，按照气象干旱过程确定方法中干旱持续日数的判断方法，统计出山东省近50年中历年以及各季节干旱发生的次数、各次干旱过程持续的日数和各时段干旱发生的总日数，再根据历年和各季节干旱持续的总日数求出相应时段的干旱平均持续日数，其时间变化趋势见图5.2。

近50年中，山东省年干旱平均持续日数为153d，历年干旱平均持续日数呈波动式变化。其中，年干旱平均持续日数最长达291d，发生在1999年，最短平均持续日数仅为8d，发生在1964年。年干旱平均持续日数超过183d（评价时段总日数的一半）的共有15年，主要集中在20世纪80年代和90年代。统计各年代平均的年均干旱持续日数得出：60年代平均年均干旱持续日数为124d，70年代为141d，80年代为180d，90年代为159d，2000年以后为153d，基本上呈10年一周期的年代际干旱平均持续日数的起伏变化形势。

春季多年平均干旱持续日数为45d，接近季节总日数的一半。近50年中，全省春旱平均持续日数最长达84d，发生在1988年，最短平均持续日数是1990年的0d，即该年全省无春旱事件发生。山东省春季干旱平均持续日数较长，持续日数超过46d（评价时段总日数的一半）的共有24年，平均分布于各年代。对各年代平均的春季干旱持续日数进行统计，得出20世纪60年代平均春旱持续日数为34d，70年代为44d，80年代为55d，90年代为42d，2000年以后为51d，也基本表现出10年周期性起伏变化规律。

全省夏季多年平均干旱持续日数为34d。夏旱平均持续日数最长达76d，发生在1992年，最短平均持续日数为1990年的0d。山东省夏季干旱平均持续日数超过季节总日数一半的共有12年，主要集中在20世纪80年代和90年代。相对于春旱而言，全省夏旱的持续日数较短，与夏旱发生频率和覆盖范围的统计结果相一致。对各年代平均的夏旱持续日数进行统计，得出60年代平均夏季干旱持续日数为32d，70年代为32d，80年代为42d，90年代为35d，2000年以后为28d，10年周期性起伏变化规律较为明显。

全省秋季多年平均干旱持续日数为39d，略高于夏季。秋旱平均持续日数最长达78d，

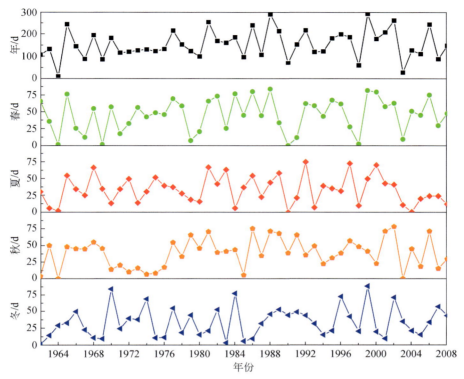

图 5.2　1962～2008 年山东省历年和各季节的干旱持续日数

出现在 2002 年，最短平均持续日数为 0d，共有 2 年，分别是 1964 年和 2003 年。山东省秋季干旱平均持续日数超过 46 天的共有 16 年，主要集中在 20 世纪 80 年代以后。各年代平均的秋旱持续日数分别是：60 年代为 37d，70 年代为 25d，80 年代为 50d，90 年代为 43d，2000 年以后为 39d，除 70 年代平均秋旱持续日数较短以外，其他各年代平均秋旱持续日数较接近，可见全省各年代平均秋旱持续日数也基本表现出 10 年周期性起伏变化规律。

山东省冬季多年平均干旱持续日数为 34d，与夏季相当。冬旱平均持续日数最长达 89d，发生在 1999 年，最短平均持续日数为 1d，出现在 1962 年。全省冬旱平均持续日数超过 46 天的共有 12 年，也基本上平均分布于各年代。各年代平均的冬季干旱持续日数分别是：20 世纪 60 年代为 21d，70 年代为 39d，80 年代为 32d，90 年代为 43d，2000 年以后为 34d，也基本呈 10 年周期性的起伏规律。

对山东省历年以及四季干旱平均持续日数的时间序列进行置信度水平为 $\alpha=0.01$ 和 $\alpha=0.05$ 的 F 显著性检验发现：山东省历年以及四季干旱平均持续日数的线性变化趋势均不显著。

总体而言，山东省历年干旱平均持续日数较长，四季中又以春旱平均持续日数最长，夏旱和冬旱平均持续日数最短。并且，全省历年和各季节干旱平均持续日数基本呈 10 年周期性起伏变化规律。

3. 干旱强度的时间变化特征

统计出山东省历年各气象站达到轻旱以上干旱等级的所有干旱日的 CI 并对其求和,再对历年各站干旱总强度求算术平均,即为山东省历年平均干旱强度。全省近 50 年平均旱强变化趋势如图 5.3 所示。

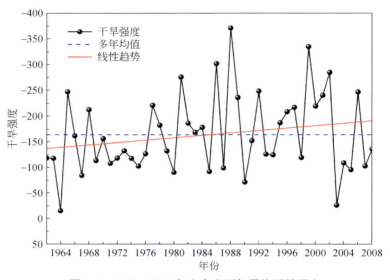

图 5.3　1962～2008 年山东省历年平均干旱强度

近 50 年中,山东省年均干旱强度呈波动式变化。其中,年均干旱强度最大值出现在 1988 年,为 -369.93,次大值为 1999 年的 -333.56,最小值出现在 1964 年,为 -15.22。虽然 1999 年年干旱持续日数最长,达 291d,但年均干旱强度却低于 1988 年。可见,为了更准确地判断干旱程度,应结合干旱持续日数和干旱强度同时进行。

对山东省平均干旱强度的时间序列进行置信度水平为 $\alpha=0.01$ 和 $\alpha=0.05$ 的 F 显著性检验发现:山东省历年平均干旱强度的线性变化趋势不显著。

4. 干旱发生频率的空间分布特征

山东省年干旱频率总体上呈北高南低、西高东低的特征。其中,鲁北的惠民、东营、潍坊,胶东半岛北部的龙口、长岛一带,鲁西朝阳,鲁西南兖州以及济南等地区年干旱频率较高,均达到 80% 以上;鲁中泰山以及鲁东石岛等地区年干旱频率相对较低,其中泰山地区年干旱频率最低,为 53.19%;此外,鲁东南日照、莒县一带以及胶东半岛东部沿海地区年干旱频率在 70% 左右,干旱发生率也较高 (Wang et al., 2014b)。

春季,山东省干旱发生频率与年干旱发生频率的空间分布较相似,但春旱频率更高。春旱频率高值区位于鲁北惠民、东营、潍坊,鲁西朝阳,鲁西南兖州以及鲁中的沂源等地区,干旱发生率均在 80% 左右;鲁中泰山、鲁东南莒县、日照以及胶东半岛东部一带春旱频率在 60%～80% 之间,干旱情况也较重。

相对而言，山东省夏季干旱发生频率较低。全省除济南地区以外，其他地区夏旱发生率均在70%以下。其中，鲁中泰山以及鲁西南日照等地区夏旱频率最低，为40%左右；胶东半岛青岛、莱阳、威海，鲁北惠民以及鲁西南莒县等地区夏季干旱发生率在50%~60%之间；而鲁北的惠民、东营、潍坊地区，胶东半岛北部的龙口、长岛一带，东部海阳、石岛沿海一带以及鲁西朝阳和鲁西南兖州等地区夏旱频率在60%~70%之间。总的来说，夏季为山东省降水集中时段，因此发生旱情的概率相对较低。

秋旱发生频率的低值区位于鲁中泰山以及鲁西南莒县、日照等地区，干旱发生率均在50%左右；而鲁北的惠民、东营一带以及鲁西朝阳、鲁西南兖州等地区秋旱频率均在70%~75%之间；全省其他地区秋旱发生率在60%~70%之间。可见，山东省秋季旱情相对较严重。

山东省冬季干旱的发生率最低。其中鲁中泰山、沂源以及鲁西南莒县和胶东半岛莱阳等地区冬旱频率均在50%以下，冬旱频率最低区位于鲁中泰山一带，为36.17%；而济南地区、鲁北惠民、鲁西南日照以及胶东半岛北部长岛地区冬旱频率在60%~70%之间，相对较高；全省其他地区冬旱频率均在50%~60%之间。山东省冬季降雪天气较多，气温普遍偏低，可能蒸散量也较低，因此，冬季干旱发生率在四季中最低。

以山东省东部沿海区域为例，展示近50年的各季干旱发生频率多年均值的空间分布特征，如图5.4所示。

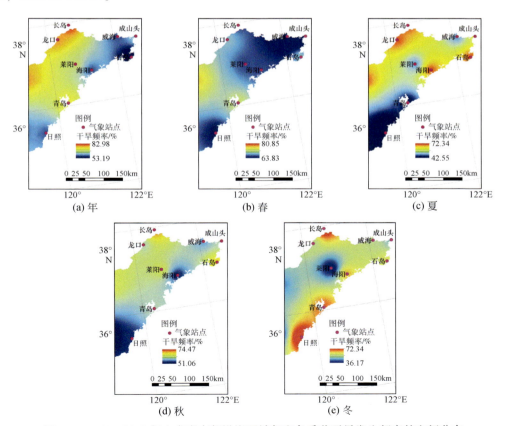

图5.4　1962~2008年山东省东部沿海区域年和各季节干旱发生频率的空间分布

5. 各等级干旱的空间分布特征

近 50 年中，山东省轻旱发生天数在 57~81d 之间，其中，轻旱发生的高值区基本分布在鲁北惠民、东营、鲁西朝阳、鲁西南兖州以及济南等地区，年均轻旱天数达 70d 以上；鲁中部分地区以及胶东半岛大部分地区轻旱发生天数在 65~70d；而鲁中泰山-沂源一带轻旱发生天数在 65d 以下，属于轻旱发生天数低值区。山东省历年中旱发生天数在空间上基本呈南高北低的分布状态，济南-沂源-青岛以北中旱发生天数在 32~43d，以南在 43~49d 之间，其中，朝阳和兖州地区中旱发生天数在 46d 以上，为中旱发生高频区，泰山地区中旱天数在 35d 以下，为中旱发生低频区。全省历年重特旱发生天数在 11~23d 之间，远低于轻旱和中旱发生天数。除鲁中和鲁南大部分地区以外，全省其他地区年重特旱发生天数在 17d 以上，而鲁中泰山地区年重特旱发生天数最少，在 13d 以下。总体而言，山东省年干旱程度相对较严重，各等级干旱均有发生，且出现天数也相对较长（Wang et al.，2014b）。

春季，山东省轻旱出现天数在 16~25d 之间，其中，鲁北惠民-东营-潍坊一带和鲁西朝阳地区轻旱出现天数最多，在 22d 以上，鲁中泰山和胶东半岛东部威海-石岛一带春季轻旱出现天数最少，在 18d 以下；全省春季中旱出现天数在 11~16d 之间，且总体上呈东低西高的纵向分布特征，潍坊-莒县以西中旱出现天数在 13~15d 之间（朝阳地区春季中旱出现天数在 15d 以上），以东在 11~13d 之间；春季重特旱出现天数相对较少，平均在 4~9d 之间，全省大部分地区春季重特旱出现天数在 6~7d 之间，其中，胶东半岛东部春季重特旱的出现天数较多，平均在 7d 以上，而鲁中泰山地区春季重特旱天数最少，平均在 6d 以下。

夏季，全省各等级干旱出现的天数均相对较少。其中，轻旱天数在 10~17d 之间，高值区主要分布于鲁北惠民-东营一带和鲁西朝阳、鲁西南兖州地区，轻旱出现天数在 16d 以上，低值区位于鲁中泰山地区，轻旱出现天数在 12d 以下；山东省夏季中旱出现天数的高值区在鲁西、鲁西南和胶东半岛大部地区，中旱平均出现天数在 9~11d 之间，鲁中泰山夏季中旱出现天数最少，在 5~7d 之间，全省其他大部分地区夏季中旱出现天数在 7~9d 之间。夏季重特旱出现天数较少，在 3~7d 之间，高值区主要位于鲁北和鲁东北一带。

秋季轻旱平均出现天数在 14~22d 之间，除鲁中以及鲁东南地区以外，全省其他地区是秋季轻旱出现天数的高值区，轻旱出现天数在 18d 以上；除鲁北东营、鲁东南日照等秋季中旱出现天数高值区（13~15d）以及鲁中泰山和胶东半岛最东部等秋季中旱出现天数低值区（9~11d）以外，全省其他大部分地区秋季中旱出现天数在 11~13d 之间；秋季重特旱出现天数与夏季基本相当，在 3~6d 之间，但重特旱高值区相对于夏季而言减少了很多，仅在济南以及潍坊小范围地区出现。

冬季，全省轻旱平均出现天数在 13~22d 之间，与秋季轻旱出现天数接近；全省冬季中旱平均出现天数在 4~11d 之间，且大部分地区在 7~9d 之间；重特旱天数在冬季出现的时间最少，仅在 0~4d 之间，高值区（2~4d）主要分布在胶东半岛以及鲁西南沿海一带。

可见，山东省年各等级干旱出现天数相对较长，干旱程度较严重，鲁中泰山地区为各等级干旱出现天数的低值区;各季节中,春季各等级干旱的出现天数最多,夏季与秋季各等级干旱的出现天数相当,冬季各等级干旱的出现天数最少,且四季各等级干旱天数低值区基本分布在鲁中泰山地区。

以山东省东部沿海区域为例,展示近 50 年的年和各季不同等级干旱日数多年均值的空间分布特征,如图 5.5 所示。

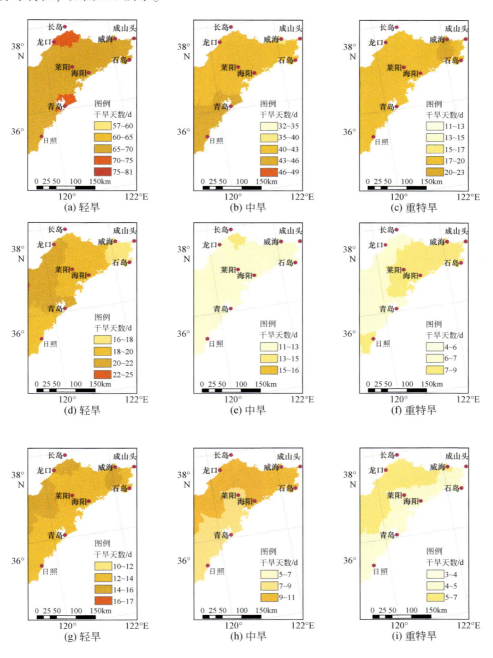

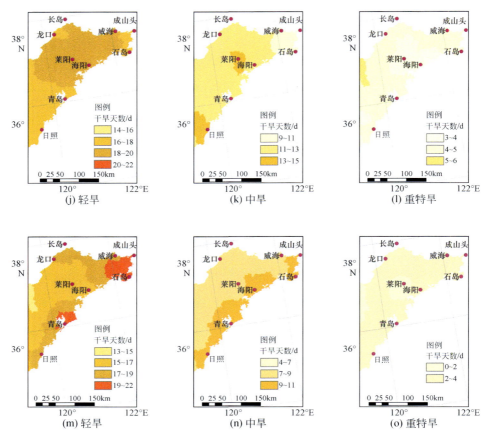

图 5.5 1962~2008 年山东省东部沿海区域全年和各季节不同等级干旱的空间分布
(a)~(c). 多年均值；(d)~(f). 春季多年平均；(g)~(i). 夏季多年平均；
(j)~(l). 秋季多年平均；(m)~(o). 冬季多年平均

6. 小结

通过计算山东省 18 个气象站 1962~2008 年历年逐日的综合气象干旱指数 CI，揭示了近 50 年中全省气象干旱发生的频率、干旱覆盖范围、干旱持续日数、干旱强度以及各等级干旱的空间分布特征，得出以下主要结论：

（1）全省发生大范围干旱的时期主要集中在 20 世纪 80 年代、90 年代以及 2000 年以后，其中，80 年代全省历年和四季大范围干旱发生次数共达 20 次，旱情最严重。山东省大范围季节连旱主要集中在 80 年代以后，80 年代和 70 年代无大范围季节连旱旱情发生。山东省历年以及四季干旱覆盖范围的线性变化趋势均不显著。

（2）山东省历年干旱平均持续日数较长，四季中春旱平均持续日数最长，夏旱和冬旱平均持续日数最短。全省历年和各季节干旱平均持续日数基本呈 10 年的周期性起伏变化规律，但历年以及四季干旱平均持续日数的线性变化趋势均不显著。

（3）近50年中，山东省年均干旱强度呈波动式变化。其中，年均干旱强度最大值为1988年的-369.93，最小值为1964年的-15.22。山东省历年平均干旱强度的线性变化趋势不显著。

（4）山东省干旱发生频率在空间上和季节上都有所差异。其中，年干旱频率与春季干旱频率基本呈北高南低、西高东低的空间分布特征。四季中，干旱发生频率为春季>秋季>夏季>冬季，且干旱发生频率高值区主要位于鲁北、鲁西、鲁西南等地区，鲁中和胶东半岛一带干旱发生频率相对较低。

（5）山东省年各等级干旱出现天数相对较长，高值区基本分布在除鲁中泰山地区以外的其他大部分地区；各季节中，春季各等级干旱的出现日数最多，夏季与秋季各等级干旱的出现日数相当，冬季各等级干旱的出现日数最少，且各季节干旱高值区在空间分布上也基本分布在除鲁中山区以外的其他大部分地区。

综合气象干旱指数 CI 计算所需数据较少，只需逐日气温和降水量，计算相对简单，有利于该指数在气象业务中应用。本节所分析结果可为山东省开展干旱预报、预警，抗旱减灾工作以及干旱灾害历史评估等提供科学参考和依据。但气象干旱指数未考虑灌溉、耕作等人类活动的影响，不能完全反映干旱对农业生产的影响，因此在农业灾情评估等方面的应用还有待进一步探究。

5.3　山东省暴雨洪涝灾害时空特征

5.3.1　数据与方法

1. 数据资料

与气象干旱研究相同，山东省暴雨洪涝灾害研究所采用的数据也来自中国地面气候资料日值数据集中的山东省 18 个气象站点数据，综合考虑数据的完整性和连续性，在 Excel 里整理建立 1962~2008 年山东省降水基础数据库，内容包括站点号、时间（年、月、日）、降水量。为了揭示山东省洪涝灾害的时空变化特征，根据整理的山东省气象站点降水数据，对历年各月每日 24 小时（20~20 时）降水量 R24≥50mm（一般暴雨洪涝）、R24≥100mm（大暴雨洪涝）、任意连续 10d 总雨量≥200mm 降水量级的降水强度和降水频数（日数或次数）进行洪涝事件统计。如果持续性降水洪涝中包含大暴雨洪涝，则按一次大暴雨洪涝统计。

2. 研究方法

为了统计暴雨洪涝降水强度和降水频数，采用如下方法对降水数据进行处理，假定某量级 k 某年 i 某月 j 的降水强度或降水频数表示为 $P_{k,i,j}$，那么则有某量级历年某月的强度或频数和 $P1_{k,j}$ 为

$$P1_{k,j} = \sum_{i=1}^{n} P_{k,i,j} \tag{5.18}$$

某量级某年强度或频数总和 $P2_{k,i}$ 为

$$P2_{k,i} = \sum_{i=1}^{12} P_{k,i,j} \tag{5.19}$$

某量级各年代强度或频数总和 $P3_{k,d}$ 为

$$P3_{k,d} = \sum_{i=1}^{t} P2_{k,t\times(d-1)+i} \tag{5.20}$$

式中，t 为年数；d 为年代序号，即 $d=1, 2, \cdots, N$，其中，N 为总年数。

按照上述方法，大致以每 10 年为一期，统计 1962~1970 年、1971~1980 年、1981~1990 年、1991~2000 年、2001~2008 年 5 个年代所有月份一般暴雨洪涝、大暴雨洪涝的降水强度、降水频数分布特征和 1962~2008 年所有年份一般暴雨洪涝、大暴雨洪涝的降水强度、降水频数分布特征，分析山东省暴雨洪涝的月际、年际时间变化特征。

研究对所有站点 5 个年代一般暴雨洪涝、大暴雨洪涝的发生频率进行空间插值，生成 5 幅一般暴雨洪涝和 5 幅大暴雨洪涝空间分布图，然后用如下公式定义两个量级暴雨洪涝频率序列 $\{P_i\}$ （$i=1, 2, 3, \cdots, n$）的气候趋势系数 R：

$$R = \frac{\sum_{i=1}^{n}(p_i)(i-t)}{\sqrt{\sum_{i=1}^{n}(p_i-p)^2 \sum_{i=1}^{n}(i-t)^2}} \tag{5.21}$$

据此计算暴雨洪涝发生频率的气候趋势系数，$R>0$ 表示暴雨洪涝发生频率呈上升趋势，洪涝影响加重，$R<0$ 表示暴雨洪涝发生频率呈下降趋势，洪涝影响减弱，分析暴雨洪涝空间分布特点和演变趋势。

5.3.2 结果与分析

1. 一般暴雨洪涝的时间分布特征

山东省一般暴雨洪涝降水强度和降水频数的月际变化呈现为中间高两头低的特点，即从 1 月开始逐渐升高至 7 月达到最高值，此后至 12 月逐渐降低。从两者的季节分布上可以看出，夏季次数最多，春季和秋季次之，冬季最少。可见，整体上山东省一般暴雨洪涝灾害多是集中分布在夏季的 7 月和 8 月。此外，从 5 个时期的夏季暴雨洪涝降水强度和降水频数来看，夏季暴雨洪涝的站点平均值随着时间的推移逐渐减弱，降水强度从 1962~1970 年的 22090.28mm 降低至 2001~2008 年的 14439.0mm（图 5.6），降水频数从 1962~1970 年的 72 次降低至 2001~2008 年的 53 次（图 5.7），表明随着年代的推移，一般暴雨洪涝在各月份（季节）的发生频次正在逐渐减少。

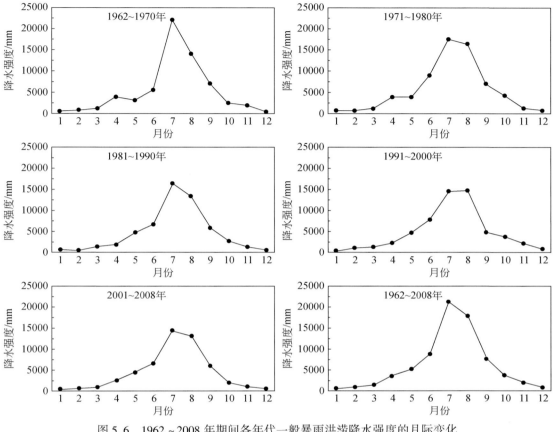

图 5.6 1962~2008 年期间各年代一般暴雨洪涝降水强度的月际变化

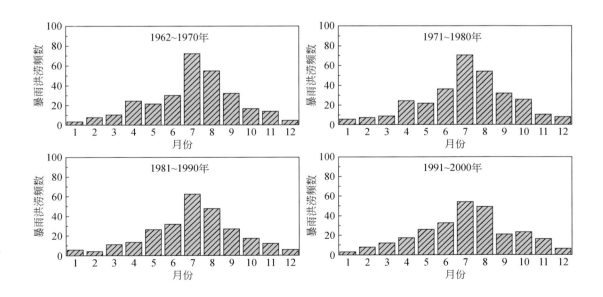

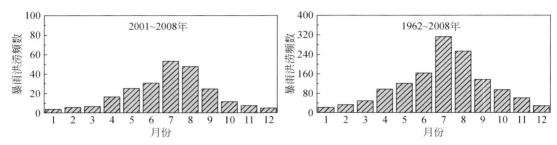

图 5.7 1962~2008 年期间各年代一般暴雨洪涝降水频数的月际变化

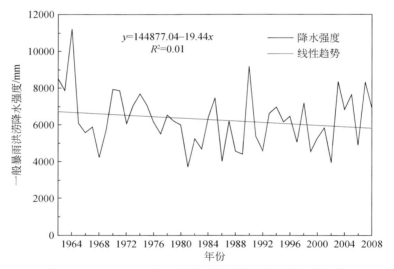

图 5.8 1962~2008 年一般暴雨洪涝降水强度的年际变化

为了验证这一趋势，研究中进一步对所有气象站点一般暴雨洪涝降水强度（图 5.8）和降水频数（图 5.9）作统计趋势分析。结果表明，所有站点一般暴雨洪涝降水强度和降水频数存在较好的对应关系：1962~2008 年期间，一般暴雨洪涝降水强度和降水频数最高值出现在 1964 年，最低值出现在 1981 年；虽然各年份暴雨洪涝频数存在一定的上下波动趋势，但总体上 1962~2008 年一般暴雨洪涝降水强度和发生次数表现为统计下降趋势，且降水频数与降水强度相比其线性下降趋势更明显。

从图 5.9 中还可看出，一般暴雨洪涝降水频数的线性回归值在 1962~1984 年期间处于平均水平以上，从 1984 年以后其线性回归值降低到平均值以下，这些均表明一般暴雨洪涝对山东省的影响程度正在逐渐减弱。

2. 大暴雨洪涝的时间分布特征

山东省大暴雨洪涝降水强度和降水频数与一般暴雨洪涝相比明显降低，但大暴雨洪涝降水强度和降水频数的月际变化规律与一般暴雨洪涝的相似，均表现为中间高两头低的分布特征。洪涝季节分布特征为夏季明显高于春秋两季，冬季最低，所有年份高值均集中在

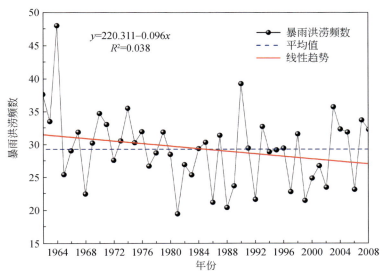

图 5.9 1962~2008 年一般暴雨洪涝降水频数的年际变化

夏季的 7 月、8 月,并且随着时间和年代的推移,大暴雨洪涝的站点平均降水强度和降水频数逐渐降低,降水强度从 1962~1970 年的 20906.83mm 递减至 2001~2008 年的 13512.39mm(图 5.10),降水频数从 1962~1970 年的 56 次递减至 2001~2008 年的 41 次(图 5.11),这同样表明随着年代的推移大暴雨洪涝在各月份与季节的降水强度和发生频次正在逐渐降低。

进一步对所有站点大暴雨洪涝降水强度(图 5.12)和降水频数(图 5.13)的年际变化特征进行统计趋势分析。结果表明,所有站点大暴雨洪涝降水强度和频数也存在较好的对应关系,1962~2008 年期间,大暴雨洪涝降水强度和频数的最高值出现在 1964 年,最低值出现在 1981 年;大暴雨洪涝存在明显的年际波动,但整体回归分析表明大暴雨洪涝降水强度和发生次数呈减少趋势,且减少频数与降水强度相比,其线性下降趋势更明显。从大暴雨洪涝降水频数的年际变化特征可看出,其线性回归值在 1984 年以前保持在平均线之上,但在此之后降到了平均水平以下,表明大暴雨洪涝对山东省的影响程度同样也在逐渐减弱。可见,研究时段内一般暴雨洪涝和大暴雨洪涝对山东省的整体影响正在逐渐减弱,这可能与山东省大部分地区的气候呈干旱化趋势有关。

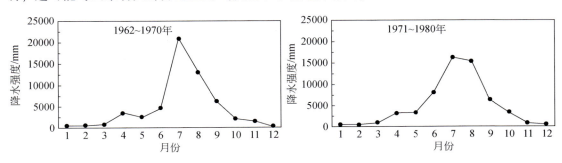

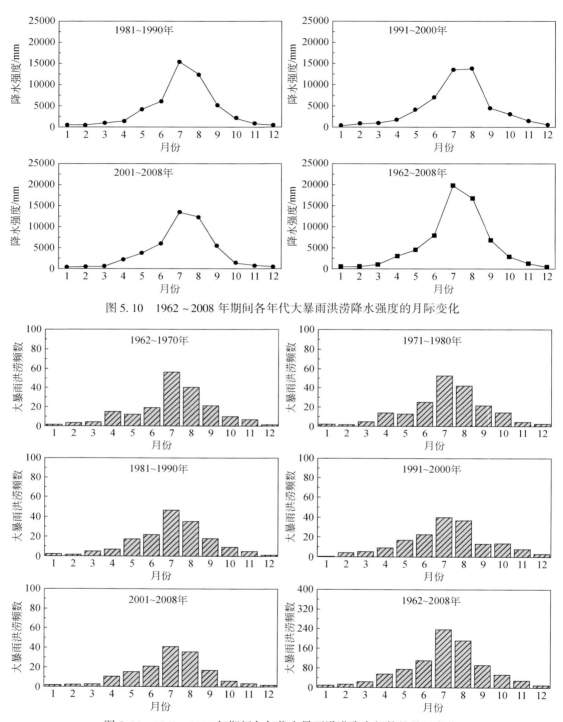

图 5.10　1962～2008 年期间各年代大暴雨洪涝降水强度的月际变化

图 5.11　1962～2008 年期间各年代大暴雨洪涝降水频数的月际变化

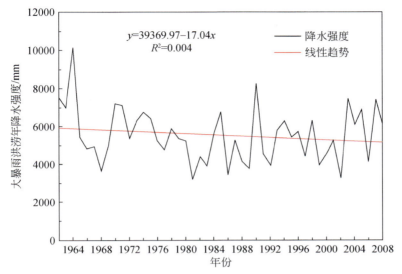

图 5.12　1962~2008 年大暴雨洪涝降水强度的年际变化

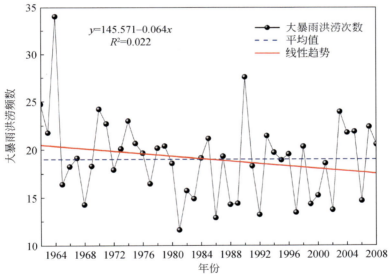

图 5.13　1962~2008 年大暴雨洪涝降水频数的年际变化

3. 一般暴雨洪涝的空间分布特征

山东省一般暴雨洪涝降水强度和发生频率的空间分布基本上保持一致：高值区集中出现在鲁中偏西的济南、泰山以南的兖州和东南部的日照、莒县等站点所在地区，尤其是济南、泰山站和日照站，是所有年代一般暴雨洪涝空间分布的中心。除了 20 世纪 70 年代和 90 年代，胶东半岛东部的威海、成山头、石岛等站点也存在一定程度的洪涝分布。与之相反，山东半岛北部的长岛、龙口、东营、惠民以及山东西部的朝阳等站点地区是洪涝的低值区域。

以山东省东部沿海区域为例，展示五个年代一般暴雨洪涝降水强度和发生频率的空间分布特征，冷（暖）色代表洪涝降水强度和频率相对较高（低），如图5.14和图5.15所示。

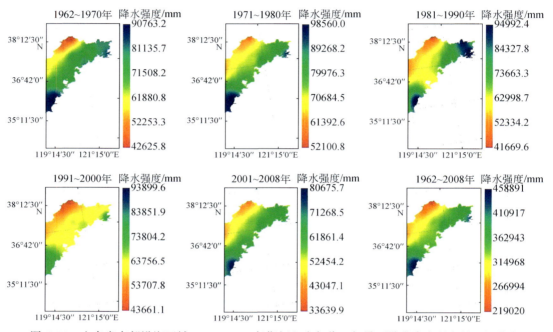

图5.14　山东省东部沿海区域1962~2008年期间六个年代一般暴雨洪涝降水强度的空间分布

从对应站点降水强度和频率统计结果来看，一般暴雨洪涝的最高值均出现在泰山站，最低值在五个年代虽然有所变动，但基本上在山东半岛北部的惠民、东营和长岛三站之间徘徊。

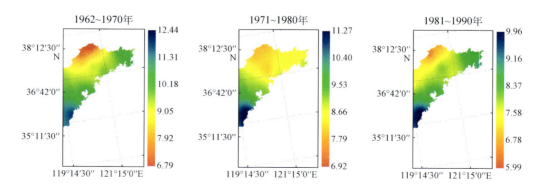

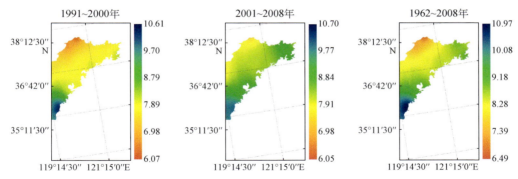

图 5.15　山东省东部沿海区域 1962～2008 年期间六个年代一般暴雨洪涝发生频率的空间分布

4. 大暴雨洪涝的空间分布特征

山东省大暴雨洪涝的降水强度和频率数值整体低于一般暴雨洪涝。大暴雨洪涝发生高值区域相对集中在鲁中济南、泰安和半岛东南的日照、莒县以及胶东半岛的威海、石岛地区，与之相反，山东北部的龙口、潍坊、东营、惠民和西部的朝阳等站点分布地区，大暴雨洪涝降水强度和频率数值明显偏低。可见，山东省大暴雨洪涝呈现出东部、南部和中西部高，而北部和西部低的空间分布特征。从对应站点降水强度和频率统计结果来看，大暴雨洪涝最高值出现在中西部的泰山站，而山东半岛北部的长岛、龙口、东营、惠民，西部的朝阳等站点大暴雨洪涝降水强度和频率则相对偏低，其中，最低值出现在惠民、长岛和东营三站。

以山东省东部沿海区域为例，展示五个年代大暴雨洪涝降水强度和发生频率的空间分布特征，如图 5.16 和图 5.17 所示。

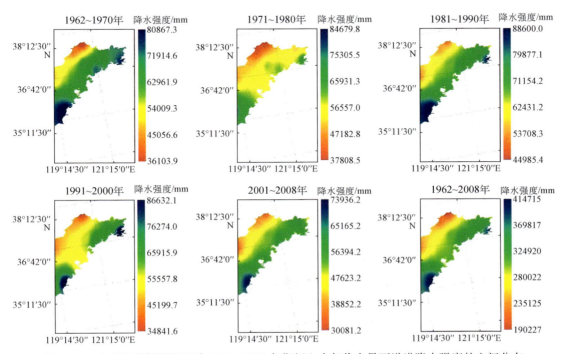

图 5.16　山东省东部沿海区域 1962～2008 年期间六个年代大暴雨洪涝降水强度的空间分布

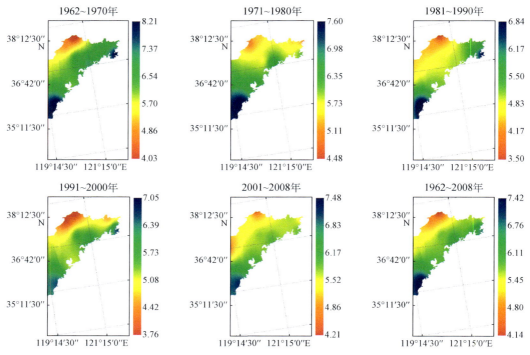

图 5.17　山东省东部沿海区域 1962～2008 年期间六个年代大暴雨洪涝发生频率的空间分布

5. 暴雨洪涝的气候趋势特征

为了分析山东省近 50 年来暴雨洪涝的变化趋势，本研究进一步利用五个年代的暴雨洪涝降水强度和发生频率计算两者的气候趋势系数，以探索山东省不同地区暴雨洪涝的分布特征和时间演变趋势。

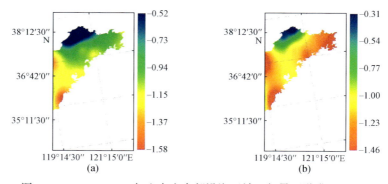

图 5.18　1962～2008 年山东省东部沿海区域一般暴雨洪涝（a）和
大暴雨洪涝降水强度（b）的空间变化趋势

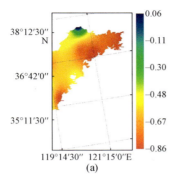 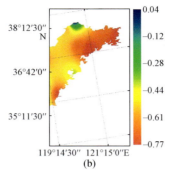

图 5.19 1962～2008 年山东省东部沿海区域一般暴雨洪涝（a）和大暴雨洪涝发生频率（b）的空间变化趋势

近 50 年来山东省一般暴雨洪涝和大暴雨洪涝降水强度趋势分布基本一致，均呈线性负趋势，即一般暴雨洪涝和大暴雨洪涝的降水强度呈现出减弱的趋势，但减弱的程度在空间上存在一定的差异。其空间分布规律基本上以潍坊、日照一线为界，以东除胶东半岛北部的长岛区域以外其他大部分地区降水强度线性负趋势较强，以西除山东西部的朝阳地区以外其他大部分地区降水强度线性负趋势偏弱，其中最弱地区集中在济南、泰山等站点区域。

近 50 年来山东省一般暴雨洪涝发生频率线性正趋势集中区域为胶东半岛北部的龙口、长岛，鲁中西部的济南、兖州及东南部的莒县等地区，一般暴雨洪涝发生频率的线性负趋势地区则集中在山东北部的东营、惠民、潍坊，西部的朝阳、泰山，东南部的日照等站点区域；山东省大暴雨洪涝发生频率的线性正趋势地区包括胶东半岛北部的龙口、长岛以及鲁中西部的济南、东南部的莒县地区，而且线性负趋势的集中区域包括胶东半岛除了北部以外的大部分地区，山东半岛北部的惠民、中西部的泰山和鲁西南的部分区域。

以山东省东部沿海区域为例，展示一般暴雨洪涝和大暴雨洪涝降水强度和发生频率的空间变化趋势，如图 5.18 和图 5.19 所示。

综上所述，气候趋势系数分析的结果表明，1962～2008 年期间，山东省一般暴雨洪涝和大暴雨洪涝降水强度趋势分布基本一致，且均呈线性负趋势；一般暴雨洪涝和大暴雨洪涝发生频率呈线性正趋势的分布区域基本相同，为胶东半岛北部、鲁中西部和东南部区域，说明这些地区暴雨洪涝影响呈现出加重的变化趋势，但是一般暴雨洪涝和大暴雨洪涝发生频率的线性负趋势的空间分布存在一定差别，具体表现为一般暴雨洪涝发生频率在山东西部的负趋势特征强于大暴雨洪涝，大暴雨洪涝在胶东半岛的负趋势特征强于一般暴雨洪涝，表明在山东西部地区一般暴雨洪涝和大暴雨洪涝相比其影响程度从时间变化上看减弱得更快，而胶东半岛地区大暴雨洪涝的影响程度在时间上比一般暴雨洪涝削弱得更快，除以上区域之外的山东省其他地区一般暴雨洪涝和大暴雨洪涝发生频率的线性负趋势的空间分布特征基本保持一致。

6. 小结

通过计算山东省 18 个气象站 1962～2008 年一般暴雨洪涝和大暴雨洪涝的降水强度和

频数，揭示了近50年全省暴雨洪涝灾害的时空特征，主要结论如下。

（1）山东省1962~1970年、1971~1980年、1981~1990年、1991~2000年、2001~2008年五个年代一般暴雨洪涝和大暴雨洪涝降水强度和频数月际变化特征表现为从1月逐渐升高到7月峰值，此后至12月逐渐降低，呈现出中间高两头低的分布特点，季节分布特征为夏季明显高于春秋两季，冬季最低，所有年份高值均集中在夏季的7月、8月，并且随着时间的推移，暴雨洪涝的站点均值逐渐降低，表明山东省暴雨洪涝在各月份（季节）的降水强度和发生频次正在逐渐降低。

（2）年际分析表明虽然一般暴雨洪涝和大暴雨洪涝降水强度和频数在不同的年份存在上下波动现象，但整体的回归趋势表明强度和频数均呈减小趋势，其线性回归值在1984年以前保持在平均线之上，之后降到了平均线以下，表明研究时段内暴雨洪涝对山东省的影响程度在逐渐减弱，这可能与山东省大部分地区的气候呈干旱化趋势有关。

（3）山东省一般暴雨洪涝在五个年代的降水强度和频率的高值区集中出现在鲁中偏西的济南、泰山，南部的兖州和东南部的日照、莒县等站点所在地区，尤其是济南站、泰山站和日照站，是所有时期一般暴雨洪涝空间分布的中心。除了20世纪70年代和90年代，胶东半岛东部的威海、成山头、石岛等站点也存在一定程度的洪涝分布。与之相反，山东半岛北部的长岛、龙口、东营、惠民以及山东西部的朝阳等站点地区是洪涝灾害的低值区域。大暴雨洪涝的降水强度和发生频数整体低于暴雨洪涝；大暴雨洪涝发生高值区域相对集中在鲁中济南、泰安和半岛东南的日照、莒县以及胶东半岛的威海、石岛地区，与之相反，山东北部的龙口、潍坊、东营、惠民和西部的朝阳等站点分布地区，大暴雨洪涝降水强度和频数数值明显偏低。综合可知，山东省大暴雨洪涝的空间分布呈现出东部、南部和中西部高，而北部和西部低的分布特征。

（4）1962~2008年山东省一般暴雨洪涝和大暴雨洪涝的降水强度趋势分布基本一致，均呈线性负趋势，即一般暴雨洪涝和大暴雨洪涝的降水强度均呈现出减弱的趋势，但减弱的程度在空间上存在不同。其空间分布规律基本上以潍坊、日照一线为界，以东除长岛区域外的大部分地区的降水强度线性负趋势较强，以西除朝阳地区外的大部分地区的降水强度线性负趋势偏弱，其中最弱地区集中在济南、泰山等站点地区。

（5）1962~2008年山东省一般暴雨洪涝和大暴雨洪涝发生频率呈线性正趋势的空间分布范围基本相似，主要集中在胶东半岛北部、鲁中西部和东南部等区域，这些地区暴雨洪涝影响呈现出加重的变化趋势；一般暴雨洪涝和大暴雨洪涝发生频率呈线性负趋势的空间分布范围存在一定差别，其中，一般暴雨洪涝发生频率在山东西部的负趋势特征强于大暴雨洪涝，大暴雨洪涝在胶东半岛的负趋势特征强于一般暴雨洪涝，表明在山东西部地区一般暴雨洪涝和大暴雨洪涝相比其影响程度从时间变化上看减弱得更快，而胶东半岛地区大暴雨洪涝的影响程度在时间上比一般暴雨洪涝削弱得更快，除此之外其他地区一般暴雨洪涝和大暴雨洪涝发生频率的线性负趋势的空间分布特征基本保持一致。

5.4 本章小结

山东省是气候变化的敏感区，自20世纪60年代以来，全省气象干旱和暴雨洪涝等气象灾害的发生、发展和空间分布特征都有了新的变化，其中，胶东半岛区域是多种气象灾害变化的热点区域。

1962～2008年期间，山东省在20世纪80年代的旱情最严重，但大范围季节连旱现象主要出现在80年代以后。全省干旱平均持续日数较长，且基本呈10年的周期性变化特征。山东省年干旱频率与春季干旱频率基本呈北高南低、西高东低的空间分布特征。一年四季中，干旱发生频率的排序依次为春季＞秋季＞夏季＞冬季，而且干旱发生频率高值区主要位于鲁北、鲁西、鲁西南等地区（主要对应德州、滨州、东营、潍坊、烟台西部、聊城、济宁等地区），鲁中和胶东半岛一带干旱发生频率相对较低，但是，胶东半岛西北部以及东部局部区域夏季旱情亦较显著。

干旱灾害影响生产和生活供水，并对以农业为主的第一产业具有非常显著的影响作用；山东省是我国的人口大省和农业大省，人口密度较高，干旱发生频率较高的鲁北、鲁西、鲁西南等地区恰恰又是我省人口密度和第一产业分布的高值区，其中，人口密度大于600人/km^{2}的空间区域分布较为广泛，而第一产业GDP的密度也普遍大于300万元/km^2；高的气象干旱频率与高的人口密度和第一产业GDP密度相互叠加，决定了这些区域气象干旱成灾、致灾以及灾害损失更将高于其他空间区域。

1962～2008年，一般暴雨洪涝和大暴雨洪涝对山东省的整体影响呈逐渐减弱的变化趋势，这可能与山东省大部分地区的气候呈干旱化趋势有关。然而，山东省暴雨洪涝仍表现出了显著的空间格局特征：全省一般暴雨洪涝和大暴雨洪涝发生的高值区（其频率与强度的空间分布特征基本一致）集中出现在鲁中南、鲁东南及半岛地区（主要对应济南、泰安、临沂、日照、烟台、威海等地区）；而且，胶东半岛西北部（尤其是烟台市西北部）、鲁东南（尤其是日照地区）、鲁中山地北部边缘（济南、滨州、淄博交界区域）等区域暴雨发生频率的气候趋势表现为显著的线性增长态势，表明这些区域未来时期暴雨洪涝有加重的可能（暴雨高值区分布具有向北扩展的趋势）。

暴雨洪涝直接影响生产和生活，严重的暴雨洪涝形成灾害后直接威胁生命财产安全，而且，暴雨洪涝往往因其突发性、高强度和容易引发次生灾害等特征而对各个产业均有较为显著的影响；山东省暴雨发生的高值区集中分布在海拔较高的山地和丘陵区域，极易在较短时间内成灾和致灾，以及引发泥石流、滑坡等次生灾害，所以对人民生命财产安全的危害极为显著；而且，胶东半岛区域的农业生产和经济社会发展水平在山东省名列前茅，但是受地形中间高、四周低这一基本特征的影响，河流多为短小的季节性河流，陆地区域的暴雨过程不仅会迅速成灾和致灾，雨水资源也难以有效蓄积和滞留在陆地区域，洪水携带大量的污染物迅速进入河口和近岸海域，对海岸带水环境、水生态和养殖产业等的影响也极为突出。

未来时期，为有效减缓、适应和应对气候变化所带来的影响，应做到加强数据监测和基础研究、确保灾害防御和应急相结合、实施气象灾害风险管理战略、推进气候变化适应性措施和工程的实施和建设以及开展气象灾害防灾减灾的宣传和教育工作等，积极预防和防治各种气象灾害，以推动山东省气象灾害防灾减灾工作的全面、有序、高效和稳步发展。

6 山东沿海海洋灾害风险评估及减灾策略

6.1 海洋灾害风险评估的过程

灾害风险评估主要包括评价致灾因子的危险性，如风暴潮、海冰及海浪等；承灾体的脆弱性，如在灾害影响范围内的居民的受灾情况、居民建筑物和基础设施的受损情况等；防灾减灾能力的抵御性。灾害风险评估是用于评估人员伤亡、经济损失和财产破坏可能产生的潜在损失，达到防灾减灾的目的。所以灾害风险评估包括以下四个步骤（图6.1）。

（1）步骤一：辨识哪些海洋灾害将会对山东省沿海城市产生严重的风险，并描述这些灾害会对山东沿海区域的物质、经济和社会财产造成哪些损失。

（2）步骤二：辨识山东省沿海区域哪些设施、人口及经济更易遭受这些灾害的破坏，即辨识易受灾害影响的承灾体。

（3）步骤三：评估山东省沿海区域的防灾减灾能力，主要是城市的综合应对能力。

（4）步骤四：评估山东省沿海区域的综合风险值，并利用GIS展现出山东省沿海区域的综合风险值的分布，便于防灾减灾策略的制定。

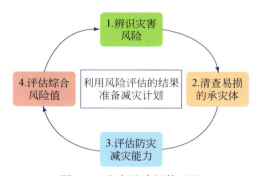

图6.1 灾害风险评估过程

6.2 山东沿海城市海洋灾害的确定

根据1989~2015年《中国海洋灾害公报》可知，山东沿海城市遭受的海洋灾害主要是风暴潮灾害、海冰灾害、海浪灾害、赤潮及绿潮灾害、海岸侵蚀灾害、溢油灾害和海水入侵及盐渍化。为了保障灾害风险评估的合理性，需要选择出对山东沿海城市造成严重影响的灾害进行评估，主要是通过历年累积经济损失和发生次数进行选择，如图 6.2 所示。

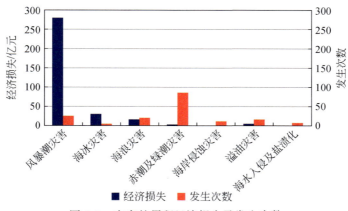

图 6.2　灾害的累积经济损失及发生次数

从研究期间历年累积经济损失上来看，风暴潮灾害造成的损失最大，其次是海冰灾害、海浪灾害、溢油灾害和赤潮及绿潮灾害。据不完全统计，海岸侵蚀灾害和海水入侵及盐渍化，几乎没有造成任何损失；从发生的次数上来看，山东沿海地区中赤潮及绿潮灾害发生的次数较多，其次是风暴潮灾害、海浪灾害、溢油灾害、海岸侵蚀灾害、海水入侵及盐渍化和海冰灾害。结合这两个方面的分析，选择风暴潮灾害和赤潮及绿潮灾害作为山东沿海海洋灾害研究的两种灾害；由于海冰灾害和海浪灾害对山东沿海城市造成的损失也比较严重，因此加上海浪灾害和海冰灾害。海水入侵及盐渍化虽然未对山东沿海造成严重的损失，但是其入侵深度及盐渍化程度比较大，需要山东沿海城市进行监测，因此选取海水入侵及盐渍化作为研究对象。山东沿海的海岸侵蚀灾害不是很严重，主要集中在烟台和日照两市，因此剔除此灾害。溢油灾害具有偶然性，且发生没有一定的规律性，所以不作为研究对象。

最终确定山东沿海区域评估的海洋灾害为：
（1）风暴潮灾害；
（2）海冰灾害；
（3）海浪灾害；
（4）赤潮及绿潮灾害；
（5）海水入侵及盐渍化。

6.3　山东沿海地区海洋灾害综合风险评估

6.3.1　致灾因子的危险性

海洋灾害是造成沿海地区人员伤亡和财产损失的一种自然现象，即海洋灾害就是影响沿海地区的致灾因子。灾害的发生是致灾因子造成的后果，而致灾因子和人类社会的相互作用才有可能形成伤害，因此致灾因子是灾害的自然属性。致灾因子主要反映了灾害本身的危险性程度，包括灾害种类、规模、强度、频率、影响范围和等级等。山东沿海区域主要遭受风暴潮灾害、海冰灾害、海浪灾害、赤潮及绿潮灾害、海水入侵及盐渍化五种灾害的影响，因此可以通过分析历史发生的灾害情况来分析这五种致灾因子的危险性。

1. 风暴潮灾害

风暴潮是一种灾害性的海洋现象，表现为大气的剧烈扰动导致海水异常升降。同时风暴潮还有和天文潮（通常指潮汐）叠加时的情况，如果和天文大潮叠加将会产生更强的破坏力。一般把风暴潮分为三类，即台风风暴潮、温带风暴潮和寒潮。影响山东省沿海各城市的风暴潮多为台风风暴潮和温带风暴潮。对于山东沿海而言，夏季多出现台风风暴潮，台风风暴潮的来势非常凶猛，而且强度较大，影响范围也较广，对沿海地区的破坏力也较大。春秋季多发生温带风暴潮，且山东沿海地区受温带风暴潮的影响比较多，但总体造成的损失较小，主要是由于温带风暴潮的增水比较平缓，对沿海地区造成的破坏力较小。山东省沿海的历史风暴潮灾害情况见表6.1。

表6.1 历史风暴潮灾害情况

时间	描述
1985年	（1）8509号台风，在青岛登陆后，继续北上，经过山东半岛，自黄县入海，19日天气渐渐恶劣，期间狂风暴雨相交……"。龙口、烟台、下营、羊角沟增水超过1m。黄县240处河堤决口，135个村庄进水，其中有16个村庄，近6000人撤离，经济损失约7200万元。8月16～22日，8509号台风登陆江苏启东，穿过山东后第二次登陆辽宁大连。受其影响，沿岸最大增水出现在山东下营1.52m，增水超过0.5m的有：羊角沟、龙口、烟台、乳山口、青岛、石白所等22个站。其中超过1m的有羊角沟、下营、龙口、烟台四个水文站。青岛市小麦岛海洋站测到11m的最大波高，32m/s的最大风速。青岛市受台风正面登陆袭击，灾情严重，据不完全统计，死亡29人，重伤369人，海堤崩溃1240m，损坏渔船1490艘，倒塌房屋46000间，经济损失约5亿元。1985年8月19日10时，从东南沿海登陆9号台风，以30m/s的速度入境，下午1～3时，风力增到8～9级，最大风力达11级以上，并伴有大雨。全县各类电线杆刮断1.02万只，29条重点线路断电，30%以上工矿企业被迫暂停生产，玉米倒伏27万亩*，成排树木倾倒，折断树木25万株，房屋倒塌8200余间，门楼等倒塌2.12万处。冲毁小型塘坝桥梁13座，损坏渔船45艘，各类网具13条，冲毁虾池166亩，贻贝40亩，扇贝10亩。受伤12人，下落不明1人。 （2）山东省受8506号台风风暴潮影响，烟台市的直接经济损失为5.3亿元；日照市的直接经济损失为0.03亿元；威海市的直接经济损失为1.82亿元；青岛市的直接经济损失为5.08亿元
1986年	受8609号和8615号台风的影响，山东省威海市和潍坊市遭受风暴潮灾害较为严重，其中威海市的直接经济损失达0.03亿元，潍坊市的直接经济损失达0.03亿元
1987年	受8707号台风的影响，山东省威海市和烟台市受到影响，其中威海市的直接经济损失为0.11亿元，烟台市的直接经济损失为0.75亿元

续表

时间	描述
1992 年	天文大潮和第 16 号强热带风暴共同作用引起了 92 特大风暴潮，山东羊角沟站最大增水 304cm，山东省的石臼所、青岛、下营都出现了破历史记录的高潮位，其中石臼所高潮位值 5.53m，警戒水位 5.4m；青岛高潮位值 5.48m，警戒水位 5.1m；下营高潮位值 3.29m，警戒水位 3m。小麦岛实测最大浪高 5.9m。 山东省烟台、威海、青岛三市毁坏虾池、扇贝养殖场 28.72 万亩，损坏船只 3015 艘，其中报废 1007 艘，毁坏房屋 6.8 万间，淹没农田 52.4 万亩，死亡 32 人，直接经济损失 26.5 亿元。 东营市遭受到 1938 年以来最大的风暴潮袭击，海水冲垮海堤侵入内陆，最大距离 25km，淹没面积从高潮线起算为 960km^2。此次潮灾冲毁防潮堤 50km，水工建筑物 350 座，倒塌房屋 5388 间，损坏船只 1000 多艘，淹没盐田 23 万亩，人工草场 8.6 万亩。全市有 12 人被海水淹死，直接经济损失 3.59 亿元。在这次特大潮灾中，胜利油田遭受了巨大的损失，淹没油井 105 口，钻井、采油、供电、通信、交通、生产、生活设施等损失严重，油田区有 21 人死于这次潮灾，直接经济损失 1.5 亿元。 1992 年全年遭受风暴潮灾害，共损毁海堤 386 处，299km，冲毁路桥 459 座，540.7km，淹没农田 1131.9 万亩，倒塌房屋 7.68 万间，船只 4406 艘，海塘 49.1 万亩，淹没烟田 187.85 万亩，损坏原盐 115.7 万吨，死亡 57 人，失踪 87 人，直接经济损失 41.51 亿元。其中烟台的直接经济损失为 8.21 亿元；威海的直接经济损失为 9.93 亿元；青岛的直接经济损失为 5.36 亿元；东营的直接经济损失为 7.87 亿元；日照的直接经济损失为 0.83 亿元；潍坊的直接经济损失为 4.49 亿元；滨州直接经济损失为 4.81 亿元
1994 年	受 9415 号台风风暴潮的影响，山东省威海市和烟台市受到影响，其中威海市的直接经济损失为 7.1 亿元，烟台市的经济损失为 13.8 亿元
1997 年	9711 号台风风暴潮灾害期间，据不完全统计，沿海有 18 个站的高潮位超过当地警戒水位，其中青岛站潮位达 5.5m，过程中最大增水 73cm，破历史纪录，日照市石臼所潮位达 5.7m，过程中最大增水 89cm，亦破历史记录。据统计，全省海堤大部分遭到不同程度破坏，直接冲毁海堤 85km，冲毁虾池 18 万多亩，扇贝 9000 多亩，盐池 16 万多亩，海水倒灌农田 1650 亩，沉没损失渔船 451 艘，损坏码头、挡潮闸 9 座。东营在 20 日一度有 6900 人被潮水围困。乳山市白沙口潮汐电站闸门被冲入大海，整个电站基本报废。胜利油田部分油井被潮水淹没，井架被摧毁。全省有 28 人淹死，105 人失踪，海洋灾害造成的直接经济损失为 90 亿多元。重现期为 100 年的过程最大增水 73cm，警戒水位 510cm，历史最高潮位 536cm；石臼所过程最大增水 89cm，警戒水位 543cm，历史最高潮位 553cm。 山东沿海各市遭受的直接经济损失如下：烟台为 17.69 亿元，青岛为 8 亿元，威海为 12.88 亿元，潍坊为 16.55 亿元，东营为 7 亿元，日照为 15.07 亿元，滨州为 20.37 亿元
2000 年	2000 年 8 月 29 日至 9 月 1 日，市区沿海一带遭受风暴潮袭击，有 1km 堤坝遭毁坏，部分路面遭破坏，部分绿地受海水浸淹，100 余盏路灯被海浪损坏，澳门路、东海路、南海路等路段因受海水冲击导致交通中断。沿海各区（市）共有 27 个乡镇、街道办事处受灾，受灾人口 44 万人，成灾人口 27 万人，据不完全统计，直接经济损失 2.73 亿元。其中威海市的直接经济损失为 0.13 亿元，潍坊市的直接经济损失为 2.1 亿元，青岛市的直接经济损失为 0.5 亿元
2003 年	山东省直接经济损失 6.13 亿元。其中，此次风暴潮最高潮位为 3.376m，超过潍坊市防潮警戒水位 77.6cm，潍坊市沿海极值浪高达到 4~5m，受灾人口 20 万，水产养殖受损面积 7000hm^2，冲毁海堤 20km、闸门 15 座，损毁原盐 30 吨，船只 70 艘，直接经济损失 3.00 亿元。滨州市无棣、沾化县沿海受灾人口 6 万，水产养殖受损面积 4.4 万 hm^2，损毁房屋 5000 间、防潮工程 260 处、船只 95 艘，直接经济损失 8000 万元。烟台市水产养殖受损面积 1110hm^2，防潮堤损毁 7km，损毁房屋 65 间，直接经济损失 9300 万元。东营市 5 个区县均受灾，受灾人口 0.56 万，水产养殖受损面积 3.5 万 hm^2，损毁房屋 180 间，冲毁海堤 40km，路基 38km，桥梁 1 座，船只 36 艘，直接经济损失 1.40 亿元

续表

时间	描述
2005 年	"麦莎"和"卡努"两个风暴潮对青岛造成了 4.04 亿元损失；对威海造成了 11.9 亿元损失；烟台的直接经济损失为 2.69 亿元；潍坊的直接经济损失为 1.46 亿元；东营的直接经济损失为 0.34 亿元；滨州的直接经济损失为 2.83 亿元；日照的经济损失为 1.67 亿元。 "麦莎"风暴潮：日照的海洋水产养殖损失 217.3hm^2，损毁防潮堤 5 处、总计 0.3km；损毁船只 2 艘。滨州市沾化县海洋水产养殖损失 5000hm^2；无棣县海洋水产养殖损失 800hm^2；损毁防潮堤 10km。 "卡努"风暴潮：山东省日照市直接经济损失 0.19 亿元，死亡 15 人。海洋水产养殖损失面积 300hm^2；损毁船只 3 艘。 温带风暴潮灾害：2005 年共发生 9 次温带风暴潮，其中，10 月 20～21 日造成山东省部分沿海地区受灾。10 月 20～21 日，山东省潍坊市寿光、海化、寒亭、昌邑沿海受温带风暴潮影响，直接经济损失 1.3 亿元，受灾人口 3.4 万，受伤 24 人。海洋水产养殖损失 2.4 万吨，受损面积 190hm^2；损毁房屋 190 间；损毁海塘堤防 8km；损毁船只 23 艘
2007 年	"0303"特大温带风暴潮，羊角沟验潮站最大增水 202cm，羊角沟、龙口和烟台验潮站超过当地警戒潮位，其中烟台验潮站超过当地警戒潮位 49cm。山东省死亡 7 人，6700 多公顷筏式养殖受损，2000 多公顷虾池、鱼塘冲毁，10km 防浪堤坍塌，损毁船只 1900 艘，海洋灾害直接经济损失 21 亿元。其中烟台市的直接经济损失为 8.45 亿元；日照市的直接经济损失为 0.8 亿元；威海市的直接经济损失为 11.75 亿元
2008 年	受"海鸥"台风风暴潮的影响，山东省威海和潍坊两个沿海城市受到影响，其中对威海造成的直接经济损失为 0.59 亿元；对潍坊造成的直接经济损失为 2.56 亿元
2009 年	"04.15"温带风暴潮：2009 年 4 月 15 日，强风暴潮袭击了山东省滨州、潍坊等北部沿海地区，潍坊港验潮站的实测最高水位到了 351cm，距警戒水位 21cm。山东省受灾人口 6.5 万人，水产养殖受损 2270hm^2（7000 吨），防波堤损坏 5.4km，护岸受损 2 处，船只损毁 24 艘，房屋 0.0065 万间。全省直接经济损失 3.01 亿元。其中滨州市的直接经济损失为 0.82 亿元，潍坊市的直接经济损失为 2.19 亿元
2010 年	总体上，受灾人口 0.11 万人，损毁海水养殖 3400hm^2，海水养殖损失 1500 吨，房屋 0.003 万间，海岸工程 2.03km，船只 14 艘，直接经济损失 0.53 亿元。其中： 1007 "圆规"风暴潮，于 8 月 28 日～9 月 1 日影响山东，直接经济损失 0.32 亿元。 "04.12"温带风暴潮，于 4 月 12～13 日影响山东，直接经济损失 0.21 亿元
2011 年	主要损失包括：水产养殖 4630hm^2，水产养殖损失 2727 吨，海岸工程 2.53km，船只 321 艘，直接经济损失 5.44 亿元。其中： (1) 1109 "梅花"台风风暴潮于 8 月 5～8 日期间沿我国近海北上，山东省成山头站高潮位超过当地警戒 80cm，水产养殖损失 1620hm^2，防波堤损毁 0.61km，护岸损坏 52 个，码头损坏 6 个，威海市因灾直接经济损失 0.45 亿元。 (2) 8 月 31 日～9 月 1 日的"09.01"温带风暴潮，是渤海沿岸出现的一次较强温带风暴潮过程，渤海湾、莱州湾均出现 100cm 以上风暴增水。山东潍坊站最大增水 124cm，山东省水产养殖受损 280hm^2，防波堤损毁 0.12km，道路损毁 1.2km，因灾直接经济损失 0.07 亿元。其中滨州于 2011 年 9 月 1 日凌晨，受天文气象、海流、潮汐、河汛等综合因素影响，突发 9 级以上东北风，带起 4m 的巨浪，风急雨大，河道上游来水和海潮互相冲击，造成了严重的风暴潮，导致沿海养殖受灾面积 8000 余亩，对虾、梭子蟹等养殖品种损失 400 余吨，直接经济损失达 320 万元，养殖堤坝损失约 240 万元。其中滨州市的直接经济损失为 0.032 亿元，潍坊市的直接经济损失为 0.038 亿元。 (3) 1105 "米雷"风暴潮，于 6 月 25～28 日影响山东，造成直接经济损失 4.92 亿元。其中烟台部分沿海海面的最大风力达到十级以上，大风卷起的海浪高达 4～5m，部分渔港、渔船、海上养殖受到不可抗力的影响。烟台市的经济损失为 0.42 亿元，日照市的经济损失为 1.3 亿元，青岛市的经济损失为 1 亿元；威海市的经济损失为 2.2 亿元

续表

时间	描述
2012年	总体上，受灾人口454.3万人，农田受灾面积55300hm²，水产养殖224860hm²，海岸工程36.65km，房屋17658间，船只597艘，直接经济损失31.59亿元，其中： （1）7月底至8月初，台风"维达"在10小时内先后登陆我国沿海，受风暴潮和近岸浪的共同影响，影响山东省。"维达"台风风暴潮最大风暴潮增水：山东省岚山站150cm，日照站115cm，潍坊站104cm。山东省受灾人口281.4万人，损毁房屋17623间，淹没农田52300hm²，水产养殖受灾面积93160hm²，损毁船只538艘，损毁码头8座，损毁防波堤3495km，直接经济损失15.99亿元。其中，日照近海出现了4.0m以上的大巨浪，风暴潮增水77cm，并造成了近4.4亿元的损失；滨州受台风"苏拉"和"维达"影响受灾面积达1072.7km²，17.9万人受灾，5460人紧急避险，损毁滨海基础设施43座，淹没农田52311hm²，盐田10573hm²，水产养殖受灾面积26388hm²，直接经济损失达8.9亿元。东营的直接经济损失为1.5亿元；青岛的直接经济损失为0.588亿元；烟台的直接经济损失为0.237亿元；潍坊的直接经济损失为0.365亿元。 （2）"布拉万"台风风暴潮（1215），于8月27~28日影响山东，造成直接经济损失15.6亿元。烟台未发生较大损失；15号台风"布拉万"8月28号早晨到达日照正东海域，台风7级风圈距日照沿岸160km，受其影响，日照近海出现2.5m以上的大浪，高潮位上增水72cm，达到525cm，接近当地警戒潮位。潍坊市受15号强台风"布拉万"影响，莱州湾沿岸预计出现60~150cm的风暴增水，其中潍坊8月28日高潮时，高潮值预计达到375cm，超过警戒潮位3cm，警报级别为黄色。威海的直接经济损失为9.47亿元；青岛的直接经济损失为0.2亿元；烟台的直接经济损失为0.53亿元；潍坊的直接经济损失为1.9亿元；日照的直接经济损失为3.5亿元
2013年	5月26~28日，"130526"温带风暴潮，受黄海气旋的影响，渤海和黄海沿海出现了一次较强的温带风暴潮过程，山东省因灾直接经济损失1.44亿元。此次风暴潮主要影响了日照、青岛、威海及烟台沿海。最大风暴潮增水：日照站84cm，石岛站53cm，潍坊站138cm。山东省出现倒塌房屋5间，损坏房屋406间，水产养殖受灾面积7240hm²，毁坏渔船64艘，损坏渔船45艘，损坏码头4km，损毁防波堤1.58km，损毁海堤、护岸5.23km，直接经济损失1.44亿元
2014年	总体上，受灾人口0.03万人，农田820hm²，水产养殖1410hm²，海岸工程11.26km，房屋69间，船只21艘，直接经济损失1.4亿元。其中： （1）10月10~12日，"141008"温带风暴潮是黄海和东海沿海出现的较强的温带风暴潮，其中山东省潍坊站最大增水180cm，龙口站103cm。山东省水产养殖受灾面积320hm²，养殖设施、设备损失121个，损毁海堤、护岸10.26km。直接经济损失0.29亿元。 （2）"1410""麦德姆"台风风暴潮，于7月22~24日，山东造成直接经济损失1.11亿元；影响的烟台、威海、青岛，其中烟台的直接经济损失为1.36亿元，威海的直接经济损失为1.13亿元，青岛的直接经济损失为2.76亿元
2015年	总体上，海岸工程损失14.04km，船只3艘，直接经济损失0.44亿元； 2015年温带风暴潮151104，于11月4~6日，进入山东，造成直接经济损失0.42亿元；150930温带风暴潮，于9月30日~10月2日，对山东造成了0.02亿元的直接经济损失

*1亩≈666.7m²。

资料来源：历年《中国海洋灾害公报》

通过对历史风暴潮灾害的研究可以发现，对山东省沿海影响最大的几次风暴潮灾害为"9217"号特大风暴潮和"9711"号台风风暴潮，两次风暴潮灾害的直接经济损失都在40亿元以上。而从不同的年份来看，山东省沿海遭受风暴潮损失相差很大，其中1997年受灾最严重，主要是因为 1997 年山东省遭受 "9711" 号特大台风的影响，如图 6.3 所示。

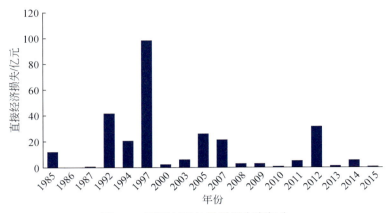

图 6.3　不同年份的风暴潮灾害损失

由于沿海灾害的数据收集比较困难，且有些年份的数据缺失，所以在进行灾害数据收集时，需要剔除一些不完整的数据。风暴潮数据收集时，缺失 2010 年 "04.12" 温带风暴潮、2013 年 "130526" 温带风暴潮、2015 年 "151104" 温带风暴潮和 2015 年 "150930" 温带风暴潮的数据。最后得到各城市的风暴潮损失数据及受影响次数如图 6.4 所示。

图 6.4　风暴潮灾害的累积直接经济损失和历史发生次数

从历年造成的损失上来看，受风暴潮影响最大的城市是威海市，其次是烟台市，而东营市受风暴潮灾害的影响最小。从风暴潮影响次数上来看，威海市、潍坊市和烟台市受影响次数最多，受影响次数都在 10 次以上。

2. 海冰灾害

海冰灾害是沿海地区冬季常见的一种海洋灾害，主要是因海冰封海或海上浮冰靠岸而造成人类经济社会损失或影响到沿海区域居民正常社会经济活动的一种灾害性现象。海冰对沿海区域的影响主要包括港口或码头瘫痪、海上交通运输受阻、船只及海上设施和海岸工程损坏、水产养殖受损等。山东沿海各城市的历史海冰灾害情况见表 6.2。

表6.2 历史海冰灾害的情况

时间	描述
2006年	2006年山东沿海区域遇到海冰灾害，莱州湾沿岸多个港口处于瘫痪状态，冰情给海上交通运输、海岸工程和沿海水产养殖等行业造成严重危害和较大经济损失。2005年12月15～22日山东省莱州市芙蓉岛外海有20艘渔船被海冰包围，53名船员被困，当地渔业、公安和渔政等有关部门及时采取措施，使遇险渔船和船员安全获救
2009年	山东省昌邑市1个码头封冻滞航，11艘船只受损，直接经济损失200万元
2010年	对山东省造成的损失：受灾人口5.65万人，船只损毁6032艘，港口及码头封冻30个，水产养殖受损面积148360hm^2。因灾直接经济损失26.76亿元，其中：东营损失1.20亿元，潍坊损失2.01亿元，滨州损失3.52亿元，烟台受灾面积120km^2，损失3.52亿元，威海损失8.96亿元，青岛损失1.24亿元，日照损失1.05亿元
2011年	2011年1月25日，渤海湾浮冰外缘线23海里①，一般冰厚5～15cm，最大冰厚25cm；莱州湾浮冰外缘线36海里，达到Ⅲ级警报（黄色）标准；胶州湾浮冰外缘线1.2海里。 损坏船只3艘，受灾面积46050hm^2，水产养殖损失数量4.36万吨，直接经济损失6.68亿元。 山东省海冰灾害损失主要是水产养殖损失。其中，青岛市水产养殖受灾面积5930hm^2，直接经济损失4.75亿元，青岛胶州湾及部分海湾和近岸浅海海域出现结冰现象，海冰主要分布在海湾大桥以北海域，海冰厚度3～12cm，最大范围2.2km，胶州湾北部沿岸养殖池均结冰，部分渔港受到海冰的影响；烟台市水产养殖受灾面积5320hm^2，直接经济损失1.38亿元；潍坊市水产养殖受灾面积14800hm^2，直接经济损失0.19亿元；东营市水产养殖受损面积8000hm^2，直接经济损失0.12亿元；滨州市近海海域出现大范围海冰，沿海海冰最大外援线一度达到18海里，海冰最大厚度接近29cm，水产养殖受灾面积12000hm^2，直接经济损失0.15亿元
2012年	受灾人口7.2万人，水产养殖受灾面积38000hm^2，直接经济损失1.54亿；其中威海市海水养殖受灾面积4500hm^2，直接经济损失0.75亿元；潍坊市海水养殖受灾面积3500hm^2，封冻港口数量3个，直接经济损失0.44亿元；东营市海水养殖受灾面积30000hm^2，封冻港口14个，损坏海岸工程设施10座，直接经济损失0.35亿元。 2011年及2012年冬季山东省海域冰情为常冰年（冰级3.0）。严重冰日和终冰日较常年推后，严重冰情主要出现在2月上旬。总冰期78天，其中初冰期41天，严重冰期21天，融冰期16天，初冰日为12月12日，严重冰日为1月22日，融冰日为2月12日，终冰日为2月27日。冰外缘线离岸距离和海冰分布面积与常年基本持平。2012年2月8日，海冰分布面积共计8875km^2（渤海湾和莱州湾海冰面积之和），为2011年及2012年冬季最大值。大部分海域冰厚较常年偏薄，冰厚5～10cm。 烟台：莱州湾一带冰情较重，浮冰最大外缘线达30～40海里，一般冰厚5～10cm，最大冰厚25cm。海冰冰情与上个冰期相比较轻，初冰日出现在2011年12月19日，终冰日为2012年2月28日，持续时间较上个冰期略短。 滨州：2012年1月中旬开始，沿海主要入海河道内结冰，浮冰外缘线达到10～15海里，一般厚度5～15cm，最大厚度25cm，未发现大范围固定冰，给渔业的运输带来少量的损失
2014年	水产养殖受灾面积8000hm^2，海岸工程损毁1.4km，直接经济损失0.09亿元。2013年及2014年冬季山东省近岸海域冰情较常年偏轻。渤海湾为轻冰年，冰期69天，严重冰期4天，海冰仅分布在近岸的半封闭和浅水区域以及沿岸的河口浅滩处，浮冰最大分布面积699km^2，浮冰外缘线离岸最大距离5km；莱州湾为轻冰年，冰期61天，严重冰期4天，海冰主要分布在莱州湾西侧海域，浮冰最大分布面积为478km^2，浮冰外缘线离岸最大距离5km。2014年2月11日，渤海湾海域海冰分布在滨州和东营两个城市附近，2014年2月11日莱州湾海域海冰分布在东营和潍坊附近海域

①1海里=1.852km

根据《中国海洋灾害公报》可知，山东沿海各个城市遭受海冰灾害的损失相比于风暴潮灾害来说较小。由于缺少2006年的海冰灾害相关损失数据，据不完全统计，威海遭受的累积损失最大，其次为青岛、烟台、滨州、潍坊、东营和日照。中国沿海海域遭受海冰灾害的情况见表6.3。

表6.3 中国海域的海冰情况

时间	影响海域	浮冰离岸最大距离/海里	一般冰厚/cm	最大冰厚/cm
2006年1月	莱州湾	20	5~10	25
2006年2月	辽东湾	77	10~20	40
	渤海湾	14	5~10	25
	黄海北部	26	10~15	30
2009年	辽东湾	65	5~15	30
	渤海湾	18	5~10	20
	莱州湾	32	5~10	15
	黄海北部	20	5~10	30
2010年	辽东湾	108	20~30	55
	渤海湾	30	10~20	30
	莱州湾	46	10~20	30
	黄海北部	32	10~20	40
2011年	辽东湾	85	15~24	40
	渤海湾	25	5~15	25
	莱州湾	39	10~20	30
	黄海北部	28	10~20	35
2012年	辽东湾	74	10~20	45
	渤海湾	24	5~10	20
	莱州湾	23	5~10	20
	黄海北部	25	5~15	35
2014年	辽东湾	62	5~15	30
	莱州湾	<5	5	10
	黄海北部	14	5~10	20

3. 海浪灾害

灾害性海浪是指能够引起灾害的海浪，通常规定波高超过 6m 及以上的海浪，通常灾害性海浪的形成并不是单独形成的，而是由于台风或温带气旋下形成的强风而引起的。因此，风暴潮的发生可能会引发灾害性海浪，对沿海地区造成破坏。灾害性海浪对人类造成的影响主要分为两个方面：在海上，主要表现为掀翻船只、摧毁海洋工程，影响渔业捕捞及航海等；在沿海区域，主要是影响海水养殖、海岸工程等。对于灾害性海浪的预防措施主要是及时预报海浪的发生时间及区域，让人们充分做好躲避措施，减少因灾害性海浪造成的损失。山东沿海的历史海浪灾害如表 6.4 所示。

表 6.4 历史海浪灾害

时间	描述
1989 年	气旋大风，渤海、渤海海峡和黄海北部的风力达 8~10 级，海上掀起 6.5m 的狂浪。烟台渔业公司"611"和"612"两艘渔轮，操作失控，拱入芝罘区初家村扇贝养殖区，与派救的两艘船在那里一起被困，造成巨大经济损失。 给烟台市辖区海面造成了 1089 万元的巨大经济损失。 东营市有艘小船在烟台市海面失事，两人落水死亡
1990 年	渤海南部长岛县、荣成市、文登市等县市沿海遭到了罕见的暴风浪的袭击；渤海中部波高 4~5m，仅石岛海洋站在岸边就测得风速 21m/s，波高 3.3m。 荣成市死亡渔民 22 人，沉损船只 135 艘，破坏海带 6 万亩，失收 3 万亩，毁坏扇贝 2 万亩，绝收 1.6 万亩，损坏网具 58300 张，冲毁码头 363m，全市损失 2.84 亿元。 长岛县有 9000 多亩养殖区遭到破坏，占养殖面积的 45%，其中有 2500 亩海带，1500 亩扇贝绝产。还有 3000 亩养殖物资全部被毁，沉损渔船 70 多艘，其中有 8 艘被风浪冲上岸边，全部报废。港口码头 3 处被毁，60 多米防波堤冲塌。直接经济损失约 6000 万元。 乳山、文登、威海也有不同程度的损失
1994 年	8 月 16~17 日，第 15 号台风卷起台风浪，烟台市报废海水养殖小木船 50 余只，损坏船只 73 艘，冲毁海产养殖 1313hm^2，冲垮码头 2 处，直接经济损失 1.3 亿元。荣成市冲毁桥涵 21 座，损坏各种船只 355 艘，死亡 1 人，失踪 10 人，水产养殖损失 346hm^2，直接经济损失 7.1 亿元。长岛县（烟台）损坏小型渔船 200 多只，计 800 万元；鲍鱼养殖损失 3500 万元；扇贝养殖损失 206hm^2，计 2600 万元；虾、扇贝损失 7hm^2，计 500 万元；损失港口码头 11 处，计 1500 万元
1995 年	11 月 7 日凌晨，巨浪袭击山东沿海，正在海上生产作业的青岛渔船出现险情，虽经多方全力营救，仍有两条渔船翻沉，两条渔船失踪，1 名渔民死亡，23 名渔民失踪，造成重大经济损失。据不完全统计，由于此次寒潮巨浪，山东省共有 229 艘渔船被毁或沉没，47 艘渔船失踪，31 人死亡，121 人失踪
1997 年	山东省 8 月 19 日 8 时至 8 月 20 日 14 时，石臼所海洋站实测平均波高 5.4m，最大波高 7.1m，青岛近海的浪高达 6m。据统计，山东省冲毁海堤 85km，沉没、损坏渔船 451 艘，经济损失严重
1998 年	1998 年山东省沿海共发生海难事故 45 起，其中由于风浪引起船只翻沉 11 艘，死亡 16 人，失踪 47 人

续表

时间	描述
1999年	其中山东省所辖海域发生各类事故45起，共造成死亡、失踪403人，翻沉船舶24艘（只）。 3月19日辽宁省5艘渔船遭遇大风浪袭击，沉没在成山头东北向距海岸100海里的海面上，死亡、失踪16人，直接经济损失200多万元。 10月17日10时3分，山东烟大汽车轮渡公司载有166名旅客和船员及38辆汽车的"盛鲁"号客货滚装船，在大连西南30海里处海面起火失控，遭到狂风巨浪袭击沉没，船上163人获救，死亡、失踪3人。 11月24日，山东烟台市"大舜"号客货滚装船，在距烟台牟平养马岛5海里处海面失火后，被巨浪推翻，造成死亡、失踪280人的特大海难事故
2001年	山东省青岛9天累计降水量达121.8mm，沿海最大风力达到9级。沉没货轮2艘，翻沉、损坏渔船250艘，死亡、失踪4人，经济损失约1.2亿元
2002年	总体上，山东省因海浪死亡22人，经济损失1200万元。 4月5日受黄海气旋影响，黄海出现4m巨浪，山东省石岛外海沉损船舶5艘，死亡、失踪22人，直接经济损失100万元。 10月18~21日受强冷空气与东南气旋影响，渤海、黄海出现4~5m巨浪，山东省潍坊市寒亭区、滨州市沾化县、无棣县水产受灾面积8200hm^2，堤防损毁10.5km，直接经济损失1100万元
2004年	6月16日，山东日照沿海，受黄海气旋浪的影响，沉没57艘渔船，冲毁100m海堤，死亡人数4人，经济损失220万元。 9月14日，山东日照岚山附近海域受黄海气旋浪的影响，沉没1艘渔船，死亡1人，经济损失30万元。 11月26日，山东龙口港附近海域受冷空气浪影响，福建"海鹭15"轮沉没，死亡1人，经济损失1500万元
2005年	10月22日，山东莱州湾海域受冷空气浪，3艘渔船沉没，2人死亡，经济损失50万元。 12月21日，山东龙口港锚地，受冷空气浪影响，浙江省温岭市"铭扬州178"轮沉没，13人死亡，经济损失1000万元
2006年	"艾云尼"超强台风于7月7~10日在台湾地区以东洋面、东海、黄海形成8~12m的台风浪，青岛沿海也受到本次台风浪过程的影响
2007年	3月3~6日，渤海、黄海先后出现波高6~8m的狂浪区，东海出现波高4~5m的巨浪区，辽宁、河北、天津、山东、江苏、上海、浙江等沿海先后出现波高4~6m的巨浪和狂浪。其中冷空气与气旋浪至山东招远海域，损毁船只3艘，直接经济损失200万元；山东莱州海域，损毁船只1艘，直接经济损失150万元；烟台至威海之间海域，朝鲜籍散货船"君山"轮沉没，直接经济损失2551万元
2010年	2月20日冷空气浪，造成直接经济损失200万元，海水养殖受灾面积8hm^2，海岸工程受损0.04km
2011年	总体上，海岸工程受损0.01km，直接经济损失361万元。 6月11日，气旋浪影响山东，造成直接经济损失96万元。 9月6日，气旋浪影响山东，造成直接经济损失265万元
2012年	"11.10"冷空气与气旋配合浪，海浪引起山东省烟台受到灾害，受灾人口1800人，水产养殖受灾面积540hm^2，损毁船只531艘，损毁码头15座，因灾直接经济损失1.49亿元

山东省沿海区域的海浪灾害很多情况下是伴随着风暴潮灾害而产生的,根据《中国海洋灾害公报》记录可知,1989~2015年山东省沿海地区受海浪灾害影响产生的经济损失累积为16.99亿元。海浪灾害的最高浪高在4~6m之间,其不同年份的海浪灾害的最高浪高情况如图6.5所示。

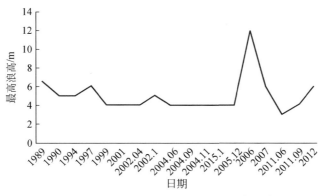

图6.5　1989~2012年海浪灾害的最高浪高

4. 赤潮及绿潮灾害

赤潮是由于某种原因而引起的海水中营养物质迅速增多,导致海水某些浮游植物、原生动物或细菌爆发性增殖而引起海水生态系统被破坏的现象。赤潮并不一定都是红色,主要包括淡水系统中的水华,海洋中的一般赤潮、褐潮、绿潮等。

赤潮的发生破坏海洋的正常生态系统,不仅影响海洋正常的生产过程,还威胁海洋生物。死亡后的赤潮生物的分解需要消耗大量的溶解氧,造成缺氧环境,引起虾、贝类等海洋生物的大量死亡,所以赤潮或绿潮对沿海区域的影响主要表现在破坏海洋的生态环境及近海的海水养殖。山东省沿海地区赤潮和绿潮的发生呈现季节性变化,常在台风或风暴潮过后出现。且整体上来看,影响范围比较小,但发生次数比较多。历史上赤潮及绿潮灾害的情况如表6.5所示。

表6.5　历史赤潮及绿潮灾害

时间	灾害	描述
1992年	赤潮	4月以来,山东半岛沿海,青岛和石臼所附近海域先后发生了7起赤潮;8月青岛附近沿海发生了长约200km、宽5~6km的大面积赤潮
1995年	赤潮	6月6日中午,在山东莱州湾附近海域发现大面积赤潮,赤潮颜色呈粉红,主要生物种是夜光虫,其最高含量达$2.16×10^7$个/m^3,主要发生在龙口港至其西南方向15km处,波及范围达90km^2。 8月28日下午3时,在山东长岛县北隍城乡近海发现赤潮,离岸约50m,面积大约为$2×100m^2$,赤潮的主要生物种为夜光虫

续表

时间	灾害	描述
1997年	赤潮	4月13日，在蓬莱港东北方向与长岛之间的水域内发现赤潮，面积较大的有两条，长约6海里，宽约20m，平行于海岸，呈橘红色，面积约1100m×20m；此外，另有7条带状赤潮分布在周围，有的已延伸到长岛的部分海湾内；有些侵入到部分养殖区内。 4月14日，在蓬莱以北海域（37°51′N，120°47′E）发现了面积约370m×10m的淡黄色赤潮带。 4月13~14日，蓬莱港东北与长岛之间的水域2km²
1998年	赤潮	1998年7月3~8日，胶州湾海域1.5km²； 8月15日~9月10日在山东烟台四十里湾海域发生了面积约100km²的赤潮，造成水产养殖业的直接经济损失达3000多万元。 9月16日~10月19日，渤海发生了有记录以来的最严重的大面积赤潮，范围遍及辽东湾西部海域、曹妃甸附近海域、渤海湾和莱州湾，持续时间长达40余天，最大覆盖面积达5000多km²，给辽宁、河北、山东及天津的海水养殖造成巨大损失，此次赤潮为叉角藻赤潮，密度达 $1.25×10^9$ 个$/m^3$。据不完全统计，此次赤潮造成的直接经济损失达1.2亿元
1999年	赤潮	山东省出现4次：7月2~4日，天津大沽锚地、河北歧口以东海域、山东老黄河口附近海域发生400~1500km²赤潮，海水呈绛紫色，此次赤潮被称为"歧口赤潮"。 7月17日，山东省北隍城岛附近海域发生680km²的赤潮。赤潮生物为夜光藻，海水呈橘红色。 7月23日，胶州湾小港、团岛嘴至沧口水道发生26km²的赤潮，赤潮生物为骨条藻。 7月26日，青岛小麦岛附近海域发生60km²的赤潮。 8月6日，石岛附近海域发生160km²的赤潮，海水呈绛紫色
2000年	赤潮	7月9~15日，烟台受到赤潮影响，此次赤潮最大面积为350km²，赤潮生物为夜光藻； 7月20~23日，胶州湾附近，最大面积为2km²，赤潮生物为夜光藻，未有经济损失
2001年	赤潮	山东3次。 2001年，我国赤潮灾害严重，共造成经济损失约10亿元。其中2001年7月7日青岛胶州湾口发生了9.8km²无毒红色中缢虫赤潮。7月8~12日，青岛前海旅游码头、竹岔岛、团岛以北至黄岛附近海域也发生了无毒红色中缢虫赤潮。 2001年6月11~12日，东营市胜利油田二号平台附近发生5km²的无毒夜光藻赤潮
2002年	赤潮	2002年，山东近岸海域共发现赤潮4次，其中青岛浮山湾、威海近岸海域各发现1次，滨州近岸海域发现2次，赤潮种类分别为红色中缢虫、裸甲藻、夜光藻、中肋骨条藻等，累计面积超过120km²，直接经济损失达1700万元。 6月28日，青岛市前海太平角至沙子口伏龙岛海域发生红色中缢虫赤潮，持续时间约为5天，扩散面积约10020hm²。这次赤潮不仅对浅海养殖业造成了一定损失，而且由于赤潮发生于浅海旅游区，对青岛的旅游业也造成了不利的影响。 8月10日，山东省近海38°18′30″N，117°52′58″E海域滨州发生20km²赤潮。赤潮藻种为夜光藻。直接经济损失500万元。8月15日，山东省近海38°16′20″N，118°06′00″E海域滨州发生30km²赤潮。赤潮藻种为中肋骨条藻。直接经济损失800万元
2003年	赤潮	山东省出现4次，面积为460km²，赤潮藻种为红色中缢虫，烟台未发现明显赤潮
2004年	赤潮	总体上，山东发生10次赤潮，面积为3230km²，赤潮藻种为球形棕囊藻、红色中缢虫； 6月11日，山东省黄河口附近海域赤潮，面积约1850km²，主要赤潮生物为球形棕囊藻，有毒性。 2004年8月，威海市文登市五垒岛湾发生一次夜光虫赤潮，面积约2km²

续表

时间	灾害	描述
2005 年	赤潮	5 月 20 日，滨州近岸发生赤潮，面积 3~4km^2； 5 月 27~30 日，莱州湾发生赤潮，面积 60km^2； 6 月 3 日，黄河口附近发生赤潮，面积为 137km^2； 8 月 23 日，烟台四十里湾海岸发生赤潮，面积 50km^2； 9 月 12 日，烟台四十里湾海岸发生赤潮，面积 45km^2； 9 月 24~28 日，烟台近海台套子湾发生赤潮，面积 60km^2； 7 月 4 日，山东东营港附近海域赤潮，最大面积约 40km^2，主要赤潮生物为棕囊藻，直接经济损失 100 万元； 8 月 23~25 日，山东东营 106 海区附近赤潮，最大面积约 140km^2，主要赤潮生物为棕囊藻，直接经济损失 200 万元
2006 年	赤潮	2006 年，山东省仅烟台市长岛县发生 1 次赤潮。9 月 14~19 日，长岛县南隍城附近海域发生赤潮，赤潮物种为塔玛亚历山大藻，赤潮面积为 2.37km^2，赤潮区内网箱养鱼损失惨重，死亡率接近 100%
2007 年	赤潮	6 月 7 日，山东青岛沙子口附近海域发生赤潮，赤潮生物为赤潮异弯藻，最大密度 7.4×10^8 个/L，赤潮面积最大 70km^2。此次赤潮未造成重大经济损失。 8 月 30 日，烟台莱山区发生赤潮，赤潮生物为红色裸甲藻，最大面积约 8.76km^2，9 月 7 日消失。此次赤潮造成一定的经济损失。 9 月 25 日，青岛沙子口湾发生赤潮，赤潮生物为具刺膝沟藻，最大面积约 8km^2，9 月 28 日消失。此次赤潮未造成重大经济损失
2008 年	浒苔	5 月 30 日，中国海监飞机在青岛东南 150km 的海域发现大面积浒苔，影响面积约 12000km^2，实际覆盖面积为 100km^2。6 月底浒苔的影响面积达到最大，约 25000km^2，实际覆盖面积 650km^2，奥帆赛场内浒苔覆盖面积近 16km^2，占该水域面积的 32%
2008 年	赤潮	6 月 28~30 日，青岛胶州湾附近发生赤潮，面积 20km^2；2008 年 8 月 7~9 日，青岛附近海域发生赤潮，面积 86km^2
2009 年	浒苔	6 月初至 8 月底，绿潮由江苏向山东海域漂移，主要分布在青岛、海阳、乳山南黄岛等区域，最大影响面积约 2 万 km^2，实际覆盖面积达 300km^2
2009 年	赤潮	山东共发生赤潮 5 起：①2009 年 4 月 11~17 日，乳山市小青岛西南至南黄岛外沿岸海域发生赤潮，最大成灾面积为 20km^2，赤潮生物种类是夜光藻。②2009 年 5 月 26 日~6 月 3 日，乳山市小青岛东南海域发生赤潮，最大成灾面积为 30km^2，生物种类为夜光藻；其中山东海阳至乳山附近海域覆盖面积 550km^2。③2009 年 7 月 21~8 月 4 日，乳山文登市沿岸海域发生赤潮，最大成灾面积为 150km^2，生物种为海洋卡盾藻。④2009 年 8 月 7 日，烟台市四十里湾发生赤潮，最大成灾面积为 2.8km^2，赤潮种类为异弯藻。⑤2009 年 8 月 20 日，烟台市四十里湾发生赤潮，最大成灾面积为 42km^2，赤潮种类为红色裸甲藻。 2009 年，青岛五四广场海域发生 2 次小面积赤潮，赤潮面积分别为 0.15km^2 和 0.2km^2，赤潮种类为无毒的夜光藻，对周围环境影响较小。 5 月 7~12 日，地点：山东日照附近海域，面积 580km^2，主要赤潮生物种类为夜光藻

续表

时间	灾害	描述
2010年	浒苔、赤潮	7月初浒苔的分布面积达到最大，约29800km²，实际覆盖面积约530km²，主要影响范围为山东日照、青岛、烟台和威海近岸海域。进入8月以后，黄海浒苔分布逐渐减少，至8月中旬，山东近岸海域浒苔消失。 2010年浒苔的最大分布面积为29800km²，实际覆盖面积530km²。 烟台赤潮：9月6~10日，莱山区最大面积6.02km²；9月6~7日，牟平西山北头附近海域最大面积3km²；9月13~18日，莱山区最大面积3.45km²
2011年	浒苔	7月19日，浒苔覆盖面积和分布面积达到最大，分别为560km²和26400km²，主要分布在青岛、日照近岸海域，其中6月9日浒苔最北端进入青岛海域，青岛管辖海域浒苔最大分布面积5662km²，最大覆盖面积126km²，对青岛的滨海景观和海洋环境造成一定影响
2012年	绿潮、赤潮	赤潮： 5月3日~6月11日，日照东附近海域发生赤潮，分布面积为780km²，赤潮种类为夜光藻； 5月8~11日，青岛五四广场附近发生赤潮，分布面积10km²，赤潮种类为夜光藻，最大密度54.9×10⁵个/L； 6月19~24日，山东半岛南岸中部黄海海域，分布面积10km²，赤潮种类为夜光藻； 9月14~17日，青岛浮山湾附近海域发生赤潮，面积0.4km²，赤潮种类为旋沟藻，最大密度8.9×10⁵个/L； 10月25日，烟台体育公园至马山寨附近距岸约1km、分布面积约5km²的海区。最大密度达到1.9×10⁹个/m³。本次赤潮未对该海域养殖生物造成影响。 绿潮： 5月19日绿潮进入山东海域。6月13日绿潮达到最大，其中最大分布面积19610km²，最大覆盖面积267km²，2012年绿潮主要影响日照至威海近岸海域，主要影响城市为日照、青岛、烟台、威海；其中烟台最大浒苔分布面积达到1940km²。日照也受到影响，未有损失。青岛2012年4月管辖海域中浒苔最大分布面积5810km²，最大覆盖面积98km²，对青岛的滨海景观和海洋环境造成不利影响
2013年	绿潮、赤潮	绿潮：自5月下旬，在日照海域发现浒苔绿潮，6月漂浮浒苔逐渐北移，最北扩展至山东成山头东南海域，最大覆盖面积为790km²，最大分布面积为29733km²。5月10日，黄海南部海域绿潮覆盖面积约5.5km²，分布面积约330km²；5月中下旬，绿潮持续向偏北方向漂移，分布面积不断扩大；6月初开始有绿潮陆续影响日照、青岛、烟台和威海沿海；6月27日前后，绿潮外缘线最北端到达威海乳山南侧近岸海域；7月，绿潮主体向北偏东方向漂移，分布面积逐渐减小，进入消亡期；8月中旬，绿潮全部消失。青岛、日照、威海、烟台等4市累计投入约1.07亿元，清理浒苔约56.35万吨。其中，青岛6月5日在沿海出现浒苔最大分布面积8947km²，最大覆盖面积130km²，对青岛的滨海景观和海洋环境造成不利影响。 赤潮：2~3月，发生在小清河口，分布面积约70km²，赤潮种类为中肋骨条藻和古直连藻；5月，青岛近海，分布面积约0.039km²，赤潮种类为夜光藻；9月，小清河口附近，约10km²，赤潮种类为大洋角管藻

续表

时间	灾害	描述
2014年	赤潮	3月，烟台莱州金城–招远海域，分布面积约66km²，赤潮种类为夜光藻； 4月14～15日，青岛市浮山湾发生1次赤潮，最大面积0.01km²，赤潮种类为无毒的夜光藻，最高密度约2.4×10⁸个/升。赤潮未对周围海域环境造成明显影响。 8月，烟台四十里湾发生赤潮，赤潮的种类为海洋卡盾藻，分布面积约19km²； 9月21～23日，烟台长岛县附近海域，发现海洋卡盾藻赤潮，最大面积为890km²
	绿潮	2014年绿潮最大分布面积为50000km²，最大覆盖面积540km²，6月中旬开始有绿潮陆续影响日照、青岛、烟台和威海海域，7月绿潮主体向北偏东方向漂移，7月21日前后，绿潮外缘线最北端到达成山头东北侧海域，之后分布面积逐渐减少，进入消亡期；其中青岛管辖海域漂浮浒苔最大分布面积9390km²，最大覆盖面积100km²，绿潮暴发对山东省日照至威海沿海的养殖、滨海旅游和生态服务功能造成了一定的影响
2015年	绿潮	6～8月，山东省南部沿岸海域发生浒苔绿潮。6月，漂浮进入山东省海域，影响至海阳、乳山及荣成等沿岸海域。绿潮在黄海最大分布面积为52700km²；7月初漂浮浒苔覆盖面积达到最大，约为594km²，后漂浮面积逐渐缩小，至8月中旬消失。其中青岛管辖海域漂浮浒苔最大分布面积12200km²，最大覆盖面积182km²
	赤潮	日照：发生甲藻类赤潮，覆盖面积为大于500km²。 青岛：共发生5次赤潮，都为甲藻类赤潮，覆盖面积分别为50～200km²、50～200km²、小于10km²、小于10km²、200～500km²。 烟台：共发生4次赤潮，覆盖面积分别为小于10km²、50～200km²、大于500km²、200～500km²。 潍坊：共发生2次赤潮，覆盖面积为200～500km²、50～200km²

资料来源：历年《中国海洋灾害公报》

山东省沿海地区发生赤潮和绿潮灾害的次数较多，但是赤潮和绿潮灾害并未对沿海各市造成很严重的影响。据不完全统计，烟台市和青岛市发生赤潮和绿潮的次数最多，且两个城市赤潮的累积覆盖面积也最大，如图6.6和图6.7所示。但是平均赤潮灾害覆盖面积中，日照市的次均面积最大，东营市和烟台市的次均面积次之。青岛市赤潮发生次数频繁，但是次均面积较小。滨州市在赤潮灾害上来看，无论是覆盖面积还是发生次数均小于其他城市，因此滨州市受赤潮灾害的影响较小。

1989～2015年期间，青岛市发生绿潮灾害8次，基本上2008～2015年每年一次，且影响青岛市的绿潮物种为浒苔。威海市和烟台市发生绿潮灾害6次，日照市5次，东营市、潍坊市和滨州市并未发生绿潮灾害。

5. 海水入侵及盐渍化

海水入侵及盐渍化主要影响沿海地区的耕地及土地的质量。海水入侵后土壤中的盐度增加，土壤盐渍化，使土地的质量降低，导致土壤的盐碱度失衡，农作物或植物不能生存，土地变荒地，荒地面积增加。最严重的情况会导致不适合人类居住，工厂、村镇整体搬迁，海水入侵及盐渍化区域成为不毛之地。因此海水入侵及盐渍化影响沿海的耕地等，

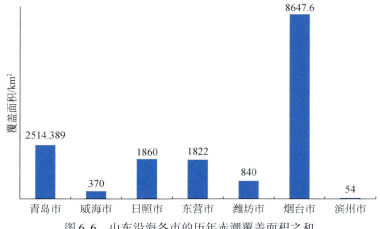

图 6.6　山东沿海各市的历年赤潮覆盖面积之和

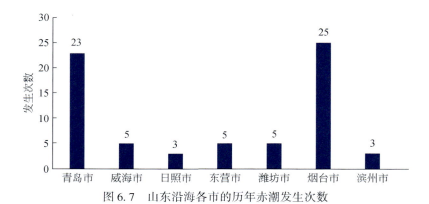

图 6.7　山东沿海各市的历年赤潮发生次数

历史灾害情况如表 6.6 所示。

表 6.6　历史海水入侵及盐渍化

时间	描述
2007 年	莱州湾海水入侵面积已达 2500km², 其中莱州湾东南岸入侵面积约 260km², 莱州湾南侧（小清河至胶莱河范围）海水入侵面积已超过 2000km², 其中严重入侵面积为 1000km²。莱州湾南侧海水入侵最远距离达 45km。
2008 年	山东滨州无棣县：重度入侵距离 9.64km；轻度入侵距离 13.36km。 山东滨州沾化县：重度入侵距离 21.15km，轻度入侵距离 29.50km。 山东潍坊滨海经济开发区：重度入侵距离 25.04km，轻度入侵距离 27.22km，盐渍化离岸距离 28.10km。 山东潍坊寒亭区央子镇：重度入侵距离 26.7km，轻度入侵距离 30.10km，盐渍化离岸距离 30.10km。 山东潍坊昌邑卜庄镇西峰村：重度入侵距离 19.45km，轻度入侵距离 23.04km，盐渍化离岸距离 23.80km。 山东烟台莱州海庙村：重度入侵距离 2.29km，轻度入侵距离 2.66km。 山东烟台莱州朱旺村：重度入侵距离 0.9km，轻度入侵距离 3.05km。 山东威海初村镇：重度入侵距离 1.03km，轻度入侵距离 4.68km。 山东威海张村镇：重度入侵距离 3.71km，轻度入侵距离 4.49km

续表

时间	描述
2009年	山东滨州无棣县：海水入侵距离13.36km，盐渍化距岸距离13.29km。 山东滨州沾化县：海水入侵距离29.5km，盐渍化距岸距离24.29km。 山东潍坊滨海经济开发区：海水入侵距离17.3km，盐渍化距岸距离28.1km。 山东潍坊寒亭区央子镇：海水入侵距离30.10km，盐渍化距岸距离30.10km。 山东潍坊昌邑卜庄镇西峰村：海水入侵距离23.87km，盐渍化距岸距离23.87km。 山东烟台莱州海庙村：海水入侵距离4.06km，盐渍化距岸距离0.5km。 山东烟台莱州朱旺村：海水入侵距离2.53km，盐渍化距岸距离0.4km。 丁字湾（即墨部分）：海水入侵距离0.24km，盐渍化距岸距离0.24km。 即墨鳌山湾潮间带：海水入侵距离0.84km，无盐渍化
2010年	山东滨州沾化县：断面长度29.32km，重度入侵距离29.32km，轻度入侵29.32km。 山东潍坊寿光市：断面长度32.1km，重度入侵距离31.18km，轻度入侵32.1km。 山东潍坊滨海经济开发区：断面长度27.98km，重度入侵距离25.26km，轻度入侵27.33km。 山东潍坊寒亭区央子镇：断面长度30.1km，重度入侵距离29.45km，轻度入侵29.99km
2011年	山东滨州无棣县：重度入侵距岸距离13.4km，轻度入侵距岸距离13.4km；盐渍化距岸距离10.79km。 山东滨州沾化县：重度入侵距岸距离29.32km，轻度入侵距岸距离29.32km；盐渍化距岸距离29.32km。 山东潍坊寿光市：重度入侵距岸距离26.19km，轻度入侵距岸距离32.1km；盐渍化距岸距离32.10km。 山东潍坊滨海经济技术开发区：重度入侵距岸距离25.21km，轻度入侵距岸距离27.32km；盐渍化距岸距离28.1km。 山东潍坊寒亭区：重度入侵距岸距离28.89km，轻度入侵距岸距离29.98km；盐渍化距岸距离30.1km。 山东潍坊昌邑：重度入侵距岸距离17.62km，轻度入侵距岸距离17.87km；盐渍化距岸距离17.87km。 山东潍坊昌邑下营：重度入侵距岸距离22.5km，轻度入侵距岸距离23.8km；盐渍化距岸距离23.87km。 山东烟台莱州朱旺村：海水入侵距离3.68km。 山东烟台莱州海庙村：海水入侵距离4.95km。 山东威海初村镇：海水入侵距离1.79km，盐渍化距岸距离8.39km。 山东威海张村镇：海水入侵距离5.19km，盐渍化距岸距离6.26km
2012年	山东滨州无棣县：海水入侵距离13.4km，盐渍化距岸距离13.4km。 山东滨州沾化县：重度入侵距岸距离29.32km，轻度入侵距岸距离29.32km；盐渍化距岸距离22.7km。 山东潍坊寿光市：重度入侵距岸距离32.1km，轻度入侵距岸距离32.1km；盐渍化距岸距离32.1km。 山东潍坊滨海经济技术开发区：海水入侵距岸距离27.36km，盐渍化距岸距离28.1km。 山东潍坊寒亭区央子镇：海水入侵距岸距离30.10km，盐渍化距岸距离3.1km。 山东潍坊昌邑柳疃：海水入侵距岸距离17.87km，盐渍化距岸距离17.87km。 山东潍坊昌邑卜庄镇西峰村：海水入侵距岸距离23.87km，盐渍化距岸距离23.87km。 山东烟台莱州朱旺村：海水入侵距离3.68km，盐渍化距岸距离2.48km。 山东烟台莱州海庙村：海水入侵距离5.21km，盐渍化距岸距离1.46km。 山东威海张村镇：重度入侵距岸距离4.7km，轻度入侵距岸距离5.96km；盐渍化距岸距离8.01km。 山东威海初村镇：海水入侵距岸距离1.37km，盐渍化距岸距离9.77km

续表

时间	描述
2013年	山东滨州无棣县：入侵距岸距离>13.05km；距岸距离>14.39km。 山东滨州沾化县：重度入侵距岸距离>22.48km，轻度入侵距岸距离>22.48km；盐渍化距岸距离>22.58km。 山东潍坊寿光市：重度入侵距岸距离21.6km，轻度海水入侵距离>21.66km；盐渍化距岸距离>21.69km。 山东潍坊滨海经济技术开发区：海水入侵距岸距离29.39km，无盐渍化。 山东潍坊寒亭区央子镇：海水入侵距岸距离22.85km，盐渍化距岸距离16.03km。 山东潍坊昌邑柳瞳：海水入侵距岸距离>13.77km，无盐渍化。 山东潍坊昌邑卜庄镇西峰村：海水入侵距岸距离>15.91km，盐渍化距岸距离0.51km。 山东烟台莱州朱旺村：海水入侵距岸距离1.90km，无盐渍化。 山东烟台莱州海庙村：海水入侵距岸距离>4.85km，无盐渍化。 山东威海初村镇：无海水入侵，盐渍化距岸距离>3.61km。 山东威海张村镇：重度入侵距岸距离2.86km，轻度入侵距岸距离3.04km，盐渍化距岸距离>6.37km
2014年	山东滨州无棣县：海水入侵距岸距离>13.05km，无盐渍化。 山东滨州沾化县：重度入侵距岸距离>22.48km，轻度入侵距岸距离>22.48km，无盐渍化。 山东潍坊寿光市：重度入侵距岸距离21.37km，轻度入侵距岸距离>21.66km；盐渍化距岸距离>21.69km。 山东潍坊滨海经济技术开发区：重度入侵距岸距离20.22km，轻度入侵距岸距离>20.22km；无盐渍化。 山东潍坊寒亭区央子镇：重度入侵距岸距离>15.97km，轻度入侵距岸距离>15.97km；盐渍化距岸距离7.19km。 山东潍坊昌邑柳瞳：海水入侵距岸距离>13.77km，无盐渍化。 山东潍坊昌邑卜庄镇西峰村：海水入侵距岸距离>15.91km，盐渍化的距岸距离为0.48km。 山东烟台莱州朱旺村：海水入侵距岸距离>1.99km，无盐渍化。 山东烟台莱州海庙村：海水入侵距岸距离>4.8km，无盐渍化。 山东威海初村镇：无海水入侵，盐渍化距岸距离>3.61km。 山东威海张村镇：海水入侵距岸距离3.0km，盐渍化距岸距离>6.37km。 山东青岛丁字湾A：海水入侵距岸距离0.36km，盐渍化距岸距离0.14km。 山东青岛丁字湾B：海水入侵距岸距离0.28km，盐渍化距岸距离0.67km。 山东青岛丁字湾C：海水入侵距岸距离0.38km，盐渍化距岸距离0.28km
2015年	山东滨州无棣县：海水入侵>13.05km，盐渍化距离6.2km。 山东滨州沾化县：重度入侵距岸距离20.97km，轻度入侵距岸距离>22.48km；盐渍化距岸距离10.66km。 山东潍坊寿光市：重度入侵距岸距离19.73km，轻度入侵距岸距离>21.66km；盐渍化距岸距离>21.69km。 山东潍坊滨海经济技术开发区：重度入侵距岸距离20.22km，轻度入侵距岸距离20.22km；无盐渍化。 山东潍坊寒亭区央子镇：重度入侵距岸距离>15.97km，轻度入侵距岸距离>15.97km；盐渍化距岸距离7.19km。 山东潍坊昌邑柳瞳：海水入侵距岸距离>13.77km，盐渍化距岸距离>13.78km。 山东潍坊昌邑卜庄镇西峰村：海水入侵距岸距离>15.91km，盐渍化距岸距离0.48km。 山东烟台莱州朱旺村：海水入侵距岸距离>1.99km，无盐渍化。 山东烟台莱州海庙村：海水入侵距岸距离>4.8km，无盐渍化。 山东威海初村镇：海水入侵距岸距离1.46km，盐渍化距岸距离>3.61km。 山东威海张村镇：海水入侵距岸距离2.07km，盐渍化距岸距离>6.37km

资料来源：历年《中国海洋灾害公报》

山东省沿海设立监测海水入侵及盐渍化的城市主要是青岛市、威海市、潍坊市、烟台市和滨州市，日照市和东营市并未设立监测点。青岛市的监测点是丁字湾和即墨鳌山湾潮间带；威海市的监测点是初村镇和张村镇；潍坊市的监测点是寿光市、滨海经济开发区、寒亭区和昌邑卜庄镇西峰村；烟台市的监测点主要是烟台莱州海庙村和朱旺村；滨州市的监测点是无棣县和沾化县。

6. 致灾因子危险性指标建立

根据引起灾害的海洋性致灾因子及收集数据的合理性、科学性和完整性的特点，建立评价致灾因子危险性的指标体系，如表6.7所示。

表6.7 致灾因子的危险性

	一级指标	二级指标
致灾因子的危险性	风暴潮灾害	风暴潮灾害的累积损失
		风暴潮灾害的累积成灾次数
		风暴潮灾害的次均损失
	海冰灾害	海冰灾害的累积损失
		海冰灾害的累积成灾次数
		海冰灾害的次均损失
	赤潮及绿潮灾害	赤潮灾害的累积成灾面积
		赤潮灾害的累积成灾次数
		赤潮灾害的次均成灾面积
		绿潮灾害的累积成灾次数
	海水入侵及盐渍化	平均海水入侵距离
		最大海水入侵距离
		平均盐渍化距岸距离
		最大盐渍化距岸距离
	海浪灾害	海浪灾害的累积损失
		海浪灾害的次均损失
		海浪灾害发生的最大浪高
		海浪灾害的平均浪高

由于沿海灾害的数据收集比较困难，且有些年份的数据缺失，所以在进行灾害数据的收集时，需要剔除一些不完整的数据。在进行风暴潮数据收集时，缺失2010年"04.12"温带风暴潮、2013年"130526"温带风暴潮、2015年"151104"温带风暴潮和2015年"150930"温带风暴潮的数据；海冰灾害缺失2006年的数据；赤潮及绿潮灾害缺失1989年8~10月、1990年5月、1992年4月、2003年和2004年每年各发生一次；海浪灾害缺失1995年、1997年、1998年和2010年的数据。通过总结，所选指标的数据如表6.8所示。

表 6.8 山东沿海各个城市致灾因子指标数据

指标		青岛	威海	日照	东营	潍坊	烟台	滨州
风暴潮灾害	风暴潮灾害的累积损失/亿元	27.528	69.49	29.79	18.11	36.273	60.367	38.562
	风暴潮灾害的累积成灾次数/次	9	14	9	5	13	12	7
	风暴潮灾害的次均损失/亿元	3.0587	4.9636	3.31	3.622	2.7902	5.0306	5.5089
海冰灾害	海冰灾害的累积损失/亿元	5.99	9.71	1.05	1.696	2.686	4.9	3.708
	海冰灾害的累积成灾次数/次	2	3	1	4	5	2	3
	海冰灾害的次均损失/亿元	2.995	3.2367	1.05	0.424	0.5372	2.45	1.236
赤潮及绿潮灾害	赤潮灾害的累积成灾面积/km^2	2514.39	370	1860	1822	840	8647.6	54
	赤潮灾害的累积成灾次数/次	23	5	3	5	5	25	3
	赤潮灾害的次均成灾面积/km^2	109.32	74	620	364.4	168	345.90	18
	绿潮灾害的累积成灾次数/次	8	6	5	0	0	6	0
海水入侵及盐渍化	平均海水入侵距离/km	0.37	3.214	0	0	23.57	3.59	21.03
	最大海水入侵距离/km	0.84	5.96	0	0	32.1	5.21	29.5
	平均盐渍化距岸距离/km	0.3	5.972	0	0	17.86	0.4	13.97
	最大盐渍化距岸距离/km	0.67	9.77	0	0	32.1	2.48	29.32
海浪灾害	海浪灾害的累积损失/亿元	1.2	10.0296	0.025	0	0.0685	5.5739	0.073
	海浪灾害的次均损失/亿元	1.2	2.0059	0.0125	0	0.0228	0.6967	0.073
	海浪灾害发生的最大浪高/m	12	4	4	0	5	6.5	5
	海浪灾害的平均浪高/m	8	3.66	4	0	4.3	5.1	5

6.3.2 海洋灾害承灾体的脆弱性

人类社会作为灾害的承灾体，其中灾害对地区影响程度的大小主要取决于对承灾体的影响大小。因此，承灾体的脆弱性表现在暴露于灾害影响范围的程度、人类社会对灾害影响的敏感性程度、社会不利条件及社会经济的影响（张斌等，2010）：①暴露于灾害影响范围的程度即承灾体的暴露性，是指暴露在致灾因子影响范围之内的人类社会经济财产或人类自身的数量和价值。对于海洋灾害来说就是沿海周边的人口、沿海经济、沿海耕地等。②人类社会对灾害影响的敏感性程度主要表现在承灾体本身的抗打击能力。如海洋经济受海洋灾害的影响程度；弱势群体对海洋灾害的抵御能力显著低于正常人群体。③社会不利条件，如沿海城市人口密度大、居民收入低、贫困线以下人口较多都不利于灾害发生后的恢复重建。④即社会经济因素方面。

根据历史海洋灾害对山东沿海城市造成的破坏的情况确立承灾体脆弱性指标，如表 6.9 所示。风暴潮灾害主要对沿海城市造成影响，主要是人、农业及养殖业、海岸工程设施、房屋、船只等。海冰灾害主要影响海岸工程设施、海水养殖及船只等；赤潮及绿潮灾害主要影响海滨景观和海水养殖业；海水入侵及盐渍化主要影响沿海耕地及临海建筑等；海浪灾害主要对船只及港口、海堤造成一定的破坏。

表 6.9 承灾体的脆弱性指标

目标	一级指标	二级指标	指标来源（文献）
承灾体的脆弱性	承灾体的暴露性	沿海城市人口/万人	张斌等，2010；樊运晓，2000；李琳琳，2014
		人口密度（人/平方千米）=人口/行政区面积	张斌等，2010；周彪等，2010；Liu，2014；樊运晓，2000；塔依尔江·吐尔浑和安瓦尔·买买提明，2014；Zhou et al.，2014；张晓霞，2013；李琳琳，2014；Moipone，2015
		自然人口增长率	张斌等，2010；Liu，2014；Zhou et al.，2014
		GDP/亿元	塔依尔江·吐尔浑和安瓦尔·买买提明，2014；李琳琳，2014
		人均 GDP/万元	塔依尔江·吐尔浑和安瓦尔·买买提明，2014；Zhou et al.，2014；李琳琳，2014
		GOP（海洋经济生产总值）/亿元	李琳琳，2014
		海洋经济密度/(万元/m)	李琳琳，2014
		经济密度/(万元/km^2)	张斌等，2010；周彪等，2010；塔依尔江·吐尔浑和安瓦尔·买买提明，2014；张晓霞，2013；李琳琳，2014
		耕地面积/10^3hm^2	张晓霞，2013；李琳琳，2014
		海水养殖面积/hm^2	李琳琳，2014
		海岸线长度/km	张晓霞，2013；李琳琳，2014
		建筑物密度/%	张斌等，2010；Zhou et al.，2014；李琳琳，2014
		生命线工程密度/%	张斌等，2010；樊运晓，2000；Zhou et al.，2014
		港口数量/港航面积/(个/km^2)	张晓霞，2013
		渔业用海面积/km^2	张晓霞，2013
		娱乐用海面积/km^2	张晓霞，2013
		海洋保护区域面积/km^2	张晓霞，2013
	承灾体的敏感性	海洋经济生产总值在区域生产总值比=GOP/GDP	李琳琳，2014
		公路敏感性指数	张斌等，2010；樊运晓，2000
		人口年龄结构指数/60岁以上人口比重	张斌等，2010；Liu，2014；Zhou et al.，2014；张晓霞，2013；李琳琳，2014；Moipone，2015
		失业率	Zhou et al.，2014；Moipone，2015
		女性占比/%	Liu，2014；Zhou et al.，2014；张晓霞，2013；李琳琳，2014；Moipone，2015
		高中以下学历占比/%	Moipone，2015
		非钢筋混凝土结构建筑物占比	Mojtahedi and Oo，2016；Zhou et al.，2014

根据对上述灾害的总结及破坏情况，建立山东沿海城市的海洋灾害承灾体的脆弱性指标体系，如表 6.10 所示。

表 6.10　山东沿海城市承灾体脆弱性指标体系

一级指标	二级指标	三级指标	青岛	威海	日照	东营	潍坊	烟台	滨州
承灾体的脆弱性	承灾体的暴露性	沿海城市人口/万人	694.11	254.75	140.34	167.04	208.7263	589.0347	83.5239
		人口密度/(人/km²) = 人口/行政区面积	691.93	439.45	548.46	229.39	550.28	471.71	400.26
		自然人口增长率/‰	5.21	2.5	14.9	10.1	6.4	3.3	12.9
		GDP；地区生产总值/亿元	8692.1	2790.34	1611.87	3430.49	4786	6002.08	2276.71
		人均GDP；人均地区生产总值/元	96524	99392	56349	163982	51826	85795	59557
		GOP/亿元	1751.1	1835.9	910	1320	1693	2460	430
		海洋经济密度/(万元/km²) = GOP/行政区面积	1552.118	3166.983	1698.018	1601.359	1048.752	1775.917	445.1346
		经济密度/(万元/km²)	7704.4	4813.42	3007.78	4161.7	2964.75	4333	2356.84
		耕地面积/(万hm²)	24.93	18.42	4.9984	22.3467	32.0453	39.48271	12.5665
		海水养殖面积/hm²	33829	73203	40993	107533	66192	152394	16929
		海岸线长度/km	863	985.9	168.5	347	140	702.5	238.9
		建筑物密度/%	4.35	3.27	1.87	1.4	1.09	2.28	1.16
		港口货物吞吐量/万吨	47701	7110.3	35300	2653	2603	31970	1423
		确权海域面积/hm²	35741.8387	313070.5866	23271.1658	154185.6373	70089.1893	153487.2497	22097.02
	承灾体的敏感性	海洋保护区域面积/hm²	44759.89	30255.565	73484	335899.14	2929.28	233853.7759	58463.334
		海洋经济生产总值在区域生产总值比=GOP/GDP	0.2015	0.6579	0.5646	0.3848	0.3537	0.4099	0.1889
		公路敏感性指数	0.746083	0.753399	0.818744	0.869444	0.827729	0.770905	0.85899
		人口年龄结构指数；60岁以上人口比重/%	23.7	22.1	26.6	24.5	25.3	22.4	25.9
		失业率/%	3	1.5	2	2	3	3.2	2.2
		女性占比/%	50.12	50.14	49	50	49.5	49.4	49.5
		高中以下学历占比/%	0.643013	0.695444	0.77244	0.641606	0.743879	0.699051	0.809739

6.3.3　山东沿海地区防灾减灾能力的抵御性

沿海城市经济的发展一方面造成城市在海洋灾害中的损失增大。另一方面经济发达城市，更重视海洋灾害的防御，对海洋灾害的防御设置建设投入较大，减少了城市重建的时间，增加了防灾减灾能力。国内外学者对防灾减灾能力评价指标体系的建立，如表 6.11 所示。

表 6.11　防灾减灾能力指标选择表

	指标选择	参考文献
防灾减灾能力	排水管道密度	杨龙江等，2013
	人均防护林造林面积	李莉和沈琼，2011
	中等教育以上在校人口比重/非文盲比例	黄大鹏等，2011；李莉和沈琼，2011；Zhou et al.，2014
	海洋环境监测站点或验潮站个数	黄大鹏等，2011
	灾害预警从业人数/灾害管理人员数	黄大鹏等，2011
	固定电话用户数	杨龙江等，2013；黄大鹏等，2011；李莉和沈琼，2011
	每百户彩色电视机拥有量	李莉和沈琼，2011
	建成区绿化覆盖率	李琳琳，2014
	人均公园绿地面积	李琳琳，2014
	每千人口公共管理和社会组织人员数	李莉和沈琼，2011
	每千人口卫生技术人员数	李莉和沈琼，2011；Liu，2014；Zhou et al.，2014；李琳琳，2014
	每千人口医院和卫生院床位数	杨龙江等，2013；黄大鹏等，2011；李莉和沈琼，2011；Liu，2014；Zhou et al.，2014；李琳琳，2014
	人均交通运输、仓储和邮政业务全社会固定资产投资	Zhou et al.，2014
	城市人均拥有道路面积	杨龙江等，2013；黄大鹏等，2011；李莉和沈琼，2011；李琳琳，2014
	每万人拥有公共交通车辆	Zhou et al.，2014
	人均信息传输、计算机服务、软件业全社会固定资产投资	Zhou et al.，2014
	人均公共安全支出	李琳琳，2014
	人均医疗卫生支出	李琳琳，2014
	人均社会保障和就业财政支出	李莉和沈琼，2011；李琳琳，2014
	人均财政支出	李琳琳，2014
	城市居民家庭人均可支配收入	Liu，2014；塔依尔江·吐尔浑和安瓦尔·买买提明，2014；Zhou et al.，2014；李琳琳，2014
	农村居民家庭人均纯收入	李莉和沈琼，2011；Zhou et al.，2014；李琳琳，2014
	城乡居民人均储蓄存款	黄大鹏等，2011；李莉和沈琼，2011；Zhou et al.，2014；李琳琳，2014
	15~65岁人口	黄大鹏等，2011；Liu，2014
	保险密度	李琳琳，2014
	保险深度	李琳琳，2014
	人均财政收入	李莉等，2011
	人均农林牧渔业全社会固定资产投资	黄大鹏等，2011；Zhou et al.，2014
	人均电力、燃气及水的生产和供应业全社会固定资产投资	Zhou et al.，2014
	人均水利、环境和公共设施管理业全社会固定资产投资	Zhou et al.，2014

根据海洋灾害的特点及数据收集的便利性，建立山东沿海城市的防灾减灾指标体系，如表 6.12 所示。

表 6.12 山东沿海城市防灾减灾能力指标体系的建立

一级指标	二级指标	三级指标	青岛	威海	日照	东营	潍坊	烟台	滨州
防灾减灾能力的抵御性	防护能力	排水管道密度/(km/km²)	13.94	18.98	13.91	8.68	12.26	10.54	12.61
		森林覆盖率/%	39.5	41	40.3	18.7	36	43.6	30.8
		人均防护林造林面积/km²	7.14	18.55	10.65	32.38	16.19	15.32	21.54
	监测预警能力	灾害预警从业人数	26418	13866	1725	7700	10900	24726	2668
	信息发布能力	固定电话用户数/万户	207	61	39	41	145	129	55
		每百户彩色电视机拥有量/台	109	133	106	101	108	113.64	108
		互联网宽带入户率/%	78.89	74.56	43.98	75.9	44.22	57.07	44.9
	灾民安置能力	建成区绿化覆盖率/%	44.68	49.01	43.29	44.25	40.8	39.96	60.29
		人均公园绿地面积/m²	5.24	8.49	5.24	7.49	2.46	5.03	4.02
	医疗救助能力	每千人口卫生技术人员数	7.02	6.83	4.8	7.12	6.89	6.7	6.16
		每千人口医院和卫生院床位数	4.75	5.77	3.63	5.66	4.74	5.2	4.83
	交通运输能力	人均交通运输、仓储和邮政业务全社会固定资产投资/元	3471.13	3846.88	3744	11727.58	1639.86	5213.96	4066.14
		城市人均拥有道路面积/m²	21.34	22.65	15	26.96	19.3	18.48	17.24
		每万人拥有公共交通车辆/辆	17.58	10.48	4.73	12.04	6.1	12.5	6.31
	灾区通信能力	人均信息传输、计算机服务、软件业全社会固定资产投资/元	370.02	180.47	313.31	516.52	142.19	195.66	2.81
		移动电话普及率/%	4.13	3.37	2.31	3.76	2.95	3.05	2.53
		固定电话普及率/%	0.81	0.71	0.3	0.78	0.51	0.54	0.46
	政府救援能力	人均公共安全支出/元	649.21	428.92	294.98	502.39	272.86	379.14	317.5
		人均医疗卫生支出/元	645.88	579.09	598.02	851.99	526.41	615.68	646.62
		人均社会保障和就业财政支出/元	950.52	1246.32	707.07	887.63	504.83	1009.81	914.36
		人均财政支出/元	11880.28	9988.51	5844.57	11498.07	5707.22	8209.64	7026.38
	居民恢复能力	城市居民家庭人均可支配收入/元	38294	34254	27540	36940	30973	35791	30870
		农村居民家庭人均纯收入/元	17461	17296	12635	14456	14776	16656	12691
		城乡居民人均储蓄款/万元	4.97	5.28	3	5.68	3.42	4.89	2.53
		15~65 岁人口/万人	664.95	218.36	205.68	153.7	679.11	540.53	277.95
	灾区建设能力	建筑业劳动生产率/(元/人)	339529	259384	312943	347704	1271380	271453	443571
		人均财政收入/元	9896.37	7859.62	3869.44	9824.92	4651.99	7000.05	4874.09
	资源供应能力	人均农林牧渔业全社会固定资产投资	1157.23	605.09	893.04	4953.17	1373.42	885.83	975.6
		人均电力、燃气及水的生产和供应业全社会固定资产投资/元	534.01	6649.17	2569.28	2914.07	925.12	2535.73	2562.36
		人均水利、环境和公共设施管理业全社会固定资产投资/元	2814.57	2399.09	3893.05	8007.74	3330.54	3770.8	167.8

6.3.4 利用粗糙集理论对评价指标进行简化

粗糙集理论（Rough Set Theory，RST）出现的时期非常早，是波兰数学家 Z. Pawlak 于 1982 年提出的，其被广泛运用并经历了不断改进。粗糙集理论具有很强的分析能力，主要是针对定性分析，可以直接从给定问题的描述集合出发，通过不可分辨关系和可分辨类确定给定问题的近似域，从而得到该问题的内在规律（聂作先，2004）。目前，粗糙集理论与多个理论广泛结合，主要有神经网络、模糊理论等，主要应用于知识获取、数据挖掘、决策分析和决策支持等各个领域。

粗糙集理论已经应用于多个方面：在数据预处理过程中，粗糙集理论能够更精确地提取数据特征；在数据准备过程中，通过粗糙集理论的知识约简对数据进行降维处理，约简数据得到有效的基础数据，简化后期分析过程；在数据挖掘阶段，粗糙集理论可以有效完成数据降维工作；在数据挖掘阶段，粗糙集理论可以发掘数据的潜在信息、解释分类规则；在解释和评估过程中，粗糙集理论统计评估所得到的结果（王平，2013；吴明芬等，2007）。

首先对数据进行同趋势化和无量纲化处理，因为对于海洋灾害的综合风险值来说，防灾减灾能力的抵御性是减少风险性的指标，因此要进行同趋势化处理。因为指标选取时的量纲不同，需要进行无量纲化处理。

无量纲化处理的公式如下：

$$x'_{ij} = \begin{cases} \dfrac{x_{ij}-\min\{x_{ij},\cdots,x_{nj}\}}{\max\{x_{ij},\cdots,x_{nj}\}-\min\{x_{ij},\cdots,x_{nj}\}}, & x_{ij}\text{为效益型指标} \\ \dfrac{\max\{x_{ij},\cdots,x_{nj}\}-x_{ij}}{\max\{x_{ij},\cdots,x_{nj}\}-\min\{x_{ij},\cdots,x_{nj}\}}, & x_{ij}\text{为成本型指标} \end{cases} \tag{6.1}$$

由于防灾减灾能力中的指标都是增强防灾减灾能力的指标，但是防灾减灾能力相对于综合风险评估来说为成本型指标。所以为了统一计算过程，对防灾减灾能力下的指标利用成本型公式进行处理，此系列指标计算出的防灾减灾能力为负向值。标准化后的结果如表 6.13 所示。

表 6.13 指标标准化后的结果

三级指标	青岛	威海	日照	东营	潍坊	烟台	滨州
风暴潮灾害的累积损失	0.1833	1.0000	0.2273	0.0000	0.3535	0.8224	0.3981
风暴潮灾害的累计成灾次数	0.4444	1.0000	0.4444	0.0000	0.8889	0.7778	0.2222
风暴潮灾害的次均损失	0.0988	0.7994	0.1912	0.3060	0.0000	0.8241	1.0000
海冰灾害的累积损失	0.5704	1.0000	0.0000	0.0746	0.1889	0.4446	0.3069
海冰灾害的累积成灾次数	0.2500	0.5000	0.0000	0.7500	1.0000	0.2500	0.5000
海冰灾害的次均损失	0.9141	1.0000	0.2226	0.0000	0.0403	0.7203	0.2887
赤潮灾害的累积成灾面积	0.2863	0.0368	0.2102	0.2057	0.0915	1.0000	0.0000

续表

三级指标	青岛	威海	日照	东营	潍坊	烟台	滨州
赤潮灾害的累积成灾次数	0.9091	0.0910	0.0000	0.0910	0.0910	1.0000	0.0000
赤潮灾害的次均成灾面积	0.1517	0.0930	1.0000	0.5754	0.2492	0.5447	0.0000
绿潮灾害的累积成灾次数	1.0000	0.7500	0.6250	0.0000	0.0000	0.7500	0.0000
平均海水入侵距离	0.0157	0.1364	0.0000	0.0000	1.0000	0.1523	0.8922
最大海水入侵距离	0.0262	0.1857	0.0000	0.0000	1.0000	0.1623	0.9190
平均盐渍化距岸距离	0.0168	0.3344	0.0000	0.0000	1.0000	0.0224	0.7822
最大盐渍化距岸距离	0.0209	0.3044	0.0000	0.0000	1.0000	0.0773	0.9134
海浪灾害的累积损失	0.1196	1.0000	0.0025	0.0000	0.0068	0.5557	0.0073
海浪灾害的次均损失	0.5982	1.0000	0.0062	0.0000	0.0114	0.3473	0.0364
海浪灾害发生的最大浪高	1.0000	0.3333	0.3333	0.4167	0.5417	0.4167	
历年发生海浪灾害的平均浪高	1.0000	0.4575	0.5000	0.0000	0.5375	0.6375	0.6250
沿海城市人口	1.0000	0.2804	0.0931	0.1368	0.2051	0.8279	0.0000
人口密度=人口/行政区面积	1.0000	0.4541	0.6898	0.0000	0.6938	0.5239	0.3694
自然人口增长率	0.2185	0.0000	1.0000	0.6129	0.3145	0.0645	0.8387
GDP/地区生产总值	1.0000	0.1664	0.0000	0.2569	0.4483	0.6201	0.0939
人均GDP/人均地区生产总值	0.3985	0.4241	0.0403	1.0000	0.0000	0.3029	0.0689
GOP	0.6508	0.6926	0.2365	0.4384	0.6222	1.0000	0.0000
海洋经济密度=GOP/行政区面积	0.4067	1.0000	0.4603	0.4248	0.2218	0.4889	0.0000
经济密度	1.0000	0.4594	0.1217	0.3375	0.1137	0.3695	0.0000
耕地面积	0.5780	0.3892	0.0000	0.5031	0.7843	1.0000	0.2195
海水养殖面积	0.1248	0.4154	0.1776	0.6688	0.3637	1.0000	0.0000
海岸线长度	0.8547	1.0000	0.0337	0.2447	0.0000	0.6650	0.1169
建筑密度	1.0000	0.6687	0.2393	0.0951	0.0000	0.3650	0.0215
港口货物吞吐量	1.0000	0.1229	0.7320	0.0266	0.0255	0.6601	0.0000
确权海域面积	0.0469	1.0000	0.0040	0.4540	0.1649	0.4516	0.0000
海洋保护区域面积	0.1256	0.0821	0.2119	1.0000	0.0000	0.6935	0.1668
海洋经济生产总值在区域生产总值比=GOP/GDP	0.0269	1.0000	0.8011	0.4177	0.3514	0.4712	0.0000
公路敏感性指数	0.0000	0.0593	0.5890	1.0000	0.6618	0.2012	0.9153
人口年龄结构指数/60岁以上人口比重	0.3556	0.0000	1.0000	0.5333	0.7111	0.0667	0.8444
失业率	0.8824	0.0000	0.2941	0.2941	0.8824	1.0000	0.4118
女性占比	0.9825	1.0000	0.0000	0.8772	0.4386	0.3509	0.4386
高中以下学历占比小数点	0.0084	0.3202	0.7782	0.0000	0.6083	0.3417	1.0000
排水管道密度	0.4893	0.0000	0.4922	1.0000	0.6524	0.8194	0.6184
森林覆盖率	0.1647	0.1044	0.1325	1.0000	0.3052	0.0000	0.5141

续表

三级指标	青岛	威海	日照	东营	潍坊	烟台	滨州
人均防护林造林面积	1.0000	0.5479	0.8609	0.0000	0.6414	0.6759	0.4295
灾害预警从业人数/灾害管理人员数	0.0000	0.5083	1.0000	0.7580	0.6284	0.0685	0.9618
固定电话用户数	0.0000	0.8690	1.0000	0.9881	0.3690	0.4643	0.9048
每百户彩色电视机拥有量	0.7500	0.0000	0.8438	1.0000	0.7813	0.6050	0.7813
互联网宽带入户率	0.0000	0.1240	1.0000	0.0856	0.9931	0.6250	0.9736
建成区绿化覆盖率	0.7678	0.5548	0.8362	0.7890	0.9587	1.0000	0.0000
人均公园绿地面积	0.5390	0.0000	0.5390	0.1658	1.0000	0.5738	0.7413
每千人口卫生技术人员数	0.0431	0.1250	1.0000	0.0991	0.1810	0.4138	
每千人口医院和卫生院床位数	0.4766	0.0000	1.0000	0.0514	0.4813	0.2664	0.4393
人均交通运输、仓储和邮政业务全社会固定资产投资	0.8185	0.7812	0.7914	0.0000	1.0000	0.6457	0.7595
城市人均拥有道路面积	0.4699	0.3604	1.0000	0.0000	0.6405	0.7090	0.8127
每万人拥有公共交通车辆	0.0000	0.5525	1.0000	0.4311	0.8934	0.3953	0.8770
人均信息传输、计算机服务、软件业全社会固定资产投资	0.2852	0.6542	0.3956	0.0000	0.7287	0.6246	1.0000
移动电话普及率	0.0000	0.4176	1.0000	0.2033	0.6484	0.5934	0.8791
固定电话普及率	0.0000	0.1961	1.0000	0.0588	0.5882	0.5294	0.6863
人均公共安全支出	0.0000	0.5853	0.9412	0.3901	1.0000	0.7176	0.8814
人均医疗卫生支出	0.6331	0.8382	0.7801	0.0000	1.0000	0.7258	0.6308
人均社会保障和就业财政支出	0.3989	0.0000	0.7273	0.4837	1.0000	0.3190	0.4477
人均财政支出	0.0000	0.3065	0.9778	0.0619	1.0000	0.5946	0.7863
城市居民家庭人均可支配收入	0.0000	0.3757	1.0000	0.1259	0.6808	0.2328	0.6903
农村居民家庭人均纯收入	0.0000	0.0342	1.0000	0.6227	0.5564	0.1668	0.9884
城乡居民人均储蓄存款	0.2254	0.1270	0.8508	0.0000	0.7175	0.2508	1.0000
15~65岁人口	0.0270	0.8769	0.9011	1.0000	0.0000	0.2638	0.7635
建筑业劳动生产率	0.9208	1.0000	0.9471	0.9127	0.0000	0.9881	0.8180
人均财政收入	0.0000	0.3379	1.0000	0.0119	0.8702	0.4806	0.8333
人均农林牧渔业全社会固定资产投资	0.8730	1.0000	0.9338	0.0000	0.8233	0.9354	0.9148
人均电力、燃气及水的生产和供应业全社会固定资产投资	1.0000	0.0000	0.6672	0.6108	0.9360	0.6727	0.6683
人均水利、环境和公共设施管理业全社会固定资产投资	0.6624	0.7154	0.5248	0.0000	0.5966	0.5404	1.0000

利用 MATLAB 进行模糊 C 均值聚类分析的方法，对数据进行离散化处理，处理结果如表 6.14 所示。

表 6.14 指标离散化后的结果

三级指标	青岛	威海	日照	东营	潍坊	烟台	滨州
风暴潮灾害的累积损失 v1	2	1	2	2	2	1	2
风暴潮灾害的累计成灾次数 v2	1	2	1	1	2	2	1
风暴潮灾害的次均损失 v3	2	1	2	2	2	1	1
海冰灾害的累积损失 v4	2	2	1	1	1	1	1
海冰灾害的累积成灾次数 v5	2	2	2	1	1	2	2
海冰灾害的次均损失 v6	2	2	1	1	1	2	1
赤潮灾害的累积成灾面积 v7	1	1	1	1	1	1	1
赤潮灾害的累积成灾次数 v8	2	1	1	1	1	1	1
赤潮灾害的次均成灾面积 v9	2	2	1	1	2	1	2
绿潮灾害的累积成灾次数 v10	2	2	2	2	2	2	1
平均海水入侵距离 v11	2	2	2	2	1	2	2
最大海水入侵距离 v12	2	2	2	2	1	2	1
平均盐渍化距岸距离 v13	1	1	1	1	2	1	2
最大盐渍化距岸距离 v14	2	2	2	2	1	2	1
海浪灾害的累积损失 v15	2	1	2	2	2	1	2
海浪灾害的次均损失 v16	2	2	1	1	1	1	1
海浪灾害发生的最大浪高 v17	1	2	2	2	2	2	2
历年发生海浪灾害的平均浪高 v18	1	1	1	2	1	1	1
沿海城市人口 v19	1	2	2	2	2	1	2
人口密度=人口/行政区面积 v20	2	1	2	1	2	1	1
自然人口增长率 v21	1	1	2	2	1	1	2
GDP/地区生产总值 v22	2	1	1	1	1	2	1
人均 GDP/人均地区生产总值 v23	2	2	2	1	2	2	2
GOP v24	1	1	2	1	1	1	2
海洋经济密度=GOP/行政区面积 v25	2	2	2	2	1	2	1
经济密度 v26	2	1	1	1	1	1	1
耕地面积 v27	1	2	2	2	1	1	2
海水养殖面积 v28	1	1	1	2	1	2	1
海岸线长度 v29	2	2	1	1	1	1	1
建筑密度 v30	2	2	1	1	1	1	1
港口货物吞吐量 v31	2	1	2	1	1	2	1
确权海域面积 v32	2	1	2	1	2	1	2
海洋保护区域面积 v33	2	2	2	1	2	1	2
海洋经济生产总值在区域生产总值比=GOP/GDP v34	1	2	2	1	1	1	1

续表

三级指标	青岛	威海	日照	东营	潍坊	烟台	滨州
公路敏感性指数 v35	2	2	1	1	1	2	1
人口年龄结构指数/60 岁以上人口比重 v36	2	2	1	1	1	2	1
失业率 v37	2	1	1	1	2	2	1
女性占比/男女比例 v38	1	1	2	1	2	2	2
高中以下学历占比小数点 v39	1	1	2	1	2	1	2
排水管道密度 v40	1	2	1	1	1	1	1
森林覆盖率 v41	2	2	2	1	2	2	2
人均防护林造林面积 v42	1	1	1	2	1	1	1
灾害预警从业人数/灾害管理人员数 v43	2	1	1	1	1	2	1
固定电话用户数 v44	2	1	1	1	2	2	1
每百户彩色电视机拥有量 v45	2	1	2	2	2	2	2
互联网宽带入户率 v46	1	1	2	1	1	1	1
建成区绿化覆盖率 v47	2	2	2	2	2	2	1
人均公园绿地面积 v48	1	2	1	2	1	1	1
每千人口卫生技术人员数 v49	1	1	2	1	1	1	1
每千人口医院和卫生院床位数 v50	2	1	2	1	2	1	2
人均交通运输、仓储和邮政业务全社会固定资产投资 v51	1	1	1	2	1	1	1
城市人均拥有道路面积 v52	1	1	2	1	2	2	2
每万人拥有公共交通车辆 v53	2	2	1	2	1	2	1
人均信息传输、计算机服务、软件业全社会固定资产投资 v54	2	1	2	2	1	1	1
移动电话普及率 v55	2	2	1	2	1	1	1
固定电话普及率 v56	2	2	1	2	1	1	1
人均公共安全支出 v57	1	2	2	1	2	2	2
人均医疗卫生支出 v58	2	1	2	1	2	1	1
人均社会保障和就业财政支出 v59	1	1	2	1	2	1	2
人均财政支出 v60	1	1	2	1	2	2	2
城市居民家庭人均可支配收入 v61	2	2	1	2	1	2	1
农村居民家庭人均纯收入 v62	2	2	1	2	1	1	1
城乡居民人均储蓄存款 v63	2	2	1	2	1	1	1
15~65 岁人口 v64	2	1	1	1	2	1	1
建筑业劳动生产率 v65	1	1	1	1	2	1	1
人均财政收入 v66	1	1	2	1	2	1	2
人均农林牧渔业全社会固定资产投资 v67	1	1	1	2	1	1	1

续表

三级指标	青岛	威海	日照	东营	潍坊	烟台	滨州
人均电力、燃气及水的生产和供应业全社会固定资产投资 v68	2	1	1	1	2	1	1
人均水利、环境和公共设施管理业全社会固定资产投资 v69	1	1	1	2	1	1	1

利用粗糙集 Rosetta 软件进行粗糙集属性约简分析，最终选中评价指标体系及最终评价指标的标准化值如表 6.15 所示。

表 6.15　最终评价指标体系

三级指标	青岛	威海	日照	东营	潍坊	烟台	滨州
风暴潮灾害的累积成灾次数	0.4444	1.0000	0.4444	0.0000	0.8889	0.7778	0.2222
风暴潮灾害的次均损失	0.0988	0.7994	0.1912	0.3060	0.0000	0.8241	1.0000
海冰灾害的累积损失	0.5704	1.0000	0.0000	0.0746	0.1889	0.4446	0.3069
海冰灾害的累积成灾次数	0.2500	0.5000	0.0000	0.7500	1.0000	0.2500	0.5000
海冰灾害的次均损失	0.9141	1.0000	0.2226	0.0000	0.0403	0.7203	0.2887
赤潮灾害的累积成灾次数	0.9091	0.0910	0.0000	0.0910	0.0910	1.0000	0.0000
赤潮灾害的次均成灾面积	0.1517	0.0930	1.0000	0.5754	0.2492	0.5447	0.0000
绿潮灾害的累积成灾次数	1.0000	0.7500	0.6250	0.0000	0.0000	0.7500	0.0000
平均盐渍化距岸距离	0.0168	0.3344	0.0000	0.0000	1.0000	0.0224	0.7822
平均海水入侵距离	0.0157	0.1364	0.0000	0.0000	1.0000	0.1523	0.8922
海浪灾害的累积损失	0.1196	1.0000	0.0025	0.0000	0.0068	0.5557	0.0073
海浪灾害的次均损失	0.5982	1.0000	0.0062	0.0000	0.0114	0.3473	0.0364
历年发生海浪灾害的平均浪高	1.0000	0.4575	0.5000	0.0000	0.5375	0.6375	0.6250
人口密度	1.0000	0.4541	0.6898	0.0000	0.6938	0.5239	0.3694
经济密度	1.0000	0.4594	0.1217	0.3375	0.1137	0.3695	0.0000
耕地面积	0.5780	0.3892	0.0000	0.5031	0.7843	1.0000	0.2195
海水养殖面积	0.1248	0.4154	0.1776	0.6688	0.3637	1.0000	0.0000
确权海域面积	0.0469	1.0000	0.0040	0.4540	0.1649	0.4516	0.0000
海洋保护区域面积	0.1256	0.0821	0.2119	1.0000	0.0000	0.6935	0.1668
GOP/GDP	0.0269	1.0000	0.8011	0.4177	0.3514	0.4712	0.0000
人口年龄结构指数	0.3556	0.0000	1.0000	0.5333	0.7111	0.0667	0.8444
失业率	0.8824	0.0000	0.2941	0.2941	0.8824	1.0000	0.4118

续表

三级指标	青岛	威海	日照	东营	潍坊	烟台	滨州
排水管道密度	0.4893	0.0000	0.4922	1.0000	0.6524	0.8194	0.6184
人均防护林造林面积	1.0000	0.5479	0.8609	0.0000	0.6414	0.6759	0.4295
灾害预警从业人数	0.0000	0.5083	1.0000	0.7580	0.6284	0.0685	0.9618
固定电话用户数	0.0000	0.8690	1.0000	0.9881	0.3690	0.4643	0.9048
每百户彩色电视机拥有量	0.7500	0.0000	0.8438	1.0000	0.7813	0.6050	0.7813
互联网宽带入户率	0.0000	0.1240	1.0000	0.0856	0.9931	0.6250	0.9736
建成区绿化覆盖率	0.7678	0.5548	0.8362	0.7890	0.9587	1.0000	0.0000
人均公园绿地面积	0.5390	0.0000	0.5390	0.1658	1.0000	0.5738	0.7413
每千人口卫生技术人员数	0.0431	0.1250	1.0000	0.0000	0.0991	0.1810	0.4138
人均交通运输、仓储和邮政业务全社会固定资产投资	0.8185	0.7812	0.7914	0.0000	1.0000	0.6457	0.7595
每万人拥有公共交通车辆	0.0000	0.5525	1.0000	0.4311	0.8934	0.3953	0.8770
移动电话普及率	0.0000	0.4176	1.0000	0.2033	0.6484	0.5934	0.8791
人均社会保障和就业财政支出	0.3989	0.0000	0.7273	0.4837	1.0000	0.3190	0.4477
农村居民家庭人均纯收入	0.0000	0.0342	1.0000	0.6227	0.5564	0.1668	0.9884
15~65岁人口	0.0270	0.8769	0.9011	1.0000	0.0000	0.2638	0.7635
人均财政收入	0.0000	0.3379	1.0000	0.0119	0.8702	0.4806	0.8333
人均电力、燃气及水的生产和供应业全社会固定资产投资	1.0000	0.0000	0.6672	0.6108	0.9360	0.6727	0.6683

6.3.5 单一评价指标的选取及评价结果

1. 坎蒂雷赋权法

坎蒂雷赋权法也称为艾玛法（马辉，2009），其主要思想是：指标权重的大小应当取决于指标与合成值的相关程度，指标与合成值相关程度越高，指标的权重应当越大，反之，指标权重应该越小。各评价指标的权重可以由以下公式计算得到：

$$(RS-\lambda I)W=0$$

式中，R 为各指标之间的相关系数矩阵；S 为标准差的对角矩阵；λ 为指矩阵 RS 的最大特征值；W 为最大特征值对应的特征向量。由于矩阵 RS 不仅包括指标间的相关信息，而且包括各指标值的差异信息，所以，坎蒂雷赋权法求得的指标权重不仅能够反映指标间相互影响，而且能够反映各指标变异程度。对于多层次指标综合分析，坎蒂雷赋权法不仅能够对指标层进行权重赋值，还能够对准则层进行赋值。坎蒂雷赋权法最终得到的结果如表 6.16 所示。

表 6.16 坎蒂雷赋权法的评价结果

城市	青岛	威海	日照	东营	潍坊	烟台	滨州
风险值	0.312628	0.353606	0.660683	0.420652	0.637918	0.479818	0.611715
致灾因子的危险性	0.071817	0.110915	0.057422	0.047645	0.132092	0.102897	0.112929
承灾体的脆弱性	0.075560	0.060100	0.088969	0.089114	0.091456	0.101069	0.060004
防灾减灾能力的抵御性（负）	0.165251	0.182591	0.514292	0.283893	0.414370	0.275852	0.438782

2. 投影寻踪模型

投影寻踪（PP）方法属于直接利用样本数据来对数据进行探索性分析的方法，是美国科学家 Kruscal 于 20 世纪 70 年代提出的，在高维性、非线性、非正态数据分析处理方面有独到之处（颜丽娟，2013），其具体方法如下（黄勇辉和朱金福，2009）。

设第 i 个样本的第 j 个指标为 x_{ij}（$i=1, \cdots, n$；$j=1, \cdots, m$），其中 n 为样本数，m 为指标个数，依据投影寻踪理论建立综合评价模型。

（1）指标体系无量纲化。由于指标体系中各指标的量纲不尽相同，为消除量纲的影响对数据进行无量纲化处理，这里采用极差法进行原始数据的归一化处理。

$$\text{正指标：} x_{ij}^* = \frac{x_{ij} - \min(x_{ij})}{\max(x_{ij}) - \min(x_{ij})} \tag{6.2}$$

$$\text{负指标：} x_{ij}^* = \frac{\max(x_{ij}) - x_{ij}}{\max(x_{ij}) - \min(x_{ij})} \tag{6.3}$$

式中，$\max(x_{ij})$ 和 $\min(x_{ij})$ 分别为第 j 个指标的样本最大值和最小值。

（2）构造投影指标函数。选用线性投影的方式将研究的数据投影到一维线性空间，设 $\boldsymbol{a} = (a_1, a_2, \cdots, a_m)$ 为 m 维单位投影方向向量，则 x_{ij} 的一维投影特征值 z_i 可表示为

$$z_i = \sum_{j=1}^{m} a_j \times x_{ij}^*, (i=1, \cdots, n) \tag{6.4}$$

式中，$a_j \times x_{ij}^*$ 为第 i 样本第 j 指标的投影分量；$z = (z_1, z_2, \cdots, z_m)$ 为投影特征值向量。

（3）构造投影目标函数。为了方便在多维指标中发现数据的结构组合特征，在投影时要求投影值特征值 z_i 尽可能多地提取 x_{ij} 的变异信息，即 z_i 在一维空间分布的类间距（S_z）尽可能大；同时投影值特征值 z_i 的局部密度（D_z）最大，即相同投影空间中指标尽量集中；所构建的投影目标函数为

$$Q(a) = S_z \times D_z \tag{6.5}$$

式中，$S_z = \left(\sum (z_i - E_z)^2 / (N-1) \right)^{0.5}$，$E_z$ 为投影特征值 z_i 的均值；D_z 的计算公式是

$$D_z = \sum \sum (R - r_{ij}) u(R - r_{ij}) \tag{6.6}$$

式中，R 为局部密度窗口半径，其大小与数据特征本身有关，其选取时，为避免滑动平均偏差太大，既要保证窗口内投影点的平均个数不能太少，又不能使之随着 n 的增大而增加太多，一般可取值为 αS_z（α 可以取 0.1、0.01 或 0.001 等，依据投影点 z_{ij} 在区域间的分布情况而调整）；$r_{ij}=|z_i-z_k|$（$k=1,\cdots,n$），为两两投影特征值间的距离；u 为单位阶跃函数，当 $R-r_{ij}\geq 0$ 时，其值为 1；当 $R-r_{ij}\leq 0$ 时，其值为 0。

（4）确定最佳投影方向。通过求解投影指标函数的最大值来估算其最佳投影方向，即

$$\begin{cases} \max Q(a) \\ \sum_{j=1}^{p} a^2(j)=1 \end{cases} \tag{6.7}$$

（5）确定投影值。把上式求得的 a_j 代入 $z_i=\sum_{j=1}^{m} a_j \times x_{ij}^*$（$i=1,\cdots,n$）得到各样本投影值 z_i，反映各评价指标的综合评价结果。

采用加速遗传算法计算此复杂线性优化问题，求出最优投影方向，在单位超球面中随机抽取若干个初始投影方向作为初始群体，建立与投影目标函数大小相适应的适应度函数，使最大适应度函数值对应的个体与最大投影目标函数对应的最佳投影方向 a_j 相对应。

求出最佳投影方向值 $a_j=\{0.0072，0.0036，-0.0972，-0.0171，-0.0927，-0.2024，0.0331，-0.1528，0.1282，0.233，-0.0066，0.029，0.0843，0.2699，-0.1387，-0.1301，-0.2222，-0.0638，-0.1979，0.0596，0.2596，-0.0129，-0.0632，0.0628，0.2844，-0.0577，0.0921，0.3992，-0.0509，0.2593，0.1728，0.1551，0.1805，0.1368，0.2062，0.1705，-0.022，0.2231，0.0886\}$。为消除负数的影响，对上述数据进行平移，归一化后的权重值为 $w_j=\{0.0246，0.0245，0.022，0.024，0.0221，0.0194，0.0252，0.0207，0.0275，0.0301，0.0242，0.0251，0.0264，0.031，0.021，0.0212，0.019，0.0228，0.0196，0.0258，0.0307，0.0241，0.0228，0.0259，0.0313，0.023，0.0267，0.0341，0.0231，0.0307，0.0286，0.0287，0.0288，0.0277，0.0294，0.0285，0.0238，0.0298，0.0265\}$。投影寻踪模型的评价结果如表 6.17 所示。

表 6.17 投影寻踪模型的评价结果

城市	风险值	致灾因子的危险性	承灾体的脆弱性	防灾减灾能力的抵御性（负）
青岛	0.397497	0.139506	0.103033	0.154958
威海	0.437197	0.194599	0.090077	0.152521
日照	0.569039	0.072090	0.090015	0.406935
东营	0.35059	0.043404	0.094648	0.212542
潍坊	0.572987	0.131199	0.103355	0.338433
烟台	0.521547	0.163871	0.126394	0.231282
滨州	0.514519	0.121054	0.055222	0.338243

3. PC-LINMAP 耦合赋权法（主成分分析-多维偏好线性规划）

PC-LINMAP 耦合赋权模型是将主成分分析法和多维偏好线性规划法结合而形成的模

型，PC-LINMAP 耦合赋权模型分为两部分，首先，应用 PC 从原始决策矩阵求取样品的优劣排序，然后应用 LINMAP 基于求得的样品优劣排序对确定每个指标的权重，本书分以下四个步骤来完成（李宁霞等，2009；应天元，1997）。

（1）原始数据标准化。假设有 n 个评价对象，每个评价对象下有 p 个评价指标，则此决策问题的原始数据可表示为 $(x_{ij})_{n \times p}$，为了消除原始数据中量纲、数量级的不同，对其进行标准化处理：

$$y_{ij} = \frac{x_{ij} - x_j'}{\delta_j}, \quad i = 1, 2, \cdots, n; \, j = 1, 2, \cdots, p \tag{6.8}$$

式中，$x_j' = \sum_{i=1}^{n} \frac{x_{ij}}{n}$；$\delta_j = \sqrt{\sum_{i=1}^{n} (x_{ij} - x_j')^2 / (n-1)}$。

（2）计算性能指标的相关矩阵 $\boldsymbol{R}$ 及相关矩阵的特征值和特征向量，用雅可比方法求相关矩阵的特征值 λ_i（$i = 1, \cdots, p$），并计作 $\lambda_1 \geq \lambda_2 \geq \lambda_p \geq 0$；同时求得相应的特征向量 $\beta_e = (\beta_{e1}, \beta_{e2}, \cdots, \beta_{ep})^{\mathrm{T}}$，其中 $e = 1, \cdots, p$。

（3）确定主成分并计算主成分的总得分值和样品的主成分总得分值。选取前 m 个主成分，这里正整数 m 必须满足下式的最小值：$\dfrac{\sum_{i=1}^{m} \lambda_i}{\sum_{i=1}^{p} \lambda_i} \geq 85\%$，于是第 i 个系统状态在前 m 个主成分方向上的得分值 $z_1^i, z_2^i, \cdots, z_m^i$ 为

$$\begin{bmatrix} z_1^i \\ z_2^i \\ \vdots \\ z_m^i \end{bmatrix} = \begin{bmatrix} \beta_{11} & \beta_{12} & \cdots & \beta_{1p} \\ \beta_{21} & \beta_{22} & \cdots & \beta_{2p} \\ \vdots & \vdots & \ddots & \vdots \\ \beta_{m1} & \beta_{m2} & \cdots & \beta_{mp} \end{bmatrix} \begin{bmatrix} y_{1i} \\ y_{2i} \\ \vdots \\ y_{pi} \end{bmatrix}$$

第 i 个样品的总得分值 $F_i = \sum_{j=1}^{m} p_j |z_j^i|$，其中 $i = 1, 2, \cdots, n$；p_j 为第 j 个主成分保持原始数据总信息量的比重，即 $p_j = \lambda_j / \sum_{e=1}^{p} \lambda_e$；方案的优劣顺序按照总得分值 F_j 由大到小排列。

（4）线性规划求权值（张秋余和孙磊，2007）。根据专家知识和经验，我们给定当前工作环境下指标空间中的理想点 $(y_1', y_2', \cdots, y_p')$，则空间中任一样品点 $(y_{i1}, y_{i2}, \cdots, y_{ip})$ 到理想点 $(y_1', y_2', \cdots, y_p')$ 的加权欧几里得距离平方为 $s_i = \sum_{j=1}^{p} w_j' (y_{ij} - y_j')^2$，$i = 1, 2, \cdots, n$；其中 w_j'（$j = 1, 2, \cdots, p$）为第 j 个指标的权重平方。

样品有序对 (k, r) 的集 Q 为 $Q = \{(k, r) \mid k \text{ 样品优于 } r \text{ 样品}\}$，对样品有序对 (k, r) 的集 Q 中所有的有序对求和，得到总的不一致度 B 和一致度 G。

$$B = \sum_{(k,r) \in Q} (s_r - s_k)^-, \text{其中} (s_r - s_k)^- = \begin{cases} 0, & s_r \geq s_k \\ s_r - s_k, & s_r < s_k \end{cases}$$

$$G = \sum_{(k,r) \in Q} (s_r - s_k)^+, \text{其中} (s_r - s_k)^+ = \begin{cases} 0, & s_r < s_k \\ s_r - s_k, & s_r \geq s_k \end{cases}$$

那么 $G - B = h = \sum_{(k,r) \in Q} (s_r - s_k)$，于是指标权重的平方 w'_j 就可以通过线性规划得到，此时的目标函数 $\min \sum_{(k,r) \in Q} \lambda_{kr}$ 约束条件为

$$\sum_{j=1}^{p} w'_j (y'^2_{rj} - y'^2_{kj}) - 2 \sum_{j=1}^{p} v_j (y_{rj} - y_{kj}) + \lambda_{kr} \geq 0$$

$$\sum_{j=1}^{p} w'_j \sum_{(k,r) \in Q} (y'^2_{rj} - y'^2_{kj}) - 2 \sum_{j=1}^{p} v_j (y_{rj} - y_{kj}) = h$$

$w'_j > 0$，$j = 1, 2, \cdots, p$，$\lambda_{kr} \geq 0$，对于所有的 $(k, r) \in Q$，v_j 无非负限制（$v_j = w_j y'_j$）可以得到 w'_j（$j = 1, 2, \cdots, p$）的值，归一化之后即得各指标的权重向量 w_f。应用 PC-LINMAP 耦合赋权法，得到的评价结果如表 6.18 所示。

表 6.18 PC-LINMAP 耦合赋权法的评价结果

城市	风险值	致灾因子的危险性	承灾体的脆弱性	防灾减灾能力的抵御性（负）
青岛	0.362481	0.143220	0.109921	0.109340
威海	0.418928	0.202525	0.104823	0.111581
日照	0.514161	0.067795	0.089950	0.356416
东营	0.397364	0.060127	0.126547	0.210691
潍坊	0.516532	0.112019	0.134148	0.270365
烟台	0.529673	0.179284	0.170747	0.179643
滨州	0.461813	0.100848	0.065211	0.295754

4. 熵值法

在信息论中，信息熵是对不确定性的一种度量，信息量越大，不确定性越小，熵也就越小；信息量越小，不确定性越大，熵值也越大（王富喜等，2013）。根据熵的特性，可以通过熵值来判断指标的离散程度，离散程度越大，指标对综合评价的影响越大。因此，可以利用熵值进行指标权重的确定。

设 n 个被评价对象 $s_1, s_2, \cdots, s_n$，m 个评价指标分别记为 $x_1, x_2, \cdots, x_m$。用熵值法确定指标权重的基本步骤如下（郭显光，1998）。

（1）首先对原始数据进行无量纲化处理，将指标进行标准化：

$$x'_{ij} = \frac{x_{ij} - x_j}{s_j} \tag{6.9}$$

式中，x'_{ij} 为标准化后的指标值；x_{ij} 为第 i 个对象第 j 项指标的原始值；x_j 为第 j 项指标的均值；s_j 为第 j 项指标的标准差。

（2）由于标准化后的数据有负值，为消除负数对评价结果的影响，将坐标进行平移。

$$X_{ij} = x'_{ij} + D \tag{6.10}$$

式中，X_{ij} 为平移后的指标值，D 为平移幅度，一般取值为大于 x'_{ij} 的最大值的整数。

(3) 计算第 i 个评价对象的第 j 项指标占指标下全部评价对象的比重：

$$P_{ij} = \frac{X_{ij}}{\sum_{i=1}^{n} X_{ij}}, \quad (i=1, 2, \cdots, n; j=1, 2, \cdots, n) \quad (6.11)$$

(4) 计算各项评价指标的熵值：

$$e_j = -k \sum_{i=1}^{n} P_{ij} \ln P_{ij} \quad (6.12)$$

式中，$k = 1/\ln n > 0$，满足 $e_j \geq 0$。

(5) 计算各项评价指标的信息效用值：

$$g_j = 1 - e_j \quad (j=1, 2, \cdots, m) \quad (6.13)$$

(6) 计算各指标权重值：

$$w_j = \frac{g_j}{\sum_{j=1}^{m} g_j} \quad (j=1, 2, \cdots, m) \quad (6.14)$$

熵值法的评价结果如表 6.19 所示。

表 6.19 熵值法的评价结果

城市	风险值	致灾因子的危险性	承灾体的脆弱性	防灾减灾能力的抵御性（负）
青岛	0.425487	0.150836	0.103816	0.170835
威海	0.450225	0.198841	0.092356	0.159028
日照	0.556026	0.075281	0.083642	0.397103
东营	0.372549	0.043738	0.101561	0.227250
潍坊	0.559690	0.122933	0.103279	0.333478
烟台	0.548923	0.172059	0.137137	0.239727
滨州	0.492121	0.114277	0.051598	0.326246

5. 变异系数法

变异系数法（cofficient of variation method）的基本思想是：在进行指标评价过程中，不同的评价对象下，指标取值之间的差异越大，表明该指标更难实现，因此该指标更能够体现评价对象的差距，具有较为重要的地位，应赋予较大的权重值。因此，变异系数法就是利用这个原理对指标进行赋权的，则求解各项指标的变异系数公式如下：

$$V_i = \frac{\sigma_i}{\bar{x}_i} \quad (i=1, 2, \cdots, n) \quad (6.15)$$

式中，V_i 为第 i 项指标的变异系数；σ_i 为第 i 项指标的标准差；$\bar{x}_i$ 为第 i 项指标的平均数。

对指标的变异系数进行归一化处理，即各项指标的权重为

$$W_i = \frac{v_i}{\sum_{i=1}^{m} v_i} \quad (6.16)$$

变异系数法的评价结果如表6.20所示。

表6.20 变异系数法的评价结果

城市	风险值	致灾因子的危险性	承灾体的脆弱性	防灾减灾能力的抵御性（负）
青岛	0.387569	0.209995	0.067158	0.110416
威海	0.517718	0.296331	0.098409	0.122977
日照	0.397505	0.090493	0.047829	0.259183
东营	0.312316	0.046119	0.115411	0.150786
潍坊	0.463377	0.184225	0.064568	0.214584
烟台	0.513543	0.237241	0.136362	0.139941
滨州	0.410975	0.158403	0.02489	0.227682

6.3.6 基于离差最大化的组合评价模型

由于单一评价方法具有一定的局限性，因此选择组合评价的方法来进行评价可以克服这个缺陷。现有的组合方法有两种，一种是对单一评价方法得到的权重进行组合作为最终的评价权重；另一种是对评价的结果进行组合，把组合后的评价结果作为最终的评价结果。但相比于两种方法，运用评价值进行组合避免了权重组合结果带来的偏差，具有一定的优势。而且评价值相对于评价权重而言拥有大量的信息，使得评价结果更加接近真实情况，提高评价结果的可靠性。基于离差最大化的组合评价方法是在使各个单一评价方法下的评价值之间的距离达到最大的思想来建立模型，首先求出各个单一评价方法的权重，然后再把各单一评价方法对每个评价对象的评价值按照权重进行组合，得到最终的组合评价值，具体步骤如下（李珠瑞等，2013）。

假设决策问题中有 m 个需要进行评价的对象，分别记为 $s_1, s_2, \cdots, s_m$；每个评价对象中都有 c 个评价指标属性，分别记为 $G_1, G_2, \cdots, G_c$。设 i 个对象对第 j 个评价指标的指标值记为 y_{ij}（$i=1, 2, \cdots, m$；$j=1, 2, \cdots, c$），其中 $Y=(y_{ij})_{m \times c}$ 为指标值组成的矩阵。

选择 n 个评价方法对评价对象进行评价，设评价方法组成的方法集为 f，其中 $f = \{f_1, f_2, \cdots, f_n\}$。用方法集中的每个评价方法对各对象进行评价，可以得到评价结果矩阵 F。其中对象 s_i 在单一评价方法 f_j 下评价值为 f_{ij}，$F=(f_{ij})_{m \times n}$（$i=1, 2, \cdots, m$；$j=1, 2, \cdots, n$）。

由于对各个不同的评价方法进行组合，因此需要求得各个单一评价方法的权重。假设各单一评价方法的权重为 $W=[w_1, w_2, \cdots, w_n]^T$，那么，可以得到对象 s_i 的组合评价值为

$$F_i = w_1 f_{i1} + w_2 f_{i2} + \cdots + w_n f_{in} \tag{6.17}$$

如何确定单一评价方法的权重值是此组合方法的关键，本书采用离差最大化的方法。设在评价方法 f_j 下，对象 s_i 与对象 s_t 的离差为 d_{ijt}，其中 $t=1, 2, \cdots, m$，即：

$$d_{ijt} = |f_{ij} - f_{tj}| \tag{6.18}$$

那么，不同的评价方法下，对象 s_i 与对象 s_t 的离差为

$$d_{it} = \sum_{j=1}^{n} w_j |f_{ij} - f_{tj}| \tag{6.19}$$

其中组合评价权重为未知数，为获得组合评价权重向量 $\boldsymbol{W} = [w_1, w_2, \cdots, w_n]^T$，应该使其在组合评价方法下，所有评价对象的总离差为最大，于是有模型：

$$\max D = \sum_{i=1}^{m} \sum_{t=1}^{m} \sum_{j=1}^{n} w_j |f_{ij} - f_{tj}|$$

$$\text{s.t.} \sum_{j=1}^{n} w_j^2 = 1$$

$$w_j > 0, j = 1, 2, \cdots, n$$

该模型的求解方法有多种，这里利用拉格朗日法进行处理，最终能够得到

$$w_j = \frac{\sum_{i=1}^{m} \sum_{t=1}^{m} |f_{ij} - f_{tj}|}{\sqrt{\sum_{j=1}^{n} \left(\sum_{i=1}^{m} \sum_{t=1}^{m} |f_{ij} - f_{tj}| \right)^2}} \tag{6.20}$$

遵循权重之和为 1 的原则，对式（6.20）所求的所有权重值进行归一化处理，得最终各个评价方法的权重为

$$w_j^* = \frac{\sum_{i=1}^{m} \sum_{t=1}^{m} |f_{ij} - f_{tj}|}{\sum_{j=1}^{n} \sum_{i=1}^{m} \sum_{t=1}^{m} |f_{ij} - f_{tj}|} \tag{6.21}$$

于是，可得属性 G_i 的组合权重值：

$$W_i^* = w_1^* w_{i1} + w_2^* w_{i2} + \cdots + w_n^* w_{in} (i = 1, 2, \cdots, m) \tag{6.22}$$

6.3.7 检验方法集的相容性

因为每种方法的评价结果都能够从某个角度反映评价对象的真实情况，因此各种评价方法的评价值之间应该存在一定的一致性。为此，在进行方法的组合评价之前，无论选择哪种组合方式，应首先进行方法集的相容性检验，通过检验则进行下一步计算，若未通过检验则应回到选择方法的步骤重新选择方法集。本书主要运用组内相关系数法（ICC）对各个评价方法对评价对象的评价结果值进行一致性检验。其公式如下：

$$\text{ICC} = \frac{\text{MS}_{\text{区组}} - \text{MS}_{\text{误差}}}{\text{MS}_{\text{区组}} + (c-1)\text{MS}_{\text{误差}} + \frac{c(\text{MS}_{\text{处理}} - \text{MS}_{\text{误差}})}{n}} \tag{6.23}$$

式中，$\text{MS}_{\text{区组}}$ 为评价单元间的方差；$\text{MS}_{\text{误差}}$ 为误差的方差；$\text{MS}_{\text{处理}}$ 为评价方法间的方差；c 为评价方法数量；n 为评价对象数量。

ICC 越大代表方法与方法之间的一致性越好，一般取值范围在 0~1 之间。为判断总体的 ICC 是否为 0 需要对其进行 F 检验。检验统计量为

$$F = \frac{\text{MS}_{\text{区组}}}{\text{MS}_{\text{误差}}}, \quad \vartheta_1 = n-1, \quad \vartheta_2 = (n-1)(c-1) \tag{6.24}$$

当 $F=F_\alpha$（α 一般取 0.05）或统计量 F 的 p 值小于 α 时，可以认为总体 ICC 不为 0，即方法集的评价结果通过相容性检验。若方法集通过相容性检验则进入下一步；若未通过相容性检验，则回到上一步重新选择方法集。

利用组内相关系数法进行方法集的相容性检验，利用 SPSS 20.0 软件计算相容性检验统计量 ICC 及 F 检验统计量，其计算结果如表 6.21 所示。

表 6.21 相容性检验统计量 ICC 及 F 检验统计量

	ICC 统计量	95% 置信区间		F 检验		
		下界	上界	F 统计量	D_{f1}	D_{f2}	P 值
单一方法	0.581	0.248	0.888	7.929	6	24	0.000
方法平均值	0.874	0.622	0.975	7.929	6	24	0.000

检验结果可知，ICC 检验统计量为 0.581，其 F 检验的 P 值为 0.000<0.05，所以所选的方法集 ｛坎蒂雷赋权法、投影寻踪模型、PC-LINMAP 耦合赋权法、熵值法、变异系数法｝通过相容性检验，可以进行组合评价分析。

6.3.8 组合权重及组合风险评价值的计算

坎蒂雷赋权法、投影寻踪模型、PC-LINMAP 耦合赋权法、熵值法、变异系数法的组合权重系数分别为：0.282421、0.197611、0.163096、0.170253、0.186619。最终利用组合权重值对各个方法的评价结果进行组合，得到最终评价结果，其评价结果如表 6.22 所示。

表 6.22 最终评价结果

城市	致灾因子的危险性	排序	承灾体的脆弱性	排序	防灾减灾能力的抵御性（负）	排序	综合风险值	排序
青岛	0.136083	4	0.089879	4	0.144809	7	0.370771	7
威海	0.191973	1	0.085963	5	0.149916	6	0.427851	5
日照	0.071215	6	0.080781	6	0.399753	1	0.551749	2
东营	0.047889	7	0.103332	2	0.223342	4	0.374563	6
潍坊	0.136781	3	0.097820	3	0.324816	3	0.559417	1
烟台	0.164243	2	0.130186	1	0.219826	5	0.514255	3
滨州	0.121259	5	0.051957	7	0.337035	2	0.510251	4

6.4 山东沿海区域海洋灾害综合风险的结果分析

利用 GIS 在空间上分析评价最终结果，综合风险值越大，说明此区域受到海洋灾害影响的风险越大。由图 6.8 可知潍坊的海洋灾害综合风险值最大，日照次之，以下依次是烟台、滨州、威海、东营和青岛，青岛受到海洋灾害影响的风险值最小。从综合风险值的结果可知，潍坊、日照、烟台和滨州四个城市的综合风险值大于 0.5，山东沿海七个城市有

50%以上的城市的海洋灾害综合风险值高于平均值。因此，从整体上来看，应当进一步加强山东沿海各城市抵御海洋灾害的能力。从各城市来看，重点加强潍坊和日照的防灾减灾措施，其次是烟台和滨州，而威海、东营和青岛应进一步通过防灾减灾措施保持或降低海洋灾害对其造成的影响。

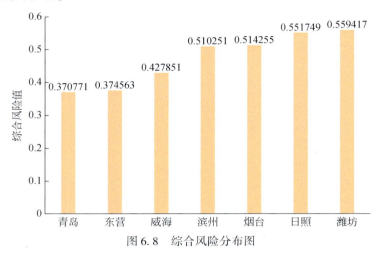

图6.8　综合风险分布图

为了进一步分析各城市的海洋灾害综合风险的原因，将综合风险值进一步剖析，从致灾因子的危险性、承灾体的脆弱性和防灾减灾能力的抵御性三个方面进行分析，如图6.9所示。其中防灾减灾能力的值为负向值，值越大说明防灾减灾能力的抵御性越弱。从总体上来看，除威海以外，防灾减灾能力的抵御性较弱是影响山东沿海其他城市的海洋灾害综合风险较高的主要原因。

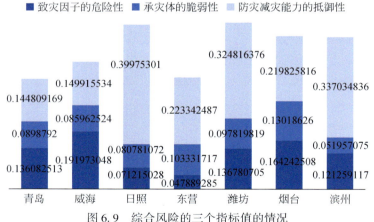

图6.9　综合风险的三个指标值的情况

对致灾因子危险性进行空间区划，其结果如图6.10所示，致灾因子危险性的值越大，说明该地区历史上发生的各类海洋灾害的严重性较强、次数较多或损失较大，同时在一定程度上也反映了该地区易于遭受海洋灾害的影响。致灾因子的危险性由强到弱的顺序为：威海、烟台、潍坊、青岛、滨州、日照和东营。通过对历史上山东省海洋灾害的损失和发生次数的分析，威海的风暴潮灾害、海冰灾害和海浪灾害的发生次数相比之下较多，且灾害的次均损失也较大；而赤潮及绿潮的发生次数和成灾面积较小，海水入侵及盐渍化的入侵距离也相对较小，因此影响威海致灾因子危险性的主要灾害是风暴潮灾害、海冰灾害和海浪灾害，在制定防灾减灾措施时应该主要考虑这几个致灾因子。

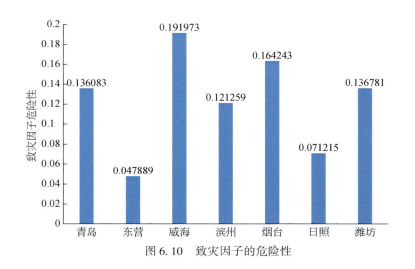

图 6.10　致灾因子的危险性

如图 6.11 所示，烟台的赤潮及绿潮灾害的危险性指数较高，其次是海浪灾害、风暴潮灾害、海冰灾害。影响潍坊较为严重的致灾因子是海水入侵及盐渍化，其次是海冰灾害、风暴潮灾害、海浪灾害、赤潮及绿潮灾害；青岛排在前三名的致灾因子是赤潮及绿潮灾害、海浪灾害和海冰灾害；滨州主要的致灾因子是海水入侵及盐渍化、海冰灾害和风暴潮灾害；日照主要受赤潮及绿潮灾害的影响，其次还在一定程度上受风暴潮灾害和海浪灾害的影响；主要影响东营的海洋灾害的致灾因子是海冰灾害和赤潮及绿潮灾害。

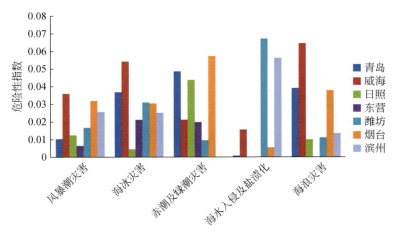

图 6.11　几种致灾因子的危险性指数

通过分析,可以得到影响各市的主要致灾因子,有针对性地根据各个致灾因子,制定相应的防御措施,重视主要致灾因子对沿海城市的影响。

从整体上来说,灾害承灾体的脆弱性对山东沿海各城市的海洋灾害综合风险值的影响相对较小。脆弱性指数越大,说明直接受到海洋灾害影响的人类社会的主体的暴露性或敏感性较大,应该进一步改善城市的社会情况,增加城市自身抵御灾害的能力。山东各个沿海城市的承灾体的脆弱性的情况如图 6.12 所示,颜色越深说明承灾体的脆弱性指数越大。因此可知,承灾体的脆弱性最大的区域为烟台,最小的为滨州,其他依次为东营、潍坊、青岛、威海和日照。

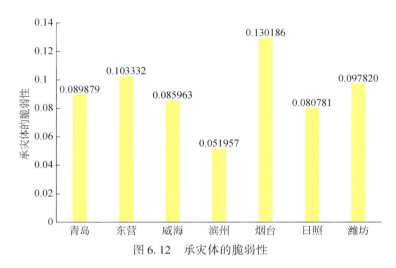

图 6.12 承灾体的脆弱性

通过对承灾体的脆弱性的指标体系的建立可知,承灾体的脆弱性主要从暴露性和敏感性两个方面来研究。各个城市海洋灾害的承灾体的暴露性和敏感性指数,如图 6.13 所示。从暴露性上来看,烟台最高;从敏感性来看,日照最高。

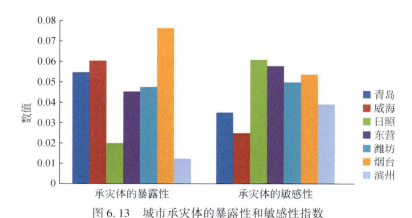

图 6.13 城市承灾体的暴露性和敏感性指数

烟台的承灾体的脆弱性指数最大,主要的原因是暴露于灾害范围内的人口、经济或海水养殖等承灾体的数量较高;而且烟台的承灾体的敏感性指数也较大,在一定程度上反映了承灾体的自身抗打击能力较弱。滨州的承灾体的脆弱性指数最小,但相对于承灾体的暴露性,承灾体的敏感性指数较大,表明滨州承灾体的自身抗打击能力较弱。东营、潍坊和日照的承灾体的敏感性指数高于承灾体的暴露性指数,因此在进行防灾减灾措施的实施时首先要改变承灾体自身的抗打击能力,其次是降低暴露于受海洋灾害的区域内人口及经济的数量。

由于防灾减灾能力的抵御性是降低海洋灾害风险的指标,为了保持指标与评价目标的一致,对防灾减灾能力的抵御性进行了同向性处理。也就是说其评价值越小,抵御性越强,如图 6.14 所示。

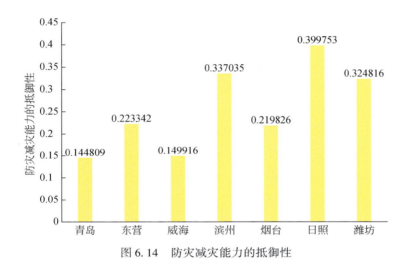

图 6.14 防灾减灾能力的抵御性

从图 6.14 可知,防灾减灾能力的抵御性由大到小的顺序为:青岛、威海、烟台、东营、潍坊、滨州和日照。各市海洋灾害综合风险值主要受防灾减灾能力的抵御性影响,因此主要对防灾减灾能力的抵御性进行分析。其中灾害防护能力、监测预警能力、灾中救援能力和恢复重建能力共同组成了防灾减灾能力的抵御性的指标体系,各城市的抵御能力的情况如图 6.15 所示。

由于值越小,其能力越大,所以从整体上来看,山东省沿海城市的灾害防护能力相比之下较强。青岛的灾害抵御能力最强的原因是其灾害防护能力、监测预警能力、灾中救援能力和恢复重建能力相对较高,且监测预警能力最强。而日照的灾害抵御性最弱,除了灾害防护能力较强以外,其他三个方面相对于其他市来说较弱。威海的灾害防护能力和恢复重建能力较强,监测预警能力和灾中救援能力有待进一步提高;烟台的灾中救援能力和恢复重建能力有待提高;东营的监测预警能力和恢复重建能力相对较弱;潍坊的灾中救援能力和恢复重建能力较弱,另外监测预警能力也有待提高;滨州的监测预警能力、灾中求援能力和恢复重建能力有待提高。

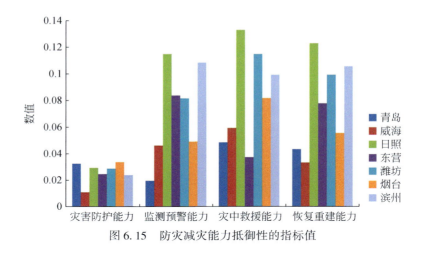

图 6.15　防灾减灾能力抵御性的指标值

6.5　山东沿海各市海洋灾害的防灾减灾策略

1. 潍坊市的海洋灾害防灾减灾策略

由于不同城市的海洋灾害综合风险产生的原因不同，因此需要制定不同的防灾减灾策略。其中潍坊市为海洋灾害综合风险值最大的地区，首先对其进行分析。对于潍坊市而言，从各城市指标数值排序上来看，致灾因子的危险性、承灾体的脆弱性和防灾减灾能力的抵御性的排名都为第三；从三者数值上来看，防灾减灾能力的抵御性值>致灾因子的危险性值>承灾体的脆弱性值。

所以，潍坊市应首先增加防灾减灾能力的抵御性，具体措施包括：①潍坊市的人均占有公园绿地面积较小，而建筑绿化覆盖率也仅高于烟台市，说明在灾中求援过程中对灾民的安置能力较差，应进一步增加城市公园绿地的建设，增加建筑绿化覆盖率；每万人拥有的公共交通车辆仅仅高于日照市，应进一步提高公共交通车辆拥有量，增加灾中救援的交通运输能力；潍坊市对交通运输业的固定资产投资规模相对于其他城市较小，应进一步加强；移动电话的普及率排名倒数第三，因此应增加移动电话普及率，加强灾区的通信能力。②增强恢复重建能力，其中：人均社会保障和就业财政支出相比于其他城市最小，应进一步增加政府的救援能力；人均电力、燃气及水的生产和供应业全社会固定资产投资仅高于青岛市，因此应进一步加强对水、电、气等生命线工程的投资，增加地区的资源供应能力；人均财政收入排名倒数第三，应提高人均财政收入，提高灾害恢复重建的速度；居民的自身恢复能力较低，应提高人均收入水平。③增强灾害的监测和预警能力，首先增强信息发布能力，提高电视及网络入户率等；其次是增加灾害预警从业人数。④排水管道密度和人均防护林造林面积排名倒数第四，应适量地增大其排水管道密度和防护林面积，增强其防护能力。

其次是降低致灾因子的危险性：首先辨识对潍坊市影响较大的海洋灾害，然后制定具体的防御措施。海水入侵及盐渍化的危险性与其他城市相比位居第一;海冰灾害的危险性也仅小于威海和青岛两个城市;潍坊市的风暴潮灾害和海浪灾害的危险性排名第四;赤潮及绿潮灾害的危险性相比于其他城市来说较小,不作为重点考虑对象。所以潍坊市预防海洋灾害的顺序为海水入侵及盐渍化、海冰灾害、风暴潮灾害、海浪灾害。

潍坊市承灾体的敏感性大于其暴露性,与其他沿海城市的承灾体的暴露性和敏感性相比,潍坊市的承灾体的敏感性和暴露性都排在第四位。为减少潍坊市的脆弱性,首先应该增加人类自身的抵抗灾害能力,即减少人类的敏感性,可以通过保护老人和儿童等灾害敏感性人群;其次,减少承灾体的暴露性,主要措施是使沿海居民往内部搬迁,降低人口密度,并做好防护措施降低海洋灾害对近海耕地及海水养殖的影响。

2. 日照市的海洋灾害防灾减灾策略

日照市的综合风险值仅次于潍坊市,从各城市指标数值排序上来看,致灾因子的危险性和承灾体的脆弱性排名都为第六,而防灾减灾能力的抵御性排名第一;而从三者数值上来看,防灾减灾能力的抵御性值>承灾体的脆弱性值>致灾因子的危险性值;所以日照市制定防灾减灾策略时重点工作是提高其防灾减灾能力的抵御性。

相比于其他城市,日照市的灾中救援能力、恢复重建能力和监测预警能力的数值排序都为第一,而灾害防护能力的数值位居第三。提高日照市的防灾减灾能力的抵御性的措施如下。首先是提升日照市的灾中救援能力:增加城市公园绿地面积,提高城市的灾民安置能力;发展卫生事业,增加卫生技术从业人员数量,提高城市的医疗救助能力;政府扩大交通运输业的投资,特别是公共交通方面,从而使交通运输能力进一步提高;提高电话普及率,增强区域通信能力。其次是加强恢复重建能力,主要包括政府救援能力、居民自身恢复能力、建筑业的建设能力及资源的供应能力。再次是提高监测预警能力:增加灾害预警从业人数;提高电话、电视机及网络的普及率,从而提高信息发布能力。最后是提高灾害防护能力:主要是要提高自然防护能力,如种植防护林等。

日照市的致灾因子的危险性相对较小,因此说明日照市发生海洋灾害的强度、次数及损失较小,但日照市发生赤潮灾害的危险性仅次于烟台市和青岛市,应在制定防灾措施时着重考虑此致灾因子。相比于其他城市,承灾体的敏感性位居第一,主要是人、海洋经济的敏感性较高,同时海洋保护区面积较大,增加了海域的敏感性。因此应对老人和儿童、海洋业及海洋保护区进行重点保护及监管。

3. 烟台市的海洋灾害防灾减灾策略

烟台市的海洋灾害综合风险排名第三,其中从各城市指标数值排序上来看,致灾因子的危险性、承灾体的脆弱性及防灾减灾能力的抵御性分别为第二、第一、第五;从三者数值上来看,防灾减灾能力的抵御性>致灾因子的危险性>承灾体的脆弱性。因此,在制定海洋灾害的防御措施时,应首先考虑降低承灾体的脆弱性。相比于其他城市,烟台市承灾体的暴露性值位居第一,敏感性值为第三。承灾体暴露性较大的原因如下:烟台市沿海耕地面积及海水养殖面积较大;烟台市的确权海域也较大,人口密度及经济密度也一定程度上增加了脆弱性。因此,应增加防护措施而降低其承灾体的暴露性。烟台市的失业率相比于其他城市最高，海洋经济占区域生产总值的比例及海洋保护区面积也较大，因此降低承灾体敏感性的措施为增加就业岗位，重点监管海洋保护区的环境等。

致灾因子的危险性较强的海洋灾害依次是赤潮及绿潮灾害、海浪灾害、风暴潮灾害、海冰灾害、海水入侵及盐渍化。因此烟台市受到的海洋灾害的影响比较严重，应重点针对这五种灾害上制定预防措施。

烟台市的防灾减灾能力的抵御性相比于其他城市来说较高，但灾害防御能力和灾中救援能力较弱，烟台市应增强灾害防护能力，主要从人工防护和自然防护两个方面考虑。增强灾中救援能力：主要是增加公园绿地面积的建设，提高灾民安置能力；其次是提高电话等通信设施的使用率，加强城市的通信能力。

4. 滨州市的海洋灾害防灾减灾策略

滨州市的海洋灾害综合风险排名第四，其中从各城市指标数值的排序上来看，致灾因子的危险性、承灾体的脆弱性、防灾减灾能力的抵御性分别排第五、第七、第二。从三者数值上看，防灾减灾能力的抵御性>致灾因子的危险性>承灾体的脆弱性。因此为降低其综合风险值应首先增强防灾减灾能力的抵御性，其次是降低致灾因子的危险性；而承灾体的脆弱性也应进一步考虑。

为了提高滨州市防灾减灾能力的抵御性，首先应增加灾害预警从业人数，提高人们对电话、电视机及互联网使用率，增强信息发布能力，从而提高监测预警能力。其次，增加居民的收入，增强居民自身恢复能力；增加人均财政收入及对燃气等生命线工程的投资规模；政府提高人均社会保障和就业财政支出，增强政府救助能力，从而提高恢复重建能力。再次，增加城市公共交通车辆数量，增强公共运输能力；提高移动电话普及率，增强通信能力；提高公园绿地面积，增强安置能力；提高医疗建设水平，增加卫生技术从业人数，增强医疗救助能力，从而提高灾中救援能力。最后，增加城市排水管道密度，提高灾害防护能力。

影响其致灾因子的危险性的主要灾害为海水入侵及盐渍化、风暴潮灾害、海冰灾害、海浪灾害，其中海水入侵及盐渍化对滨州市的影响最大，因此应从这几个致灾因子方面考虑具体的预防和防御措施。

滨州市承灾体的脆弱性主要受其敏感性的影响，其暴露性相比于其他城市较小。影响其敏感性的因素有人口的年龄结构、失业率及海洋保护区域面积，因此制定措施时应考虑：对老人及儿童的保护；增加工作岗位，降低失业率；加强对海洋保护区的保护工作。

5. 威海市的海洋灾害防灾减灾策略

威海市的综合风险值排名第五，其中从各城市指标数值排序上来看，致灾因子的危险性、承灾体的脆弱性、防灾减灾能力的抵御性分别排第一、第五、第六；从三者数值上来看，致灾因子的危险性>防灾减灾能力的抵御性值>承灾体的脆弱性值。因此，为了降低威海市海洋灾害综合风险值应该首先从致灾因子的危险性考虑，其次是承灾体的脆弱性。

威海市致灾因子危险性值的排序为海浪灾害、海冰灾害、风暴潮灾害、赤潮及绿潮灾害、海水入侵及盐渍化，其中海浪灾害的危险性值最大，且海浪灾害、海冰灾害和风暴潮灾害的危险性值也超过其他几个城市的计算值。因此在制定相应的预防措施时，首先应该考虑海浪灾害、海冰灾害和风暴潮灾害，其次再考虑赤潮及绿潮灾害和海水入侵及盐渍化灾害。

由于威海市的确权海域面积较大，海水养殖面积也较大，经济密度较大，因此增加了承灾体的暴露性，需要从这几个方面加强控制。

威海市的防灾减灾能力的抵御性相对较强，其中灾中救援能力可以进一步提高。首先，增加交通运输等的固定资产投资和公共交通的数量，提高交通运输能力；其次，增加卫生技术从业人员数量，提高医疗救助能力。通过这两个方面提高威海市的灾中救援能力，增强防灾减灾能力的抵御性。

6. 东营市的海洋灾害防灾减灾策略

东营市的海洋灾害综合风险值排名第六，其中在各城市指标数值排序上来看，致灾因子的危险性、承灾体的脆弱性和防灾减灾能力的抵御性分别排第七、第二、第四。为了降低综合风险值，应首先降低承灾体的脆弱性，其次增强防灾减灾能力的抵御性。

为了降低承灾体的脆弱性，首先降低承灾体的敏感性，主要是通过保护海洋保护区域面积；由于海洋经济在区域经济生产总值中的比例较大，因此需要密切监控海洋环境情况，降低灾害对海洋经济的影响。其次，降低承灾体的暴露性。东营市海水养殖的面积较大，增加了暴露性；沿海地区耕地面积也较大，经济密度较大，增加了暴露性；东营市的确权海域面积也较大，因此在进行防灾减灾计划的制定时应考虑这些因素。

通过增加灾害预警从业人数来提高灾害监测能力；增加居民对电话和电视机的拥有量而增强信息发布能力，从而提高监测预警能力；增加居民收入，提高居民自身恢复能力；增加社会保障和就业财政支出，提高政府救济能力，从而提高恢复重建能力。

东营市的致灾因子的危险性最小，主要受海冰灾害和赤潮及绿潮灾害的影响。

7. 青岛市的海洋灾害防灾减灾策略

青岛市的海洋灾害综合风险值最小，其中在各城市指标数值排序上来看，防灾减灾能力的抵御性排第七，而致灾因子的危险性和承灾体的脆弱性都排第四；从三者数值上来看，防灾减灾能力的抵御性>致灾因子的危险性>承灾体的脆弱性，因此为降低综合风险值，首先应降低致灾因子的危险性，其次是承灾体的脆弱性。

影响青岛市的主要致灾因子排序为赤潮及绿潮灾害、海浪灾害和海冰灾害，因此可以通过相关措施降低这三种致灾因子的危险性。

降低承灾体的暴露性是降低青岛市脆弱性的关键，其中青岛市的人口密度、经济密度及耕地面积相比于其他城市而言较大，因此其暴露于海洋灾害中的人口数量、经济总量及耕地面积也较多，因此在制定减灾策略时主要考虑这几个方面。

防灾减灾能力中灾害防护能力较弱，主要是人均防护林的造林面积较少，应该增加防护林的造林面积从而提高防灾减灾能力中的灾害防护能力。

6.6 山东沿海各市海洋灾害及防灾工程实地调查

山东省的信息采集按调查区进行,根据行政区划分为 7 个沿海城市调查区和 37 个沿海地带调查区(图 6.16、图 6.17 和表 6.23)。

图 6.16　山东沿海城市和沿海地带区划位置

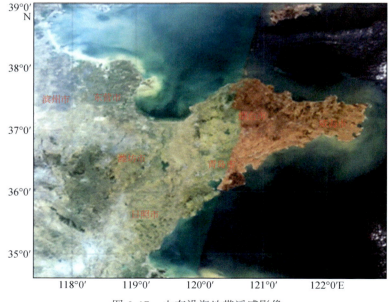

图 6.17　山东沿海地带遥感影像

表 6.23　山东省沿海城市和沿海地带区划表

沿海地区	沿海城市	沿海地带
山东省	青岛市	市南区
		市北区
		四方区
		黄岛区
		崂山区
		李沧区
		城阳区
		胶州市
		即墨区
		胶南市
	东营市	东营区
		河口区
		垦利县
		利津县
		广饶县
	烟台市	芝罘区
		福山区
		牟平区
		莱山区
		长岛县
		龙口市
		莱阳市
		莱州市
		蓬莱市
		招远市
		海阳市
	潍坊市	寒亭区
		寿光市
		昌邑市
	威海市	环翠区
		文登市
		荣成市
		乳山市
	日照市	东港区
		岚山区
	滨州市	无棣县
		沾化县

山东省主要开展除青岛市以外的其他 6 个沿海城市调查区堤防、海洋工程、地面沉降、海岸侵蚀、海水入侵与土壤盐渍化、生态状况和灾害情况的信息采集工作。采取协调

地方相关部门、查阅相关规划与技术文档、引用海洋专项成果等方法，结合现场调查，获取相关信息，填报信息采集表，并以 2016 年调查结果为准。

2016 年 9~11 月对山东沿海开展了实地调查工作，对沿海海平面变化影响的重点区域开展了实地调查，重点开展了海岸侵蚀、重点堤防和围填海的实地调查和测量。海岸侵蚀和重点岸段堤防实地调查选取位置相对固定、可以开展连续调查的岸段；围填海状况实地调查根据山东省海域使用动态监管系统，得到了 2011~2016 年已确权围填海的基本情况，以完成验收的项目为主，通过资料搜集与实地调查，掌握围填海状况和围填海区域高程变化规律。

1) 海岸侵蚀调查

2015 年山东省选取了沿海 5 处海岸侵蚀严重岸段埋设了监测桩，布设了断面开展实地测量。2016 年实地调查时对这 5 处岸段进行了高程复测对比侵蚀变化情况。对九龙湾沙滩修复岸段进行复测，对比了修复以来的变化情况，见表 6.24。

表 6.24 海岸侵蚀严重岸段重点调查区域

地市	调查区域
滨州	贝壳堤岛与湿地自然保护区
烟台	招远宅上村
	龙口北部沿海
	蓬莱海水浴场
威海	九龙湾南侧
	小石岛湾沙滩整治修复
	九龙湾沙滩整治修复

搜集资料包括侵蚀区的地质、地貌、沉积资料，水文、气象资料，历史地理资料，影响海岸变化的自然因素和人为因素，海岸开发利用现状及社会经济状况，基础地理信息以及遥感图像。

调查内容：
(1) 海岸侵蚀岸段；
(2) 布设监测桩；
(3) 断面高程测量；
(4) 岸线高程测量；
(5) 海岸侵蚀距离；
(6) 海岸侵蚀面积；
(7) 海岸侵蚀损失情况；
(8) 海岸侵蚀防护措施；
(9) 拍摄照片和视频记录海岸侵蚀现场状况。

2) 重点堤防实地调查

海堤调查以实地勘测和调查为主,结合历史资料和相关文字资料进行综合分析。本次调查选取已竣工、发挥作用大、长度长或区域内典型的海堤作为重点海堤进行调查,见表 6.25。

表 6.25 海岸侵蚀严重岸段重点调查区域

地市	调查区域
东营	桩 106 海堤
	桩古 46 海堤
烟台	莱山区黄海栈桥北海堤
	莱山区海韵广场外海堤
威海	威海文化广场外海堤

调查单位进行了 5 处沿海堤防的实地测量工作,并收集以下信息:
(1) 海堤基本情况;
(2) 保护区域基本情况;
(3) 堤外消浪措施;
(4) 堤顶高程;
(5) 海堤沉降变化;
(6) 警戒潮位值。

综合整理曾经发生的海堤损毁情况及主要破坏特点、分析历史信息和实地调查成果,获得重点调查海堤的现有状况,确定海堤的位置、长度、高程、防护范围和损毁情况等,形成海堤状况调查表。

根据调查成果,标出海堤的起止位置和长度。

3) 围填海调查

对 2015 年开展高程测量的 2 处围填海项目继续开展实地调查和测量,见表 6.26。

表 6.26 围填海实地调查区域

地市	调查区域
潍坊	欢乐海滨海生态旅游度假区项目
日照	岚山港 10 万吨级油码头项目

综合整理、分析各围填海项目信息和实地调查成果,计算围填海总面积、地面高程和堤防高程。

具体调查内容为:
(1) 围填海区总面积;

(2) 利用自然岸线长度;
(3) 围填海区平均高程;
(4) 围填海区堤防平均高程;
(5) 围填海区警戒潮位。

4) 海水入侵与土壤盐渍化状况

对山东沿海海水入侵与土壤盐渍化严重区域进行实地调查,采集现场数据和相关素材,包括地下水氯度和矿化度、海水入侵距离和面积、土壤中 Cl^- 及 SO_4^{2-} 浓度、pH 和全盐含量、土壤盐渍化范围和面积、海水入侵与土壤盐渍化损失状况等。调查区域包括滨州、潍坊、烟台和威海。

(1) 海岸侵蚀、重点海堤和围填海实地区域调查

2016 年 9~11 月调查人员奔赴各地展开调查,调查区具体如下。

日照市:东港区、岚山区。

滨州市:无棣县。

东营市:河口区。

潍坊市:寒亭区。

烟台市:招远市、龙口市、蓬莱市、芝罘区。

威海市:环翠区、经济技术开发区。

(2) 现场调查内容

根据海平面变化影响调查评估技术导则,对山东省沿岸海岸侵蚀进行详查,对典型侵蚀区、重点海堤和围填海项目开展了实地测量。现场调查路线见图 6.18~图 6.20。

图 6.18 调查路线图 (1)

图 6.19 调查路线图（2）

图 6.20 调查路线图（3）

6.6.1 重点海堤

1. 东营市重点海堤

东营市海岸线自潮河起经黄河口至小清河北岸止，全长 412.67km，约占山东省海岸线的 1/9。0m 等深线至岸线滩涂面积 10.19 万 hm^2。-10m 等深线以内浅海面积 4800km^2。沿岸海底较为平坦，泥质粉砂占 77.8%，沙质粉砂占 22.2%。海水透明度为 32~55cm。海水温度、盐度受大陆气候和黄河径流的影响较大。冬季沿岸有 2 个月冰期，海水流冰范围为 0~5 海里，盐度在 35‰ 左右；春季海水温度为 12~20℃，盐度为 22‰~31‰；夏季海水温度为 24~28℃，盐度为 21‰~30‰；黄河入海口附近常年存在低温低盐水舌。东营海域为半封闭型，大部岸段的潮汐属不规则半日潮，每日 2 次，每日出现的高低潮差一般为 0.2~2m，大潮多发生于 3~4 月和 7~11 月，潮位最高超过 5m。易发生风暴潮灾，近百年来发生潮位高于 3.5m 的风暴潮灾 7 次。近海在黄河及其他河流作用下，含盐度低，含氧量高，有机质多，饵料丰富，适宜多种鱼虾类索饵、繁殖、洄游。

东营市沿海高程分布：垦利县东侧沿岸高程在 2.4~7.2m 之间，其中黄河入海口一带沿岸较低；东营区东侧沿岸高程在 3.6~5.3m 之间，其中广利河沿岸较低；广饶县东侧沿岸高程在 3.0~5.2m 之间，其中广饶海堤中段、南段较高，广饶防潮堤观海道处较低；河口区北侧沿岸高程在 1.7~4.9m 之间，其中潮河桥、东六合村北较高，飞雁滩、新户码头、刁口渔港沿岸较低。

东营市位于平原地区，海拔较低，风暴潮影响范围广，1997 年在台风影响下曾一度发生 6900 人被潮水围困的重大灾情，胜利油田部分油井被潮水淹没，井架被摧毁。近年来，东营沿海已建成较高标准海堤（含河口海堤）200km，其中孤北、孤东油田海堤 118km，垦东海堤 40km，城东海堤 42km；达标段长度为 135km，约占已建成海堤总长度的 68%。这些达标海堤的建设为胜利油田的开发和东营市沿海产业的开发和建设提供了安全保障，对区域内海洋经济的发展起到了良好的促进作用。

目前已建成海堤虽达标率较高（68%），但海岸线较长，已建达标海堤仅占海岸线长度的 33%，未达标海堤段还需要继续建设，尤其是自潮河至乌河沟的河口区利津县沿线，只建有低标准土堤或根本没有修建海堤，这些海岸几乎无抵御风暴潮的能力。因此东营市沿海为山东省防潮体系中风险最大的区域之一，需要加强海岸线防灾减灾工程措施，提高风险防控能力，才能为沿海人民生命财产和经济社会的发展提供必要的安全保障。

2016 年东营市重点调查海堤包括桩 106 海堤和桩古 46 海堤，具体如表 6.27 所示。

表 6.27 2016 年东营市重点海堤调查统计表

河堤工程名称	建设地点	堤防长度/km	设计标准/年	工程保护效益			完成加固维护情况
				油田年产量/万吨	日常工作人员数/人	油井数/口	
桩 106 海堤	河口区东北部	4.0	50	60	600	85	2014 年开展了加固工程，增设了宽 3.0m 的抛石反压平台，增设宽 15.0m 的砼联锁排护底和顶高 5.1m 的挡浪墙，加固海堤防护结构（饿台和蘑菇石护坡等）
桩古 46 海堤	胜利油田滩海地区的东北角	7.5	50	30			2007 年完成了海堤的防护和加固工程。9 道丁坝组成的丁坝群促淤效果明显

2. 烟台市重点海堤

烟台市地处山东半岛东部，市区和西北部濒临渤海。东北和南部濒临黄海。烟台海岸线长 909km。其主要海岸线类型及分布如表 6.28 所示。

表 6.28　烟台市主要海岸线类型及分布统计表

海岸线类型	海岸线长度/km	分布位置
基岩海岸线	145.26	北部沿海的莱州三山岛、龙口屺姆岛、蓬莱高角向东至牟平东山北头；南部基岩海岸主要分布在海阳的大埠圈、老龙头等地
沙质海岸线	447.29	莱州虎头崖以东，以及半岛南部的海阳境内
粉沙淤泥海岸线	109.95	莱州虎头崖以西至胶莱河口

目前，烟台全市已建成海堤总长 180.4km，约占全市海岸线总长的 22.89%，初步形成了较为完整的防护体系。

2016 年测量海堤为莱山区黄海栈桥北海堤和海韵广场外海堤。主要保护范围为烟台市莱山区，堤型为直立堤，见图 6.21 和图 6.22。2016 年高程测量结果见图 6.23，高程变化图 6.24。从高程变化来看，海堤下降 0.1～0.3m。

图 6.21　烟台黄海栈桥北海堤

图 6.22　烟台海韵广场外海堤

图 6.23　2016 年烟台市海堤高程测量结果（单位：m）

图 6.24　烟台海堤高程变化图

3. 威海市重点海堤

威海市北、东、南三面为黄海环绕，海岸线总长 985.9km，约占山东省的 33%，全国的 6%。海岸类型属于港湾海岸，海岸线曲折，沿海有大小港湾 30 多处，岬角 20 多个，并有众多优质海滩分布。

威海市海岸线较长，沿海区域时常遭受风暴潮的袭击，给当地农业生产、水产养殖业、旅游业及城乡人民生活造成极大的威胁和危害。为抵御风暴潮自然灾害，威海市自 20 世纪 50 年代开始修建海堤，70～80 年代随着沿海海水养殖业迅速发展，为保护虾池、鱼池等养殖设施，海堤工程迅速增加。全市目前已建成海堤 149.4km（含入海口海堤），以石质海堤为主，运行情况良好，初步形成了较为完整的防台体系。但大部分海堤标准较低，达标段海堤长约 32.8km，仅占全市海堤总长的 22%，其主要问题是高程不够。

本次测量主要为保护市区的威海公园向南至龙王庙段。海堤标准为 50 年一遇，堤型为斜坡陡墙混合堤，见图 6.25。2016 年高程测量结果见图 6.26，高程变化见图 6.27。从高程变化来看，海堤下降 0.1~0.2m。

图 6.25　威海市重点调查海堤

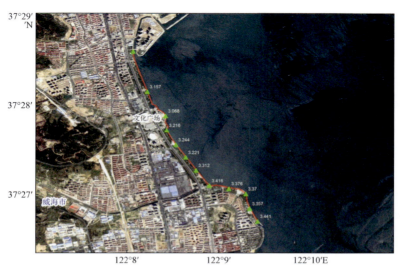

图 6.26　2016 年威海市海堤高程测量结果（单位：m）

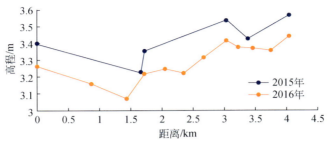

图 6.27 威海海堤高程变化图

6.6.2 海岸侵蚀

2016 年对山东沿海 5 处典型侵蚀区开展了现场调查,对 5 处典型侵蚀区和开展沙滩修复的 1 处侵蚀区进行了复测。测量岸段包括滨州贝壳堤岛与湿地国家级自然保护区、招远宅上村附近海域、龙口北部沿海、蓬莱海水浴场、威海九龙湾自然岸段。1 处沙滩侵蚀复测量岸段为威海九龙湾沙滩整治修复岸段。并对 2016 年和 2015 年的岸线变化和岸滩下蚀进行了计算。

2016 年开展现场调查的侵蚀区监测桩分布见图 6.28。

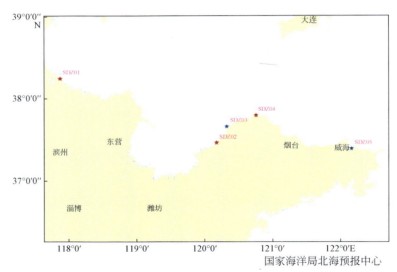

图 6.28 2016 年典型侵蚀区监测桩分布图

汇总调查结果如表 6.29 所示。

表 6.29　山东沿海各市市区海岸侵蚀情况调查统计表

调查区域		区域编号	侵蚀岸段长/km	侵蚀平均速率/(cm/a)	修复总投资/万元	修复长度/km	侵蚀岸线比例/%
滨州无棣		SDZ01	1.35	820			
东营利津					8730	8.2	
潍坊	寿光市		1.16				2.00
	滨海区		3.06				2.02
	昌邑市		27.34				20.33
烟台	招远	SDZ02	1.31	613			
	龙口	SDZ03	0.62	758			
	蓬莱	SDZ04	0.93	71			
威海九龙湾		SDZ05	2.07	284			
日照东港区			30	150			

6.6.3　围填海状况

为了缓解经济和人口急剧增长的压力,围填海造地成为解决人地矛盾、空间不足最为有效的方式之一,同时也是对海洋环境破坏最为严重的海洋开发利用方式之一。经过20世纪50年代的围填海晒盐、60~70年代的围垦海涂增加农业用地、80年代中后期至90年代初的围填海养殖,我国自然岸线受到很大破坏。进入21世纪后,全国又掀起了围填海热潮,纷纷向海洋要土地,进行开发建设。

据调查,山东省 2002 年以前填海面积 8511.41hm^2,2002~2008 年新增填海面积 3294.73hm^2,填海速度明显加快。

《山东省海洋功能区划（2011~2020年）》中提到,合理控制围填海规模,严格实施围填海年度计划制度,遏制围填海增长过快的趋势,围填海控制面积符合国民经济宏观调控总体要求和海洋生态环境承载能力,区划期内建设用围填海规模控制在 34500hm^2 以内。

通过查询山东省海域使用动态监管系统,得到 2011~2016 年已确权围填海的基本情况,并开展围填海现场调查。

山东省围填海现场调查主要包括两个已验收项目的测量和调查工作,分别是潍坊滨海生态旅游度假区（欢乐海）和日照岚山港 10 万吨级油码头工程。

1. 潍坊滨海生态旅游度假区（欢乐海）

潍坊滨海经济开发区内的旅游规划布局分为七大主题旅游区、两类旅游线路及三个旅游服务点。旅游规划布局见图 6.29。

潍坊滨海生态旅游度假区是"一城"——滨海水城中"欢乐海"和"四园"中海港物流园的一部分,同时也是七大主题旅游区（海滨旅游度假区和现代化港口观光体验区）中的一部分。其区域用海规划的范围为：南至规划的滨海大道（现盐田坝）,北至本次规划北边界和新建二期防护堤,东至沿虞河的新建二期防护堤,西至新弥河东护岸。规划总

图 6.29　潍坊滨海经济开发区旅游规划布局

面积 5607.5334hm², 其中填海面积 2890.5775hm², 水域及其他面积共 2716.9559hm², 其中防潮闸、桥梁等透水构筑物用海 29.1146hm², 水域面积 2687.8413hm²。规划区以北海路为界, 分为海港物流园和欢乐海两大区域。其中欢乐海沙滩项目位于旅游区的最北端, 2011 年建成并投入运行。欢乐海西侧防波堤堤型为有消浪平台的斜坡堤, 消浪采用栅栏板。

2016 年 9 月对欢乐海滨海沙滩及其陆域部分进行了实地测量, 对比了 2015～2016 年的测量结果, 高程下降 0.1～0.2m (图 6.30)。

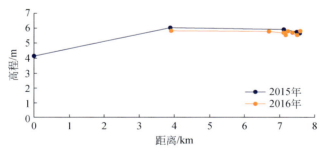

图 6.30　欢乐海旅游项目高程变化

2. 日照岚山港 10 万吨级油码头工程

10 万吨级油码头位于日照岚山港区, 工程建设主要内容有: 油码头后方罐区填海, 面积 106.71hm²; 罐区护岸工程, 总长 3134.1m, 其中北护岸长 894.2m、南护岸长 1101m、东护岸长 1138.9m, 引堤工程长 794.4m, 防波堤工程长 935.8m。该项目为国管项目。2014 年 7 月进行竣工验收测量 (图 6.31)。

图 6.31 日照岚山港建设围填海情况

6.6.4 海水入侵及盐渍化

1. 海水入侵

综合现场调查和监测数据,结合历史资料,通过数据分析和处理,对监测区的水位变化、氯度和矿化度的变化情况,海水入侵程度和范围等开展评价。

评价标准及依据为国家海洋局发布的《海水入侵监测技术规程》。海水入侵现状评价的等级和入侵风险指标的划分标准见表 6.30 和表 6.31。

表 6.30 海水入侵水化学观测指标与入侵程度等级划分

分级指标	Ⅰ	Ⅱ	Ⅲ
氯离子浓度/(mg/L)	<250	250~1000	>1000
矿化度 M/(g/L)	<1.0	1.0~3.0	>3.0
入侵程度	无入侵	入侵	严重入侵
水质分类范围	淡水	微咸水	咸水

表 6.31 海水入侵风险评价指标体系

分级指标	1	2	3	4	5	6	7
矿化度/(g/L)	<1	1~2	2~3	3~10	>10		
地下水位/m	<0	0~1	1~2	2~4	>4		
离岸距离/km	0~5	5~10	10~15	15~20	20~25	25~30	>30

续表

分级指标	1	2	3	4	5	6	7
沉积物类型	S1	S2	S3	S4	S5		
土地利用类型	H1	H2	H3	H4	H5		

海水入侵监测项目及分析方法参照国家海洋局发布的《海水入侵监测与评价技术规程》，项目包括水位观测、矿化度、氯度，分析方法见表6.32。

表6.32 海水入侵监测项目与分析方法

序号	项目	分析方法
01	水位观测	测绳测量
02	矿化度	重量法
03	氯度	硝酸银滴定法

依据监测结果及以上监测分析标准，海水入侵分析结果汇总见表6.33。

表6.33 研究区海水入侵情况调查统计

城市	区域	站位	位置	断面最高矿化度/(g/L)	断面最高氯离子浓度/(mg/L)	入侵程度
烟台	莱州	B6BT064	朱旺海兴饭店机井	7504.62	17.06	严重入侵
		B6BT065	朱旺村北铁塔下监测井	<250	<1.0	未入侵
		B6BT066	朱旺村东北农田71号井	250~1000	1.0~3.0	入侵
		B6BT067	朱家村	250~1000	1.0~3.0	入侵
		B6BT068	东海海鲜酒店井	<250	1.0~3.0	入侵
		B6BT069	杨务沟	8930.06	19.84	严重入侵
		B6BT070	基本农田保护区	250~1000	1.0~3.0	入侵
		B6BT071	善和压铸公司	<250	1.0~3.0	入侵
	招远	ZY01	辛庄镇高家庄村后海海边	14731.12	40.72	严重入侵
		ZY02	辛庄镇高家庄村	250~1000	1.0~3.0	入侵
		ZY03	高家庄村林地	250~1000	1.0~3.0	入侵
		ZY04	高家庄村村南	<250	1.0~3.0	入侵
	龙口	LK01	龙口渔港	16882.12	35.06	严重入侵
		LK02	薛家村	157.77	1.34	未入侵
		LK03	柳杭村	160.77	1.12	未入侵
	长岛	CD01	北长山乡花沟村东南	1211.87	2.97	严重入侵
		CD02	北村村西北	250~1000	1.0~3.0	入侵
		CD03	嵩前村西北	250~1000	1.0~3.0	入侵
		CD04	嵩前村西南	250~1000	1.0~3.0	入侵
		CD05	北城村村北	250~1000	1.0~3.0	入侵

续表

城市	区域	站位	位置	断面最高矿化度/(g/L)	断面最高氯离子浓度/(mg/L)	入侵程度
烟台	牟平	MP01	姜格庄南松村滨海路103号	208.52	1.09	入侵
		MP02	南松村滨海路102号路边	3158.58	7.06	严重入侵
		MP03	南松村滨海路102号南院内	10719.42	21.86	严重入侵
		MP04	姜格庄双林前村菜地	84.20	0.63	入侵
	海阳	HY01	龙山街道潮里村南	18818.22～19420.32	34.56～41.27	严重入侵
		HY02	龙山街道潮里村南			
		HY03	龙山街道潮里村西养殖区			
		HY04	崂峙埠村西南虾池养殖区			
		HY05	崂峙埠村东北	204.06	1.40	入侵
威海	张村	ZC4	威海职业学院门口	30.4～101.8	0.33～0.88	无入侵
		B6HR012	帽角街道	410.7	4.44	严重入侵
		B6HR013	威海海洋公园内	30.4～101.8	0.33～0.88	无入侵
		B6HR014	威海公园内	30.4～101.8	0.33～0.88	无入侵
	初村	CC5	初村威高工业园区	33.9～85.7		无入侵
		B6HR015	驾山路南	446.4	2.27	入侵
		B6HR016	初村镇政府南	33.9～85.7	0.28～0.91	无入侵
		B6HR017	昊山路海华路口	33.9～85.7	0.28～0.91	无入侵
		B6HR018	初村派出所	33.9～85.7	0.28～0.91	无入侵
滨州	无棣	W1HT019	东风港乡园区	>1000	>3.0	严重入侵
	沾化	Z1HT020	荆条沟街道北	>1000	>3.0	严重入侵

2. 土壤盐渍化

综合现场调查和监测数据，结合历史资料，通过数据分析和处理，对监测区的土壤全盐含量、氯离子（Cl^-）及硫酸根离子（SO_4^{2-}）的变化情况，土壤盐渍化程度和范围等开展评价。

评价标准及依据参照国家海洋局发布的《盐渍化监测技术规程》。评价标准包括土壤酸碱度分级标准、盐渍化类型划分标准和土壤盐渍化性质与程度划分标准。评价标准见表6.34、表6.35。

表6.34 盐渍化类型划分标准

盐渍化类型	Cl^-/SO_4^{2-}
硫酸盐型（SO_4^{2-}）	<0.5
氯化物–硫酸盐型（Cl^--SO_4^{2-}）	0.5～1
硫酸盐–氯化物型（SO_4^{2-}-Cl^-）	1.0～4.0
氯化物型（Cl^-）	>4.0

表 6.35　土壤盐渍化性质与程度划分标准

盐渍化类型	Cl^-型	$Cl^--SO_4^{2-}$型	$SO_4^{2-}-Cl^-$型	SO_4^{2-}型
非盐渍化土	<0.15	<0.2	<0.25	<0.3
轻盐渍化土	0.15~0.3	0.2~0.3	0.25~0.4	0.3~0.6
中盐渍化土	0.3~0.5	0.3~0.6	0.4~0.7	0.6~1.0
重盐渍化土	0.5~0.7	0.6~1.0	0.7~1.2	1.0~2.0
盐土	>0.7	>1.0	>1.2	>2.0

依据监测结果及以上监测分析标准，土壤盐渍化分析结果汇总见表 6.36。

表 6.36　研究区土壤盐渍化情况调查统计表

城市	区域	pH 监测值	Cl^-监测值/(g/kg)	SO_4^{2-}监测值/(g/kg)	含盐量监测值/%	土壤盐渍化程度
烟台	莱州朱旺断面	7.34~8.30	0.06~0.19	0.13~0.30	0.04~0.10	无盐渍化
	莱州海庙断面	7.83~7.96	0.09~0.17	0.13~0.20	0.05~0.09	无盐渍化
威海	张村	6.65~6.89	0.10~1.17	0.37~2.05	2.15~3.20	盐土
	初村	6.65~6.98	0.03~0.90	0.89~2.21	2.05~3.05	盐土
滨州	无棣		<0.15	<0.3		无盐渍化
	沾化		<0.15	<0.3		无盐渍化

3. 调查发现

（1）海岸侵蚀方面，与上一年相比，2016 年海岸侵蚀现象依然存在。5 处复测的侵蚀区中 4 处侵蚀速率在米级以上，3 处强侵蚀，2 处严重侵蚀。通过对整治修复沙滩的连续监测，发现沙滩形态变化速度趋缓，逐渐接近滩面的平衡状态。

海堤的高程变化在 0.1~0.3m。潍坊的围填海项目高程变化在 0.1~0.2m，日照的变化较大，数值待下次复测时核实。

（2）2016 年海水入侵和土壤盐渍化监测结果与 2015 年同期相比：滨州监测区为严重入侵区，海水入侵风险等级为高风险区，海水入侵程度较 2015 年有所加深，土壤盐渍化风险等级为一般风险，较 2015 年持平；烟台海水入侵为严重入侵，总体上与 2015 年持平，但矿化度增幅明显，水位也有一定程度下降，监测区域无盐渍化情况；威海海水入侵程度总体保持稳定，但局部区域存在入侵加重的风险，盐渍化程度为盐。

（3）在海洋灾害损失方面，尤其是海岸侵蚀损失统计方面无法收集到全面、完整的数据，如有些被破坏海堤进行了修复，但是无法获取具体的花费金额，因此调查中收集到的损失数据仅是损失的一部分而已。

6.6.5 结　　论

与 2015 年相比，海岸侵蚀、海水入侵和土壤盐渍化、堤防高程等方面在 2016 年都有一定变化。

同时调查发现，山东沿海一些护岸、堤防标准较低，甚至遭到破坏，防御能力较差，已不适应未来海平面相对上升的新形势，为此建议沿海各市除及时加高加固现有堤防设施外，沿海地区在新建港口、防洪工程和城市建筑时，必须为将来海平面相对上升"留足余量"。

6.7　风暴潮及城市洪涝灾害风险预警——以寿光市为例

6.7.1　区域概况

寿光市位于山东半岛中北部，渤海莱州湾南畔，2018 年总面积 2200 km^2，辖 14 处镇、街道，1 处生态经济园区，1006 个行政村，110.311 万人。全市海岸线全长 30km，海域总面积约为 30 万亩，海淡水养殖面积约为 25 万亩。

莱州湾是我国北方地区遭受风暴潮最严重的地方，尤其寿光羊角沟是风暴潮多发地之一。历史上常有海水倒灌现象，仅清代时期就发生 45 次，其中 10 次较大，3 次特大；1955~1974 年，发生了 5 次较严重的风暴潮。1961~1990 年，羊角沟由于风暴潮造成实测潮位超过警戒水位的次数多达 23 次。

6.7.2　风暴潮灾害统计

寿光市 1949 年以来造成较大损失的风暴潮灾害统计如表 6.37 所示。

表 6.37　寿光市风暴潮灾害统计

时间（年.月.日）	实测最高潮位/m	超警戒水位/m	灾害概况
1964.4.5	6.26	1.26	从河北省的歧口到山东省羊角沟一带沿海，被淹土地面积达数千平方千米
1969.4.23	6.74	1.74	2m 以上增水持续 20 多小时，一般岸段潮水内侵陆地达 10~20km，寿光沿海最严重处约 40km
1992.8.31	6.45	1.45	冲坏防潮坝 25km，淹没虾池 2700 余公顷，毁坏盐田 6000 余公顷，损失原盐 100 万吨，沉没渔船 10 艘，撞坏 190 艘
2003.10.11	6.24	0.74	部分岸段防潮堤被冲垮、渔船被损坏、养殖场受损，造成了严重的灾害
2009.4.15	—	—	羊口镇有 47 名渔民在滩涂割芦苇时被潮水围困，并造成巨额经济损失

注："—"表示无观测数据

6.7.3　避灾点及应急疏散路线规划

寿光市历史上极少出现地震、山洪等自然灾害，因此寿光市暂无民政部门设立的避灾点。本书综合考虑寿光市风暴潮灾害危险性、脆弱性和风险性评估结果以及易受风暴潮影响区域的人口、道路分布等要素，推荐风暴潮灾害避灾点及应急疏散路线规划方案。

避灾点的设置原则如下。

（1）安全性：避灾点应处于风暴潮漫滩淹没区域以外，且地势较高。

（2）可达性：避灾点应位于国道、省道附近或交通便利的区域，便于周边区域人员快速到达。

（3）有效性：避灾点应具备一定的房屋基础和人口容量，能够提供大量人员避难所需的空间，且配有水、电等基础设施。另外，避灾点附近应具备救灾物资储存条件。

（4）经济性：应根据不同情况的风暴潮灾害设置对应级别的避灾点，节省避灾时间和避灾成本，避免"过度"避灾。

应急疏散路线的设置原则如下。

（1）便利性：疏散路线应尽量沿国道、省道或主要干道设置。

（2）多样性：应设置多条疏散路线，并避免出现只有一个疏散出口的"袋形走道"。

根据危险性分析结果，寿光市风暴潮灾害主要分布在羊口镇沿海区域，在大部分情况下，风暴潮漫滩最多淹没到田柳镇丁家庄子村至羊口镇刘旺庄村连线处，只有在 940hPa（或以上）台风风暴潮和十一级（或以上）温带风暴潮情况下，侯镇和台头镇才会被淹没。寿光市在营里镇建有应急救灾物资储备库，在羊口镇也备有救灾物资。考虑到上述避灾点设置原则，在羊口镇的寿光市职业教育中心学校设置一般灾害避灾点，用来应对940hPa 以下的台风风暴潮和十一级以下的温带风暴潮等一般性的风暴潮灾害；在营里镇的营里一中和营里二中设置两个重大灾害避灾点，用来应对 940hPa（或以上）台风风暴潮和十一级（或以上）温带风暴潮灾害。

各情况下的避灾点位置及应急疏散路线如图 6.32～图 6.38 所示。在一般风暴潮灾害，即 940hpa 以下台风风暴潮和十一级以下温带风暴潮情况下，选择寿光市职业教育中心学校作避灾点，羊口镇沿海居民可通过羊田路、盐都路等主要道路疏散。在重大风暴潮灾害，即 940hpa（含）以上台风风暴潮和十一级（含）以上温带风暴潮情况下，选择营里一中和营里二中作为避灾点，羊口镇居民可通过羊田路、226 省道等主要道路疏散，侯镇居民可通过 320 省道等主要道路进行疏散。

在 970hpa 台风风暴潮、九级和十级温带风暴潮三种情况下，寿光市受灾面积非常小，仅局限于小清河北岸沿海区域，该区域距离最近的避灾点——寿光市职业教育中心学校超过 10km，按照老人、小孩等行动不便的受灾人员 1km/h 的疏散速度计算，疏散时间将超过 10h。而且该区域的土地利用分类为"沿海滩涂"，所以在这三种情况下，建议受灾人群自行寻找附近高地避灾，不必前往羊口镇和营里镇的避灾点。

图 6.32　台风风暴潮（960hPa）灾害避灾点（五星）及疏散路线（箭头）

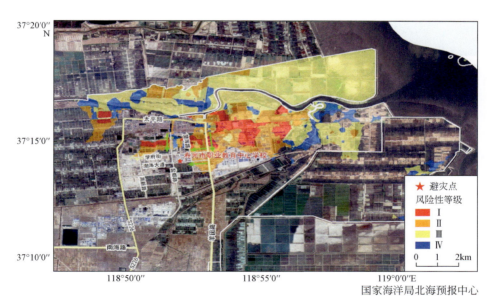

图 6.33　台风风暴潮（950hPa）灾害避灾点（五星）及疏散路线（箭头）

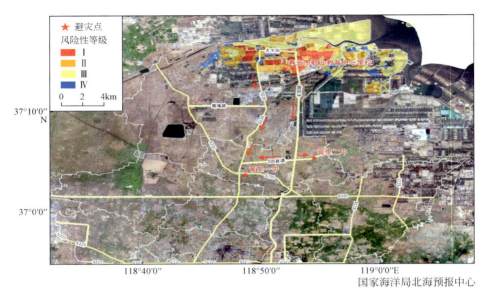

图 6.34 台风风暴潮（940hPa）灾害避灾点（五星）及疏散路线（箭头）

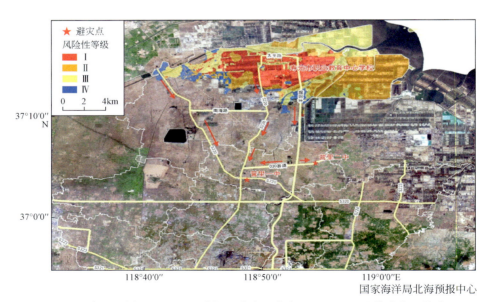

图 6.35 台风风暴潮（940hPa 溃堤）灾害避灾点（五星）及疏散路线（箭头）

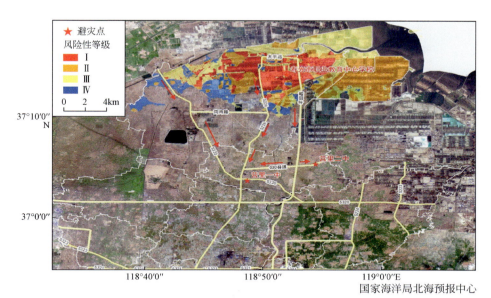

图 6.36 温带风暴潮（十一级）灾害避灾点（五星）及疏散路线（箭头）

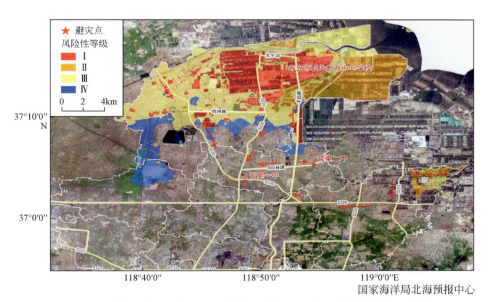

图 6.37 温带风暴潮（十二级）灾害避灾点（五星）及疏散路线（箭头）

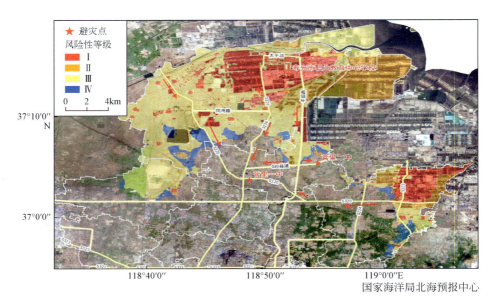

图 6.38　温带风暴潮（十二级溃堤）灾害避灾点（五星）及疏散路线（箭头）

三个避灾点的具体信息如下：

（1）寿光市职业教育中心学校（37°14′9.72″N，118°51′59.84″E，高程 7.543m）

寿光市职业教育中心学校位于寿光市滨海经济开发区（羊口镇），学校南邻羊口渤海路，西邻中心大街，总投资 6.2 亿元，占地面积 800 亩，建筑面积 27 万 m²，可容纳在校生 1.5 万人，如图 6.39 所示。学校距离寿光海岸约 12km，在 970hPa、960hPa、950hPa 台风风暴潮情况下，以及九级、十级和十一级温带风暴潮情况下，该学校均位于风暴潮危险性区域以外，并且该学校与沿海各重要承灾体距离较近，因此可作为一般风暴潮灾害避灾点。

图 6.39　寿光市职业教育中心学校卫星影像图

(2) 营里一中 (37°03′50.20″N, 118°48′41.10″E, 高程 8.082m)

营里一中距离寿光海岸线最近约 30km, 位于Ⅳ级风险区以外, 距离Ⅳ级风险区最近约 500m, 高程为 8.082m, 可作为Ⅳ级风险避灾点, 如图 6.40 所示。

图 6.40　营里一中卫星影像图

(3) 营里二中 (37°05′19.74881″N, 118°54′28.15016″E, 高程 5.966m)

营里二中距离寿光海岸线最近约 21km, 位于Ⅳ级风险区以外, 距离Ⅳ级风险区最近约 500m, 高程为 5.966m, 可作为Ⅳ级风险避灾点, 如图 6.41 所示。

图 6.41　营里二中卫星影像图

6.7.4　结论与对策

寿光市风暴潮灾害风险性主要由台风风暴潮和温带风暴潮引起, 其中温带风暴潮导致的风险性面积大于台风风暴潮。寿光市高风险性区域主要分布于羊口镇小清河河口附近以及营里镇弥河河口西岸。风险性最高的情况由可能最大温带风暴潮（十二级）溃堤情况引起，该情况下四个危险性级别的总面积为 $501km^2$。从乡镇街道角度来看，羊口镇风险性面积最大，其次为营里镇。台头镇与侯镇只有在温带风暴潮情况下存在风险性区域，其他乡镇与街道风险极低。

风暴潮灾害风险区划的研究旨在指导合理的土地利用布局，尽量降低风险，减少损失。对于风暴潮风险较大的区域，首先要进行防灾减灾及应急体系土地利用规划，包括防波堤、避灾场所、应急通道、应急物资储备场所等。其次，高危险性区不适宜布局抗灾能力弱的养殖业、农业和脆弱性较高的土地利用方式，若已有布局，则应加强灾害预警和信息发布渠道的建立；对于规划中的工业和其他永久性建设，可以通过局部抬高地基、加高加宽堤坝的方式布局；风暴潮风险较大的岸段往往海浪侵蚀严重，如果岸段抗蚀能力较弱，则应尽量减少港口和其他永久性建筑的布局。但是土地利用规划的首要原则是尽量尊重原有土地利用方式，以减少不必要的财产损失，维护社会稳定。因此，土地利用防灾规划也不能因灾害风险大小随意改变土地利用方式，只能在现有土地利用的基础上，加强防灾减灾措施，减少可能的损失。综上所述，本书针对风暴潮灾害提出多条规划方案，以供选择。

1. 高危险性高脆弱性方案

高危险性高脆弱性区域的特征是自然条件利于形成风暴潮，但由于较好的经济区位，人口和经济比较密集。对于这一地区首先要进行完善的土地利用防灾规划，规划完备的防波堤、避灾场所、应急通道、应急物资储备场所，增加应急水源、应急能源、应急物资储备的配套规划，完善风暴潮预警体系和信息发布网络，制定多级别的应急预案。对于小面积、高人口和经济密度的区域，可局部抬高地基，加强防洪，并加固地基，防止侵蚀。主要包括羊口镇中心及附近区域。

2. 高危险性低脆弱性方案

高危险性低脆弱性区域的特征是自然条件恶劣，利于形成风暴潮，很多区域尚未开发，以生态用地和旅游用地为主，伴随一定面积的养殖、农业和盐田，面积广阔，人员分散。对于这类区域，需要因地制宜布局防灾规划，旅游用地可以作为避难场所和物资储备场所，同时完善风暴潮预警体系和信息发布网络，这对于该区地广人稀的特征尤为重要。另外，考虑到区域发展，低脆弱性仅仅是短期状况，作为防灾规划应尽可能考虑区域远景规划和区域发展目标，在经济允许的条件下，尽可能规划完备的应急体系。主要包括羊口镇小清河河口两侧岸段。

3. 低危险性高脆弱性方案

低危险性高脆弱性区域主要是一些自然条件和经济条件均较好的区域，遭受风暴潮灾害的概率小，但是由于人口和经济密度高，加强防灾规划、提高防灾意识仍很重要。可规划兼具娱乐休闲功能的避灾场所和多功能应急通道，完善信息发布渠道，建立救援物资储备点，制订应急预案。主要包括侯镇东北区域、寿光市中部及南部各个人口聚集的村镇。

4. 低危险性低脆弱性方案

低危险性低脆弱性的区域主要是一些自然条件较好但经济区位欠佳的区域，这一区域灾害风险小，但往往地广人稀，信息传播困难，因此完善信息发布渠道，制订应急预案是防灾减灾的主要内容。主要包括寿光市中部及南部人口密度较低的区域。

6.8 本章小结

灾害风险评估主要包括评价致灾因子的危险性、承灾体的脆弱性及防灾减灾能力的抵御性。通过《中国海洋灾害公报》中各种灾害数据统计以及历年每种灾害累积经济损失和发生次数，可以确定山东沿海区域主要遭受风暴潮灾害、海冰灾害、海浪灾害、赤潮及绿潮灾害、海水入侵及盐渍化五种灾害的影响。

通过分析历史发生的灾害情况来分析这五种致灾因子的危险性；根据历史海洋灾害对山东沿海城市造成的破坏情况确立承灾体脆弱性指标，根据对灾害的总结及破坏情况，建立山东沿海城市的海洋灾害承灾体的脆弱性指标体系，并根据海洋灾害的特点及数据收集的便利性，建立山东沿海城市的防灾减灾指标体系；利用粗糙集 Rosetta 软件进行粗糙集属性约简分析，最终选中评价指标体系及最终评价指标的标准化值；利用坎蒂雷赋权法、投影寻踪方法、PC-LINMAP 耦合赋权法、熵值法、变异系数法等单一评价方法进行指标的选取和评价。但单一评价方法具有一定的局限性，因此选择组合评价的方法来进行评价可以克服这个缺陷。基于离差最大化组合评价方法是在使各个单一评价方法下的评价值之间的距离达到最大的思想来建立模型，首先求出各个单一评价方法的权重，其次再把各单一评价方法对每个评价对象的评价值按照权重进行组合，得到最终的组合评价值。

因为每种方法的评价结果都能够从某个角度反映评价对象的真实情况，因此各种评价方法的评价值之间应该存在一定的一致性。为此，在进行方法的组合评价之前，无论选择哪种组合方式，应首先进行方法集的相容性检验，通过检验则进行下一步计算，若未通过检验则应回到选择方法的步骤重新选择方法集。本书主要运用组内相关系数法对各个评价方法对评价对象的评价结果值进行一致性检验。最后得出坎蒂雷赋权法、投影寻踪模型、PC-LINMAP 耦合赋权法、熵值法、变异系数法的组合权重系数分别为 0.282421、0.197611、0.163096、0.170253、0.186619。最终利用组合权重值对各个方法的评价结果进行组合，得到最终评价结果。

根据综合风险值的结果可知，潍坊、日照、烟台和滨州四个城市的综合风险值大于 0.5，山东沿海七个城市有 50% 以上的城市的海洋灾害综合风险值高于平均值。因此，从整体上来看，应当进一步加强山东沿海各城市抵御海洋灾害的能力。从各城市来看，重点加强潍坊和日照的防灾减灾措施，其次是烟台和滨州，而威海、东营和青岛应进一步通过防灾减灾措施保持或降低海洋灾害对其造成的影响。

山东各沿海城市需要根据各市的实际受灾情况进行防灾减灾策略，以青岛为例：青岛的海洋灾害综合风险值最小，其中在各城市指标数值排序中，防灾减灾能力的抵御性排第七，而致灾因子的危险性和承灾体的脆弱性都排第四；从三者数值上来看，防灾减灾能力的抵御性>致灾因子的危险性>承灾体的脆弱性,因此为降低综合风险值,首先应降低致灾因子的危险性,其次是承灾体的脆弱性。影响青岛市的主要致灾因子排序为赤潮及绿潮灾害、海浪灾害和海冰灾害,因此可以通过相关措施降低这三种致灾因子的危险性。降低承灾体的暴露性是降低青岛脆弱性的关键,其中青岛的人口密度、经济密度及耕地面积相比于其他城市而言较大,因此其暴露于海洋灾害中的人口数量、经济总量及耕地面积也较多,因此在制定减灾策略时主要考虑这几个方面。防灾减灾能力中灾害防护能力较弱,主要是人均防护林的造林面积较少,应该增加防护林的造林面积从而提高防灾减灾能力中的灾害防护能力。

最后,本章对山东沿海各市海洋灾害及防灾工程进行实地调查,信息采集按调查区进行,对沿海海平面变化影响的重点区域开展了实地调查,重点开展了海岸侵蚀、重点堤防和围填海的实地调查和测量。海岸侵蚀和重点岸段堤防实地调查选取位置相对固定、可以开展连续调查的岸段;围填海状况实地调查,通过山东省海域使用动态监管系统,得到了围填海的基本情况,掌握围填海状况和围填海区域高程变化规律。调查发现,山东沿海一些护岸、堤防标准较低,防御能力较差,已不适应未来海平面相对上升的新形势,为此建议沿海各市除及时加高加固现有堤防设施外,沿海地区在新建港口、防洪工程和城市建筑时,必须为将来海平面相对上升"留足余量"。

7 海洋灾害工程措施

7.1 现在及未来风险防御工程措施

7.1.1 减灾目标

提出风险缓解策略的第一步是建立目标,旨在减少或消除研究地在自然灾害事件中的长期易损性。制定明确的目标,有助于完成减灾规划过程的总体目的和任务。本书欲达到的目标有经济性目标及技术性目标,其中,技术性目标为经济性目标服务。

1. 经济性目标

经济性目标,即考虑经济发展与经济恢复等方面的目标。根据文献及结合山东沿海实际情况,将欲达到的目标大致分为如下 5 个:

(1) 保护公共健康和安全;
(2) 保护财产;
(3) 促进经济的可持续发展;
(4) 保护环境;
(5) 增加公众对灾害的应急准备。

以下又具体对其进行细分,见表 7.1。

表 7.1 减灾目标

目标	子目标
保护公众健康和安全	改进预警和应急通信系统
	减轻灾害对弱势人群的影响
	推进国家和地方政府建筑规范的执行
	培训紧急救援人员
保护财产	落实保护关键设施和服务的减灾项目,促进生命线系统的可靠性、维护运营,加快灾后恢复
	建设新的设施和系统时考虑已知的灾害
	建立关键管网,如雨水网、下水道网、数据网、电网和通信网络

续表

目标	子目标
保护财产	在高风险区域实施公共政策，以减少灾害对建筑物、基础设施和社区的影响，并加强安全建设
	将新的灾害和风险信息整合到建筑规范和土地利用规划机制中
	向官员、开发商、地产商、承包商、业主和公众进行风险和建筑需求的教育
	对城市管辖范围内的所有公共和私人财产保护，提出针对性的减灾措施；此外，也要加强对住宅小区、商业建筑、教育机构、医疗机构、文化机构和基础设施体系等的保护
	促进灾后恢复
促进经济的可持续发展	加强合作关系以利用和共享资源
	继续关键商业操作
	与私营部门合作，把结构性和非结构性减灾措施作为标准商业实践的一部分
	针对小型企业和处于高危区域的企业，让其了解城市应急计划
	与私营部门合作，对雇主/雇员进行有关工作和生活中灾害应急准备的教育
保护环境	提出保护环境的减灾政策
	提出适应气候变化的战略，减轻自然灾害对环境的长期影响
增加公众对灾害的应急准备	加强公众对自然灾害及其风险的了解
	加强灾害信息收集和管理，包括数据库和地图
	提高公众对灾害及其防护措施的认识，以使个人对自然灾害做出适度回应

2. 技术性目标

技术性目标，即技术方面要达到的要求。通过技术的实现以达到最终可以为经济性目标服务的目的。使用计算机技术辅助进行安全应急仿真具有重大的研究和现实意义。通过进行这样的综合技术仿真要最终达到的技术目标如下。

（1）使应急预案更加完善。任何已经编制或已经通过的应急预案都不是天衣无缝的，需要通过进行实际演练来进行可行性检测。通过针对突发事件进行模拟与演练，可以对已经编制的应急预案给予及时的反馈，找出其中的经济、技术等方面不合理的地方并进行针对性的修改和完善，从而使应急预案在以后的实际应急救援中更加实用。

（2）对培训人员进行基本安全教育及员工的各岗位安全培训，使用计算机辅助仿真演练系统有如下优点，被培训人员在演练过程中可以拥有真正的参与感，身临其境；参与人员对应急预案知识的掌握更加形象。当风险事件真正来临的时候，能够从容地进行应对。

（3）使应急演练的质量得到提升。通过研究应急演练流程的控制、评价，将提升整体应急演练流程的质量。使参与者从培训中最大限度地学到相关演练知识、熟知应急流程的步骤、提高团队成员之间的协作能力。

（4）虚拟演练空间及其重复使用。计算机虚拟演练的方式有机地对实战演练及计算机程序的优势进行了结合，故可以最大限度地为培训者、使用者提供接近于真实的三维虚拟演练空间情景和相关影响及控制要素。这种虚拟的演练方式操作简单、形象直观、具体实用，而且由于其基于演练程序，故可以对其进行二次开发和重复使用，从而极大地节约了政府的财力。

7.1.2 现在及未来风险防御工程措施减灾策略识别及分析

本书所述减灾策略均通过本节流程获得，即课题组通过对沿海防灾设施重要性程度选取 5 所政府机构作为本课题的课题组顾问，通过研讨交流、问卷调查等形式，对研究区域已经执行和计划执行的措施进行识别及分析，以确定其优先级。

1. 减灾策略识别

课题组在课题组顾问的指导下识别已执行及计划执行的减灾措施，其标准如下：
(1) 该减灾策略可以有效减轻风险给人类生命财产造成的损失；
(2) 该减灾策略至少可以实现前述 22 个减灾目标中的一个。

1) 减灾策略分类

课题组对所有减灾策略大致分为六大类。
(1) 行政管制类：影响基础设施的开发及建设的政府行政或管制行为，如建筑规范校订、区域法规的变化等。
(2) 财产保护类（设施维护）：对现存的建筑及其他公共设施进行加固、拆除，以达到在灾害中免受其带来人员伤亡及财产损失的目的，如建筑物加固、路基加固及提升等。
(3) 公众宣传类：重视对公众的安全教育、提高公众的安全意识，对市民、政府官员、业主等进行潜在的灾害和减灾方法的教育，如有关本区域频率较大灾害的教育、对易受损人群的教育等。
(4) 自然资源保护类：除最小化灾害损失以外，能起到保护和恢复自然系统功能的措施，如开创露天场所项目、绿化带、蓝色带（人工湖等）、湿地等。
(5) 应急服务类：指在灾害事件期间或之后保护人民财产的措施，如提供前期预警、减少冗余通信。
(6) 结构方案类：通过建筑结构工程（设计、改进）减少灾害损失的措施，如重建水坝、防波堤，建造绿色屋顶等。

2) 课题组顾问介绍

课题组顾问根据该机构对沿海防灾设施重要性程度决定，最终选取 3 所政府机构和 2 个部门作为本课题的课题组顾问，分别为：住房和城乡建设局、交通运输局、自然资源局。各机构在防灾中的职责如表 7.2 所示。

表 7.2　课题顾问组成机构及职责

机构名称	职责
住房和城乡建设局	负责组织领导、指挥市、区建设系统和协调各区建委防汛工作；负责城市防汛期间的应急资金筹备和调度使用；负责建筑工地、拆迁工地汛期安全；牵头组织督促建筑垃圾的清理
交通运输局	负责救灾物资车辆的协调和调度
自然资源局	负责协调重大防洪工程建设、滞洪区、灾后重建等永久性和临时性占地的审批上报工作；组织对山体滑坡、崩塌、地面塌陷、泥石流等地质灾害的监测、防治等工作，及时准确地提供地质灾害的相关信息
住房和城乡建设局（规划）	负责城市防洪规划的编制，负责城市防洪工程建设及建设工程防洪排水设施的规划控制与审批；配合城市防汛指挥部及市城管执法部门认定影响城市防汛、排洪的违章建筑等
自然资源局（水利）	做好所辖河道年度维护管理及岁修工程；确保内河、水库、水利防洪工程的安全运行，及时提供水情和险情信息；组织内河水利抗洪抢险及水毁工程的抢修加固工作，确保城市安全供水的水源保障

2. 减灾措施分析

课题组使用了美国联邦应急管理署（FEMA）的 STAPLEE（social, technical, administrative, political, legal, economic and environmental）准则（表 7.3）对可能的减灾措施进行分析（Blasio, 2014）。分析是为了确定减灾措施是否可以实现减灾的 23 个目标中的一个或者多个，也确定每个未来减灾措施执行时遇到的机会和约束。

STAPLEE 准则是一种定性方法，由 FEMA 提出，可以确定特定减灾措施的优势与约束。

表 7.3　STAPLEE 准则

准则	分准则
S（社会）	社区接受度
	影响的人口
T（技术）	技术可行性
	长期的解决方案
	次要影响
A（管理）	人员配备
	资金分配
	维护/运行
P（政治）	政策支持
	公众支持

续表

准则	分准则
L（法律）	国家机关
	现有地方政府
	可能的法律问题
E（经济）	减灾措施的效益
	减灾措施的成本
	外部融资需求
E（环境）	对土地/水资源的影响
	与社区环保目标的一致性

7.1.3　减灾措施的优先等级确定

课题组确定了 10 个准则，前 7 个准则基于 STAPLEE 方法，后 3 个准则分别是措施满足的目标数量、项目成本和项目时间表。每个准则有 3 个值：-1、0 或者 1。对一个标准是有利的，就记为 1 分；中性的或者不适用的，就记为 0 分；有害的就记为-1 分。

1. STAPLEE 准则

分析每一项减灾措施，对 STAPLEE 准则中的每个准则中每一项分准则进行分析，根据有利、中性、有害 3 个分析结果分别给予+、N、-，然后把每一标准得到的结果综合起来，得到 STAPLEE 标准中每个准则的最终结果。例如，A 标准有 3 个分准则，其得到的分析结果为+、+、-，则最终结果为+。最后，根据每个标准得到的最终结果，+、N、-，分别对应 1、0、-1。

2. 执行准则

对于 3 个执行准则，每个准则的量化值也有 3 个：1、0、-1。

10 个准则得分求和得到减灾措施的优先等级，这样减灾措施都得到了一个累积值，范围在-10~10 之间。总分在 0 或者以下的被划分为"low"等级，因为不利的方面比有利的方面更多或者相等，总分 1~5 分为"medium"等级，6~10 分为"high"等级，因为其优势更多。10 个标准的评分表如表 7.4 所示。

表 7.4　评分表

值	S	T	A	P	L	Ec	En	实现前述目标数	项目成本/元	项目持续时间
-1	-	-	-	-	-	-	-	1 个	≥1 亿	≥10 年
0	N	N	N	N	N	N	N	2~3 个	>1000 万~<1 亿	>5~<10 年
1	+	+	+	+	+	+	+	≥4 个	≤1000 万	≤5 年

现在及未来风险防御工程措施减灾策略识别主要用于预测地震、洪水和风暴潮可能造成的各类损失以及可以采取的应急防范措施，以利于今后备灾、防灾、救灾过程中，强化对人员、设施等的管理，实现灾害事件发生时有效控制人员伤亡及经济损失的目标（潘晓红等，2009）。

7.2 重点区域防灾减灾工程措施的仿真模拟

目前，灾害风险分析中使用较多的是疏散模拟软件、有限元分析等，如周建中（2011）使用 ANSYS 软件对大风作用下的林木进行倒塌模拟，其模型参数从风洞试验中获取；刘书贤等（2014）基于有限元软件 ABAQUS 的采煤区结构物在地震荷载下的塌陷模型，研究了采煤区结构物沉陷与地震荷载之间的关系，并以此建立了二者之间的计算模型。还有学者在灾害风险研究中使用疏散模拟软件，如刘伟等（2009）基于疏散仿真软件 BuildingEXODUS 研究了某一超市的疏散问题；方银钢等（2010）使用软件 SmartFire 评估了长江隧道的人员逃生排烟系统，验证了其分别在正常情况和拥挤情况下的实用安全性；胡传平和杨昀（2007）分别用电梯、楼梯的疏散模型（EVACNET 和 SIMULEX 模型）对某高层住宅进行研究，分析了火灾情况下大楼疏散情况与电梯数量、人员数量及分布等因素之间的关系。这些软件专业性较强，所进行的模拟操作仅限于专业的技术人员，软件分析得到的数据结果等非专业人员难以理解。以虚拟现实软件为平台，调用专业分析软件的结果，在对灾害风险直观展现的同时又可以保证所模拟灾害发生过程、群众疏散路径的科学性，对灾害的预防、应对具有指导意义。实现灾害场景的精确预见是防灾技术虚拟现实（VR）仿真的理想目标。

VR 的发展历史可以追溯到 20 世纪 50 年代，当时，主要在军事和工程领域运用（Horne and Hamza，2006）。虚拟现实是一个仿真系统，用户借助不同类型的体感设备将自己感官"投射"到所体验的虚拟环境中［如 Stereo Headphone（立体声耳机）完成听觉的"投射"、Data Glove（数据手套）完成触觉的"投射"、HMD（头盔显示器）完成视觉的"投射"等］（Oliver and Ramesh，2006），是置身其中的"全感官沉浸"的系统。

VR 技术经过近 70 年的发展，其影响已遍及诸多行业领域，如工业、交通、城市规划、房地产、地理、家电、娱乐、产品设计、教育、文物保护、军事等。VR 技术在软硬件方面的不断发展、成熟为 VR 技术与不同领域内的专业技术的结合使用奠定了技术基础。

VR 系统可根据沉浸效果的不同进行如下分类。

（1）桌面式系统。桌面式系统具有经济、用户自由并且可供多用户同时参与的优点；缺点是浸入感方面较差。

（2）沉浸式系统。这类系统可以借助各类体感设备（如立体声耳机、数据手套、头盔显示器等）以及相应的软件（Oliver and Ramesh，2006），将用户的视觉、听觉、动作、语音等与虚拟环境进行互动，"身临其境"地成为 VR 系统真正的参与者。

（3）分布式系统。此类系统基于网络，可以让不同地理位置的用户同时参与到同一"真实环境"中互动，"在一起"共同完成任务，如产品的协作设计或演练任务等。

(4) 叠加式系统。

7.2.1 土木工程灾害的仿真模拟

1. 灾害仿真模拟的主要技术

本课题主要使用模型分割以及纹理映射等技术对灾害现场环境进行三维虚拟建模。虚拟场景的绘制主要通过基于模型以及基于图像的绘制两种方法。灾害模拟过程中虚拟场景的构建使用了多边形（polygon）建模技术、细分曲面技术等几何建模方法。

1）多边形建模技术

当前，在模拟建筑物在不同外力作用的不同阶段的情景中使用最广泛的技术即是多边形建模技术。其建模思想简单，即用若干小平面代替曲面，从而制作出复杂结构及形状的物体，实际运用中的小平面一般为三角形、矩形等简单形状。本课题主要使用多边形建模技术对规则形状的构筑物等进行构造，如倒塌破坏建筑物的不同程度和不同阶段等。

2）细分曲面技术

细分曲面技术在构造拓扑结构中很便捷，它可以保持表面光滑，不会使整个对象复杂，因为其只增加物体的部分细节，同时还能保证所描绘整个物体的光滑性。本课题中所建立的人、构筑物等复杂物体模型均利用细分曲面技术进行构建。

2. 灾害仿真模拟的动力学技术

1）流体动力学

流体在受到外力时，其形状不断发生改变。动态流体的仿真效果要达到逼真需要按照流体本身的自然规律来模拟，这就需要运用流体动力学。流体动力学作为物理学中的分支学科，其主要研究内容为通过数学方程来对物体流动的物理过程进行描述。柳有权等（2005）使用三维建模软件 Maya 通过划分时间段分段对流体运动解流体动力学方程 Navier-Stokes，从而实现对流体的动态模拟。

2）刚体动力学

刚体是指物质在受到外力的作用时形状和尺寸不发生改变的几何体。刚体动力学仿真，其实质为模拟建立一个虚拟物理环境，并在该虚拟环境中模拟现实世界中的物体在加载外力荷载（如说重力荷载、风荷载等）后或是在与其他物体发生碰撞时形状、相对位置如何变化及其发生何种程度的破坏情景等。在获取初始值的基础上，三维建模软件 Maya 的动力学引擎能够对刚体的位移进行分析计算得出结果，模拟更加逼真。在刚体模拟中可将其分为两种，即被动型和主动型。为方便研究，认为被动刚体只是主动刚体的碰撞物体，而且其在所模拟的碰撞中不会发生运动。主动刚体则是会因为碰撞的方向、力量等因素而改变运动的刚体。

3) 粒子动力学

粒子系统是一种对形状不确定的物体进行仿真及视景生成的方法，这种方法选用了一套与已有研究在根本上不同的图形绘制途径来对场景进行构建。此方法的建模思想是认为所描绘景物是由几万甚至几十万粒子组成，这些粒子在空间中具有不规则性、随机性，并且赋予组成景物的每个粒子以各自的生命周期，位置和形态也时刻不断地进行变化。粒子系统直观展示了形状不规则、模糊的物体的永恒运动和随机性，对火、云、烟雾等具有不规则形状的景物能很好地模拟，因此，这种方法被普遍认为是最成功的模拟不规则模糊对象的方法。

粒子系统的一个重要特点是动态变化，其中组成景物的每一个粒子都有一个产生、发展直至最后消亡的整个过程。随着时间的进行，粒子的坐标和形态也随之改变，每个粒子的属性均由事先定义的随机过程进行确定，如方位以及它的物理学性质等。可以用三维场景中的一个点对一个粒子进行理解（如同大气中的尘埃），若干这种粒子随机进行组合即得到所要描绘的物体。最后，借助粒子发射器将这些粒子都投射在3D场景中。三维建模软件 Maya 所具有的粒子碰撞功能（区别于虚拟现实碰撞检测）可以对很多物理现象进行仿真，如用粒子碰撞功能可以对水滴相撞的效果进行模拟。当碰撞发生时，粒子可能会产生如下现象：发生分裂、子粒子的形成或者粒子消亡，以上效果均可借助粒子系统进行模拟。

7.2.2 土木工程在灾害性荷载下的损伤机理研究

海浪冲刷沿岸建筑地基而导致建筑物倒塌的主要原因为：海浪的侧方向侵蚀、泥砂卷带以及海水的长时间浸泡作用，此外在部分地区，由于海水的存在，海水的渗流作用也会使地基的承载能力下降。当堤坝受到的剪切应力超过护堤材料、结构能够承受的极限剪应力时，堤坝就会出现被冲刷、护堤材料被海水卷走的情况，如果冲刷严重，堤坝就可能会崩塌。若大体积堤坝瞬间崩塌，则会影响附近建筑物的地基，最终引起建筑出现倾斜甚至倒塌。对以上情况进行归纳，海浪对沿岸建筑的破坏主要是海水的动力作用将地基土掏空和水的侵入、浸泡使地基土的化学物理性质发生改变，降低了黏聚力、摩擦角等作用力，从而大幅降低地基承载能力。

当流体围绕一个物体而流过时，流体将会施加给这个物体一个平行于流动方向的力，这个力叫作绕流阻力（尹志刚等，2010）。当海水遇到堤坝等结构物时，结构物的迎水面边角部流速较其他部位大，如图 7.1 所示，建筑物角部 A、B 处流速较大，并且会产生旋涡（赵振兴和何建京，2005）。而涡流的冲蚀掏空能力及泥砂卷带能力很大，结构物的地基承载力将在短时间内被大幅度削弱。尤其当某些建筑的基础较浅时，地基就会被冲刷出深坑，从而对建筑的安全造成严重威胁，更甚者在两建筑物相离较近时，如遭遇海水冲击，此类破坏形式极易出现。

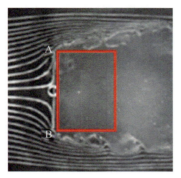

图 7.1　障碍物阻碍下流体的流线

以上两种情况均可能导致海浪冲刷地基致使房屋部分倾斜。由于海浪的流速一般较大，同时也具有较高的动能，当海浪遇到构筑物阻碍时，流速迅速降低，构筑物将吸收一部分动能，另一部分则将会继续对地基冲刷；而在构筑物角部，流速反而增大并同时产生漩涡，海浪对角部的冲刷比构筑物中间及其他部位更甚。

7.2.3　海浪作用下土木工程破坏的三维仿真

1. 海浪的渲染及场景优化

渲染也被称为着色，它是指在计算机软件模型建立后，为符合实际的光照效果、阴影效果等为物体表面赋予各种属性，如颜色、明暗效果、亮度、纹理效果等，使模型更加真实。

纹理映射技术的基本思想为选取现实世界中的海面图片添加到纹理库，作为贴图的纹理源贴到所绘海面的网格上。这种方法不仅可以使模拟更真实，并且可以使运行速度大大提升，从而实现对海况的实时仿真。

2. 波浪作用在建筑物上力的三维数值模拟

目前，对波浪加载在构筑物、建筑物上的波浪力的研究通常简化为二维问题进行计算，二维简化虽然具有计算简单的优点，但仿真精度不高，尤其当建筑物形状结构复杂化时，二维计算所显露的精度问题更加突出。而如果利用三维模型对波浪荷载进行模拟计算则接近于实际，因为现实中波浪冲击建筑物是一个包含众多三维问题的相互作用过程，如波浪的折射、绕射、水花溅射等现象。本章分别将小尺度圆柱、大尺度圆柱、透空式水平面板作为研究对象，研究其在波浪作用下所受力的三维模拟计算，将数值模拟计算结果同实验资料结果进行对比，为海洋平台所受波浪作用力的正确计算奠定基础。波浪对建筑物冲击力的计算方法如下。

柱状结构物根据其结构的特征长度（D）与波长（L）之比分为小尺度柱状结构和大尺度柱状结构。小尺度柱状结构物是指 $D/L \leq 0.2$ 的柱状物，通常将其对入射波浪场的影响进行简化，认为波浪对柱状物只有两种作用力，即黏性力和惯性力。针对小尺度结构物，工程设计中工程人员经常采用 Morison 方程作为计算公式，该方程已历半个多世纪的工程应用和检验，期间得到不断完善和丰富，已被工程界广泛接受和采用。

大尺度柱状结构物则是指 $D/L>0.2$ 的柱状物，入射波浪场会受此种柱状结构物的影响，在波浪场中将大尺度柱状结构物视为扰动源，依据绕射理论进行计算，黏性作用力则忽略不计。目前绕射理论的计算通常采用由 MacCamy 和 Fuchs 所提出的理论进行计算（Turgut and Michael，1981）。很多文献中都对 Morison 方程和大尺度结构物的绕射理论的计算方法进行了说明，此处不再赘述。

透水结构的水平板，由于受许多因素的影响，其压力变化非常复杂，即便设置相同的波浪属性，在不同周期或同一周期不同时刻面板上支承压力分布也不同，因此，理论计算结果很难令人满意，故以往的研究人员大多是使用总结试验结果得出的经验公式。

大部分研究成果中一般将计算波压强的公式分为两类（周益人等，2003）。

一类认为平板所受托力压强依波面形状分布，平板上压强 P 的计算公式为

$$P=\beta\gamma(\eta-\Delta h) \tag{7.1}$$

式中，P 为平板所受托力压强；β 为压力反应系数（其取值按如下规定：上部结构的宽度若小于 10m，则取为 1.5；上部结构的宽度若较大，则可取为 2.0）；Δh 为平板底部与水平面的高度差；η 为波峰面在水平面上的高度。

另一类则认为平面板在受到冲击压强或者托力时，力在平板面特定宽度内均匀分布，对于这一分布宽度不同的研究者取值也不尽相同。

7.2.4 VR 技术在土木工程防灾各阶段的功能

应急预案对防灾减灾具有重要意义，是防灾组织为了消除潜在的危险或减少意外灾害的破坏而编制、采取的一系列对策（刘燕和刘懿，2010）。防灾减灾应急流程的基本运作原理如图 7.2 所示。

本书防灾减灾流程分为五个阶段，分别为防灾减灾应急准备、防灾减灾应急任务启动、灾害应急处置、灾害后处置、防灾减灾应急任务终止。

首先是防灾减灾应急准备。其是灾害预防的第一个阶段，此阶段的工作能够客观反映灾害预防应急管理能力。其主要功能是以本地区发生频率较高的灾害事件为研究对象，在灾害事件发生前做出完善的应急救助准备工作。其关键工作是建立防灾机构，然后对防灾机构开展各种工作，其工作大致分为三类：调查评估；建立相关职能单位并开展工作；与市民的联系。其中 VR 软件可以对防灾设施设计、物资存放、科普宣传教育、应急演练等阶段进行辅助虚拟模拟。准备阶段的准备工作做得怎么样，将直接影响灾害应急处置阶段的检查、救援。准备阶段应做到实地调研、要求明确、细心求证，提出的议案才能符合合理、科学的要求，从而为灾害事件发生时的救援工作打好基础。同样，灾害风险评估、灾害风险区划、编写系统文件等工作的科学、准确执行也可大大减少救援及灾后恢复的工作量，为灾后迅速恢复生产提供支持。

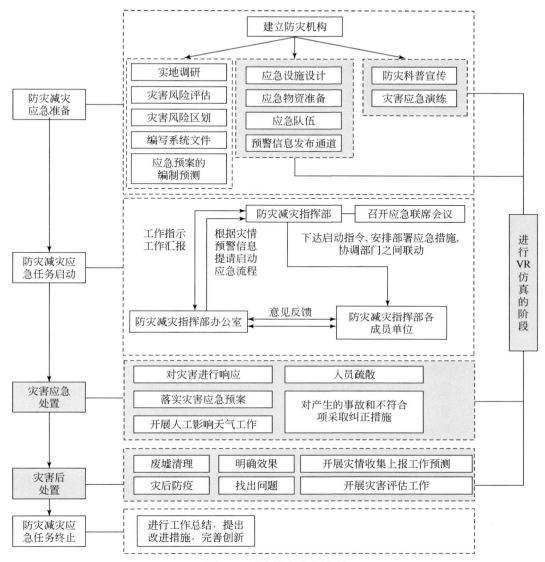

图 7.2　城市防灾应急流程

其次是防灾减灾应急任务启动。此阶段是防灾救援各单位在灾害事件出现时做出的反应，其顺利开展保证了预警消息的及时发布与动员工作的进行。具体实施流程见图 7.2。

再次是灾害应急处置。此阶段是决定救灾效果最重要的过程。及时落实应急预案、对灾民进行疏散救援，直接决定着是否可以将此次灾害的损失降到最低。为保证应急预案的有效落实，主管部门应通过制定演练管理条例等法律措施使应急预案的实施规范化、制度化，尤其注重在基层社区单元有效实施（高萍等，2014）。由于地理位置、气候原因的诸多因素的协同影响，自然灾害通常具有唯一性，无法对其进行重复试验，基于此，通过计算机虚拟技术在虚拟空间中进行灾害模拟、疏散演练具有积极意义。

最后是灾害后处置与防灾减灾应急任务终止。对于已经完成的设计，应经过演示来对其预设功能进行检验，检验过程中会发现经济上或技术上不可行或者达不到预设功能的设计，为设计的及时修改提供可能。此阶段 VR 技术也可以发挥强大的作用。当通过 VR 软件完善后，可进入下一轮演示检验。

1. VR 技术在防灾减灾设计中的辅助应用

VR 技术在防灾减灾设计中的应用，使我们更加直观、真实、科学地对客观世界的特征与行为进行观察了解。此外，VR 模型更容易使一大群有不同知识和经验的利益相关者解释和讨论不同的设计方案，这促进了从不同的角度收集全面的意见，可以用来获得更好和更多的生产适应设计（Stefan and Thomas，2008）。

VR 技术在建筑工程施工中的应用可带来更大的便利和经济效益。建筑施工是一个不确定因素多、实施复杂、不断改变的系统，单就混凝土浇筑这一工作就分为模板支护、架筋、混凝土浇筑、振捣夯实、拆除模板、养护等诸多工序，而每一道工序又受到诸多要素的影响，流程关系紧密且复杂，混凝土浇筑的质量和进程直接受这些工序影响。模拟施工过程旨在通过计算机手段，在多次重复虚拟实验中发现施工中出现的隐患或潜在的问题，这就要求对实际施工的模拟必须逼真。为达到以上需求，在环境建立、模型建立过程中需要使用仿真度高、模拟精度高的仿真工具。

关于在设计与施工中 VR 技术运用的一个典型案例是上海航道勘察设计研究院于 2006 年完成的云南洱海湖滨带生态恢复（才村）示范工程的设计方案，如图 7.3 所示。洱海湖位于云南省，水位低、生活污水流入等原因导致水质污染日益严重。洱海湖生态恢复工程作为样板工程，对洱海湖进行了生态恢复工程，使其达到了保护生态环境的目的。运用 3DVR 更加形象地说明工程的概要和治理后的效果。通过三维模拟图，决策者更能科学地做出决策，同时也可用于竣工后的对外宣传。

图 7.3　洱海湖滨带治理前后对比图（右侧三维模拟图由 UC-win/Road 软件制作）

图 7.4 是城市防灾减灾建筑物的设计流程，在整个流程中，可以利用 VR 技术对防灾功能检验及建筑外观预览；对建筑进行承载力分析；模拟外力冲击虚拟实验等。通过直观的三维模拟图，为决策者提供真实的展示和科学的依据，为做出正确决策奠定基础。

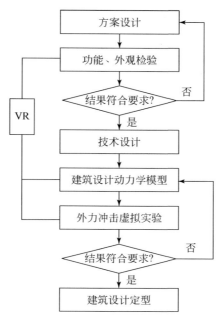

图 7.4　城市防灾减灾建筑物的设计流程

2. VR 技术在土木工程防灾宣传教育中的运用

　　大量事实及研究证明造成灾害中大量人员伤亡的重要原因之一即民众防灾意识薄弱、自救互救知识缺乏（高萍和于汐，2013）。已经有许多学者对 VR 技术在教育中的应用进行了研究。人类是视觉动物，相比于静止的平面二维图像，我们更倾向"眼见为实"、更容易对空间三维图像作出反映，也能更容易了解所述事物之间的关系以及发展趋势。VR 技术的一个优点是其提供的交互式体验，可以为学习者提供更为积极的学习过程，比视频及讲座等被动接受信息的途径更具教育效果。图 7.5 是利用 VR 技术模拟地震中人的避险体验（胡春花和陈晓梅，2014）。操作者可以交互式地选择各个避险位置，以探索各位置是否适合避险，增加操作者的浸入感。目前，性能化消防工程快速发展，政府部门也在消防工程和建筑消防安全设计中大量使用计算机进行疏散模拟（Yuan et al.，2009）。

　　同时，VR 技术在高校教育中也呈现出越来越重要的趋势。随着教育改革的不断推行，高等教育也在寻求新的创新点，教育信息化逐渐为各级教育部门及众高校所重视，更注重提升学生的实际操作能力。教育部于 2013 年评审出 100 所国家级仿真模拟教学中心，自此开始了虚拟模拟在实验教学中的应用进程（胡今鸿等，2015）。中国矿业大学仿真模拟教学中心建设了教学实验模拟系统，智能化协调运用实验教学资源，学生开展实验活动可以根据待掌握知识、待求证结论等个性化问题有针对性地根据自己的需求，自由对实验进行时间、操作内容、实验设备、实验平台等进行确定；该教学平台已基本实现了高校共享（马文顶等，2014）。

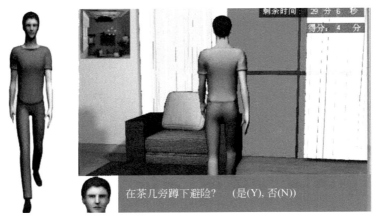

图 7.5　虚拟人模型与震灾避难位置选择

3. VR 技术在土木工程防灾模拟中的应用

人们在对建筑结构分析时，所关注的问题是在各种负载作用下，建筑结构具有什么样的反应、极限承载力是多少，发生破坏时是何种破坏形式及等级。而分析解决这些问题的途径是对结构、荷载等的模型进行受力性能测定，但此方法只能对小的构件进行等比例模型的实验，对于体积较大的构件有很大的限制，故只能通过对按比例缩小的模型进行试验，此时则可能产生额外的分析偏差而导致分析结果存在误差。实际实验过程中还可能遇到下列问题：作用力高速作用于所研究结构物、研究物发生的变化是长期过程等。VR 技术可用于解决以上问题，可以通过参数设置等对等尺寸虚拟实验模型进行试验；通过减缓或加速实验过程，更直观地对研究物体的破坏机理、变化过程进行观察。

7.2.5　土木工程灾害应对策略及避灾模拟

图 7.6 是模拟青岛胶州湾隧道火灾事故示意图（何征，2008），在隧道工程前期使用 VR 技术与疏散分析、火灾模拟等软件进行分析模拟，分析了从设计阶段到事故发生时逃生分析阶段的情形。该模拟通过对隧道位置和逃生通道间距等参数设置，运用 EXODUS 软件进行疏散分析、运用 SmartFire 软件对火灾进行模拟分析。这些专业疏散仿真软件模型以流体动力学等科学理论为基础，同时考虑了温度、烟雾等突发因素对人员逃生造成干扰。最终，使用可视化平台 UC-win/Road 来呈现分析结果。此模拟对于今后交通的疏散通道等的设计、灾害应对可进行科学指导。

图 7.7 所示的是土木工程防灾中 VR 技术运用的实验，利用 XPswmm 软件对某海港周边建筑设施进行海啸入侵的模拟分析，并使用可视化平台 UC-win/Road 将海啸动态分析结果进行展示。

将 XPswmm 结果文档读入到 UC-win/Road 平台的主要的操作步骤如下：在 UC-win/Road 主菜单栏中点击选择「选项」–「XPswmm 结果数据的载入」，即会弹出导入窗口，

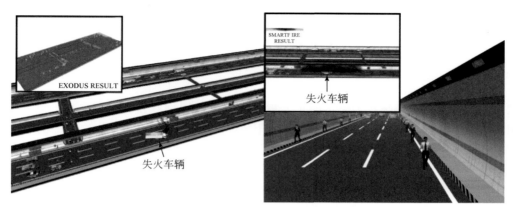

图 7.6　VR 技术与 SmartFire 等软件的结合使用

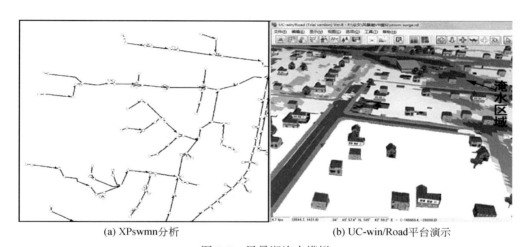

(a) XPswmn分析　　　　　　(b) UC-win/Road平台演示

图 7.7　风暴潮淹水模拟

选定待导入文件并设置相应参数后点击「载入」，UC-win/Road 平台软件将会把导入的文件与平台已有的 3D 地形数据进行配准展示。

从 XPswmm 将模型成果导入 UC-win/Road 中的原理如下：使用追加进 SDK 中的 3D 模型和地理配置功能；导入成果文件中的矩阵，三角形化邻接点，并分层次管理重心深度；最后，将 3D 模型导入 UC-win/Road 平台，这些层即转化为构成模型的阶层。此外，模型中每一个顶点的标高都对应了当前地形的标高，UC-win/Road 平台会将其与相应地形高度自动配置。UC-win/Road 平台可对生成的模型进行编辑修改、选择显示等操作。

UC-win/Road 的脚本功能可对随时间不断变化的泛滥、淹没等状况进行模拟展示。周边范围内实景可对创建的周边景物进行配准确认。图 7.7（a）是 XPswmm 软件对城市地下辐射的管道在模拟海啸中的水力模拟，图 7.7（b）是 UC-win/Road 平台对 XPswmm 分析结果的配准展示。

海啸侵袭中城市地上地下设施的防灾效果及水淹区规模等都可通过 VR 平台进行展示，民众、决策者等人员可以直观、形象、科学地了解灾害动态，据此可以科学合理地对基础设施进行建设及疏散预案进行编制。

7.3 BIM 在我国沿海城市海洋灾害防灾减灾中的应用

我国沿海城市包括海口、深圳、广州、厦门、宁波、上海、青岛、烟台、大连等 45 个城市，这些沿海城市是我国海运的主要枢纽，也是我国物资和能源进出口的重要口岸。我国沿海城市一般人口稠密，经济发达，城市建设和市政设施也比较完善，城市防灾减灾工作的难度非常大。但是在我国沿海地区，风暴潮、灾害性海浪等海洋灾害经常发生，这些海洋灾害一旦发生，会对我国沿海城市的人口和经济造成巨大的威胁和损失，如 2016 年的台风莫兰蒂袭击厦门，造成厦门市多条马路被淹没，许多房屋也遭到损毁。

为了有效地预防和处理我国沿海城市海洋灾害，减少海洋灾害带来的人员和财产损失，本节引入建筑信息模型（BIM），介绍 BIM 在我国沿海海洋灾害风险处置中的应用模型。并且与地理信息系统（GIS）、增强现实（AR）、Lingo 等技术和软件结合应用，对海洋灾害进行地理空间分析、疏散分析和可视化模拟等，以提高海洋灾害应对的效率。AR 是一种虚实融合的技术，它是把计算机产生的虚拟信息和场景无缝地叠加到现实世界的场景中，以一种最直观和最自然的方式实现用户与环境之间的交互，从而提高用户对虚拟模型的感知能力（秦松华和刘强，2016）。

当前，国内外许多学者针对灾害的预防和控制方法和技术进行了大量的研究，也取得了许多有效的成果，并且进行了许多跨学科的研究，把其他一些学科的知识和技术引入防灾减灾领域，其中，GIS 得到了广泛研究并且得到了一些应用。当前，GIS 在防灾减灾方面的研究主要集中在以下几个部分（王廷，2012）：

（1）根据已经发生过的灾害及其造成的损失，对未来可能发生的灾害进行模拟，并且制定相应的应急救援方案减少灾害带来的损失。

（2）统筹考虑当前城市发展的实际状况，提前制定并且施行城市综合防灾减灾计划。

（3）加强城市基础设施建设，保证灾后通信和物资运输通道的畅通。

（4）灾后选址规划和重建。

当前 GIS 在防灾减灾方面已经发挥了很大的作用，效果显著，但是 GIS 在该领域中的应用也有其自身的缺陷。在灾害处置过程中，GIS 只能对沿海城市建筑、市政设施、道路等承灾体的整体情况进行三维建模，不能描述和显示这些承灾体的内部结构，在海洋灾害发生时，不能有效地组织结构内人员的救援和疏散以及进行灾害后的修复工作。为了弥补这一缺陷，提高海洋灾害风险处置效率，本节介绍 BIM 在我国沿海城市海洋灾害防灾减灾中的应用。BIM 是以建设工程全寿命周期的各种相关数据为基础，建立起的三维数字模型，是对工程项目设施物理和功能特性的数字化表达（焦安亮等，2013），项目各参与方在项目的各个阶段可以通过调用 BIM 模型的信息实现各参与方的协同作业。现阶段 BIM 在欧美国家已经得到了广泛的推广和应用，并得到了相关行业和政府的大力推动，如美国已经制定了 BIM 相关的国家标准，并且要求在所有的政府项目中逐步推广 IFC（industry foundation classes）标准和 BIM 技术（张建平等，2012）。在亚洲地区，BIM 技术在韩国、日本、新加坡等地的应用比较广泛，各国政府也在自上而下地推动和发展 BIM 技术。在我国,工程建设行业在 2003 年开始引入和推广 BIM 技术,并且在一些项目上得到了实际应用,比较著名的应用案例包括上海中心大厦和国家会展中心等,学术界也已经对 BIM 进行了大量深入的研究。许炳和朱海龙(2015)通过调查和分析,认为现今我国 BIM 的应用已经由设计阶段延伸到施工阶段,但是在施工阶段的应用还处于探索性的初级阶段,应用案例还比较少,运营阶段的 BIM 应用则更加少。同时,我国的相关行业越来越关注 BIM 的发展,政府也在积极推动 BIM 在建筑行业中的发展和应用,BIM 在未来建筑相关行业将会发挥越来越大的作用。BIM 可以通过三维碰撞和施工方案模拟等技术,提前发现项目方案中的冲突和碰撞,降低风险发生的概率,优化项目管理,以节约成本、控制工期、提升质量。

BIM 在防灾减灾中的应用也有很大的优势,在防灾减灾过程最重要的是对受灾人员的救援,其次要考虑到各种设施和建筑的修复和重建,对于我国沿海海洋灾害的应对,还要考虑到对海港海堤的影响。在灾害发生前,利用 BIM 技术可以对灾害发生的过程进行模拟,并根据模拟结果制定相应的避灾措施和应急预案,还可以根据模拟的灾害场景对救灾人员和普通市民进行海洋灾害宣传和教育,以使他们在灾害发生时可以更加合理地应对灾害。可以模拟灾害发生后的人的行为模式以及环境的变化,并且根据模拟场景制定相应的救援救灾措施,在灾害发生后指导救灾以及制定合理的疏散路线,提高救援的效率,减少不必要的生命和财产损失(李伟平,2012)。

由于本节主要是针对我国沿海城市海洋灾害防灾减灾方面的研究,对象包括许多已建成并且正在应用的建筑和设施,因此 BIM 模型的创建以及基本参数的录入成为一个独立的阶段。基于 BIM 的防灾减灾系统的建立也要在很大程度上考虑到已建成的建筑和设施的分析和研究,因此不同的研究方向根据该专业的特征平行存在并且运行构成了子信息系统,并且根据该子系统的需要分别创建相关参数,这些参数也将更新到 BIM 的整体系统中。根据前面部分对于我国沿海城市常见海洋灾害和承灾体的评估和分析结果,为了更好地应用 BIM 技术,有效地应对我国沿海海洋灾害,本节把我国沿海城市的主要承灾体分为建筑物、市政设施、道路、海港海堤四类,并且根据一定的特征和标准对这四类的承灾体进行分类,分别建立我国沿海海洋灾害 BIM 防灾减灾子系统,然后对 BIM 在各个子系统中的应用进行分析设计和说明,各个子系统在空间上相互交集,相互联系构成 BIM 整体系统。最后建立基于 BIM 的我国沿海防灾减灾模型,并且分析 BIM 在我国沿海防灾减灾中与其他软件和技术的结合应用。

7.3.1 建筑物子系统

由于独特的区位优势,我国沿海地区经济发展迅速,人口也相对比较密集,往往形成了比较大型的城市,这些城市在我国城市的各方面发展中位居前列,各种大型企业和科研院校等机构也比较集中,结构复杂的大型建筑也比较多,灾害救援和人员疏散比较困难,灾后的清理和修复也变得越来越复杂,这给防灾减灾工作带来很大的挑战和压力。在我国沿海城市海洋灾害的预防和处理中,BIM 可以发挥出明显的优势,它可以对现代大型复杂建筑和已有的历史建筑整体建模,对建筑内的各种要素和结构进行描述,这些要素涵盖柱、梁、板、门、窗、楼梯等方面，对于提高建筑物的整体稳定性和延长建筑物的允许逃生时间具有很大的关键性作用。为了对已有的大型复杂建筑进行快速建模，在 BIM 建筑物子系统的设计中（图 7.8），把每一个大型建筑作为一个单元，把建筑物的属性分为固有属性和特定属性，通过编辑不同的属性对每一个单体建筑物建立 BIM 模型。除了大型复杂建筑以外，为了对城市的历史建筑进行保护，需要对每一个单体历史建筑和建筑群进行精确建模，以用于历史建筑的日常维护和灾后修复。

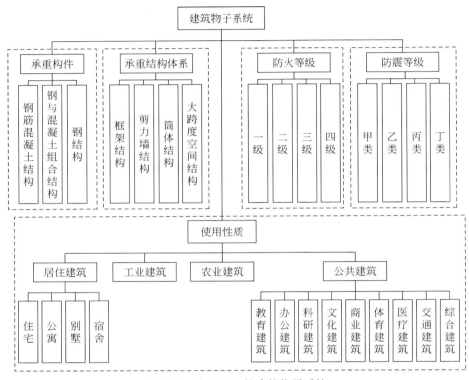

图 7.8 基于 BIM 的建筑物子系统

1. 固有属性

对于现代大型复杂建筑，首先根据建筑的主要承重构件材料分类，建筑结构形式包括钢筋混凝土结构（主要承重构件材料为钢筋混凝土，主要用于多层、高层和超高层建筑）、钢与混凝土组合结构（主要承重构件材料为型钢和混凝土，主要用于高层建筑），钢结构（主要承重构件材料为型钢，多用于重型厂房、超高层建筑或者高耸建筑）等。按照建筑的承重结构体系分类，主要包含框架结构（主要用于多层工业厂房或大型高层民用建筑以及大跨度公共建筑）、剪力墙结构（一般用于高层建筑）、筒体结构（用于 30 层以上的超高层房屋）、大跨度空间结构（如运动场馆、大剧场等）。按照防火等级，把建筑分为一级、二级、三级、四级。按照防震等级，把建筑分为甲类、乙类、丙类、丁类。根据使用性质，把建筑分为工业建筑、农业建筑、居住建筑、公共建筑，居住建筑主要有住宅、公寓、别墅、宿舍等，公共建筑主要有教育建筑、办公建筑、科研建筑、文化建筑、商业建筑、体育建筑、医疗建筑、交通建筑、综合建筑等（姜新佩等，2013）。

2. 特定属性

除了以上建筑的固有属性，每个子系统单元还应该包括建筑层数、建筑高度、建筑年代、使用年限等特定属性，除此之外，BIM 的建筑物子系统还应该对建筑内的一些重要组成构件进行编辑，包括墙、门、窗、屋顶、楼梯、电梯等结构，主要是对这些结构的位置、材料、形状进行编辑。

由于我国沿海城市的历史建筑结构相对比较简单，文化和教育意义又比较重大，因此对历史建筑可以进行测量后精确建模，以实现对历史建筑的精确保护和维修。

对我国沿海城市中大型的和结构比较复杂的重要建筑和公共建筑以及历史建筑建立 BIM 模型，首先针对单体建筑的各种固有属性进行编辑，包括建筑承重材料、承重结构体系、使用性质、防火等级、防震等级等，除此以外，还要包括建筑的特定属性，如建筑层数、建筑年代、建筑高度、建筑的门窗、屋顶、楼梯等，快速建立大型复杂建筑的 BIM 模型。建立每个建筑物的 BIM 模型后，与 GIS 相结合，对该建筑所在的地理空间进行分析，根据该建筑可能遭受到海洋灾害及其强弱程度，制定该建筑物的防灾规划、应急预案以及灾后应对处理方案。与 Lingo 软件结合，针对建筑物内的不同属性和建筑内的一些特殊结构，考虑到建筑内不同时期的人流量，进行疏散路径和救援路径分析，确定每个建筑物在不同灾害发生时的最优疏散路径。与 AR 技术相结合，在前面分析的基础上，借用 AR 技术增强现实的功能，在平时进行灾害模拟演练，使建筑物内人员和救援人员更加熟悉建筑结构和疏散路线，提高海洋灾害逃生和救援效率，还有助于建筑物的灾后修复和重建。

7.3.2 市政设施子系统

市政设施是城市生命线系统的重要组成部分，在城市的日常运转和人们的日常生活支持和服务方面发挥着十分重要的作用，它保障了城市作为一个有机系统的正常功能。在任何时候，一旦城市的市政设施系统遭到破坏，整个城市将不能正常运转，人们的日常生活也无法得到保证。所以在我国沿海海洋灾害的防灾减灾过程中，必须要考虑到市政设施的安全和快速修复，因此本节建立了市政设施子系统（图7.9）。市政设施子系统主要包括管线系统、垃圾处理系统、消防系统、景观要素系统，城市管线系统根据用途大概包括排水系统、供水系统、供气系统、供热系统、输油管道系统、电力系统、通信系统、人防通道系统以及特殊用途地下管线系统，景观要素系统包括城市水体和园林绿地两类。在基于 BIM 的市政设施子系统设计中，为了对市政设施子系统进行快速建模，把每个子系统中的枢纽站点作为一个单元，管线系统中每两个站点之间相连的管线也作为一个单元，在对属性进行编辑时，市政设施子系统也分为固有属性和特定属性。通过编辑不同的属性对每一个单元进行建模。

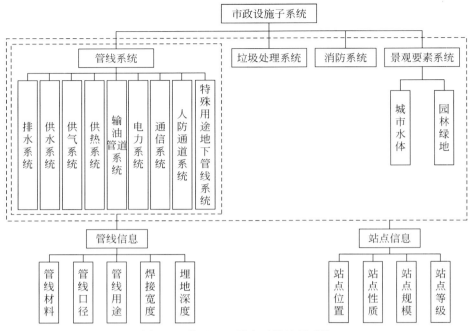

图 7.9 基于 BIM 的市政设施子系统

1. 固有属性

在市政设施子系统中，站点单元的固有属性主要是站点信息，包括每个枢纽站点的位置、性质、等级、规模，管线系统中的管线单元的固有属性主要是管线信息，包括管线材料、管线口径、管线用途、焊接宽度、埋地深度。

2. 特定属性

市政设施子系统除了固有属性之外，还应该包括特定属性，主要需要编辑的是每个单元的设置时间、特殊结构、固定检修时间、上次检修结果等，景观要素系统中的水体还要考虑到水体的水质和深度。把这些信息储存在 BIM 模型中，使基于 BIM 的市政设施子系统更加完善，在海洋灾害发生时可以更加有效地应对。

对我国沿海城市的市政设施子系统建模，根据市政设施的不同用途，分为不同的类别进行建模。为了快速建立 BIM 模型，首先对市政设施子系统的每个单元的固有属性进行建模，除此以外，针对不同的单元，还要编辑它们的特定属性。建立基于 BIM 的市政设施子系统之后，与 GIS 结合应用，对站点和管线附近的地理空间和地理环境进行分析，确定不同站点和管线可能遭受的主要海洋灾害，并且参考 BIM 模型中储存的检修信息以及站点和管线的运行现状信息，制定市政设施子系统的日常维修计划和灾害应急预案。本节把城市景观要素系统也放到市政设施子系统中，城市水体和园林绿地在防灾减灾中也发挥着重要的作用，平时不仅可以作为市民休闲和娱乐场所，更重要的是可以作为储存救灾物资、进行灾害模拟演练的重要场所。与 Lingo 软件相结合，根据 BIM 储存的站点信息和管线信息，结合城市水体和公园绿地，进行疏散路径分析和消防路径分析，制定出海洋灾害发生时的最优救援路径，降低我国沿海海洋灾害可能造成的人身和财产损失。与 AR 技术结合使用，在灾害发生前，利用 AR 技术的可视化功能，对站点和管线进行日常检查和维护，尤其是对于比较危险的输油管道系统和供气系统，能够快速准确地了解到管道的内部结构，防止检修过程中发生意外；灾害发生后，利用各个子系统的 BIM 模型，可以快速地修复市政设施子系统的各个站点和管道，使其快速恢复正常，这样灾害应急救援的效率将会大大提高，居民的日常生活也可以尽快恢复。

7.3.3　道路子系统

道路在沿海城市的正常运转中也占有十分重要的地位，在日常生活中，城市道路承担着整个城市人员转移和物资运输的重任，保障城市居民的生活所需；在灾害发生时，城市道路的作用更是至关重要的，它可以用于疏散受灾人群，运送救灾物资，保障灾区居民的生活所需，保障减灾救灾工作的顺利开展。为了对我国沿海城市的道路进行快速精确建模，把城市道路分为道路、铁路和桥梁三类，并把每一条道路作为一个建模单元，分别建立 BIM 模型（图 7.10）。在建模过程中，对道路进行编辑，同样把道路的属性分为固有属性和特定属性，通过对不同属性的编辑建立每一个道路单元的 BIM 模型。

1. 固有属性

道路系统的可编辑的固有属性有以下几种：

城市道路结构包括面层、基层和垫层三个部分，面层材料包括沥青混合材料、水泥混凝土、沥青碎石混合料和块石材料等，基层材料主要包括碎石、砾石、石灰土和工业废渣，垫层材料主要分为整体颗粒材料和松散性材料两部分。根据等级道路可以分为公路和城市道路两类，其中公路按照行政级别可以分为国道、省道、县道、乡道和专用公路，按照技术级别分为高速公路、一级公路、二级公路、三级公路和四级公路；根据在道路网中的地位和交通功能，城市道路分为快速路、主干路、次干路和支路。

桥梁系统的可编辑的固有属性有以下几种：

按照受力特点，城市桥梁可以分为梁式桥、拱式桥、刚架桥、斜拉桥、组合体系桥等。根据用途分类，城市桥梁可以分为公路桥、铁路桥、公铁两用桥及其他专用桥梁。按照跨越障碍的性质分类，城市桥梁包括高架桥、立体交叉桥、跨河桥和栈桥等几类。按照主要承重材料分类，城市桥梁主要包括钢桥（桥跨结构用钢材建造，跨越能力较大）、圬工桥（以砖、石或者混凝土为主要材料，一般为拱式结构）、钢筋混凝土桥（桥跨结构采用钢筋混凝土）和预应力钢筋混凝土桥（桥跨结构采用预应力混凝土）。

铁路系统的可编辑的固有属性有以下几种：

按照行驶速度，铁路可以分为常速铁路、中速铁路、准高速铁路、高速铁路和特高速铁路。按照铁路的服务范围，铁路可分为城市轨道交通、市郊铁路、城际铁路和干线铁路。依据运输功能，铁路可以分为客运铁路、货运铁路和客货共用铁路。

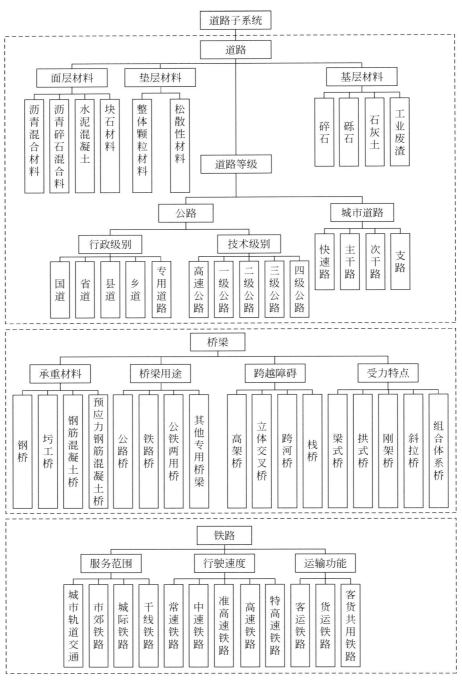

图 7.10 基于 BIM 的道路子系统

2. 特定属性

建立基于 BIM 的道路子系统时，不仅要考虑到道路的固有属性，还要考虑到道路的特定属性。在建立城市道路的 BIM 模型时，还可以编辑修建时间、上次全面检修时间和修复状况、道路宽度、道路的车流量和人流量分布情况、道路的信号灯和红绿灯持续时间等道路单元特定的属性。建立城市桥梁的 BIM 模型时，可以编辑修建时间、使用期限、桥跨长度、上次全面检修时间和修复状况以及桥梁的车流量分布情况等特定的属性。建立城市铁路的 BIM 模型时，需要考虑到的特定属性包括铁路的车流量、建造时间、使用年限、城市轨道交通的各种站点信息以及检修情况等。

道路子系统在我国沿海城市的防灾减灾工作中也发挥着不可替代的作用，是城市有机体的重要组成部分。在建立基于 BIM 的道路子系统的三维模型时，根据不同的分类，对道路、铁路和桥梁的固有属性和特定属性进行编辑，并且把相关的数据和材料储存在 BIM 数据库中。建立基于 BIM 的城市道路子系统，与 GIS 软件集成应用，对每条道路单元所在的地理环境进行空间分析和海洋灾害分析，确定道路单元可能遭受的海洋灾害及其强度，与其他子系统相互联系，制定道路单元的防灾减灾预案，以有效地应对可能遭受的海洋灾害。与 Lingo 软件结合应用，考虑到建筑物子系统和市政设施子系统，再加上对道路中人流量和车流量的分析，制定出灾害应急救援人员疏散和财产转移、救灾物资运送路线。与 AR 技术结合应用，在灾害发生前，利用 AR 技术的可视化功能，对道路单元进行日常检修，并且把每一次检修后的情况和信息及时反馈到 BIM 数据库中；在灾害发生后，根据 BIM 模型中的道路系统的精确信息，对城市道路系统进行快速清理和检修，尽快使城市道路系统恢复正常运转，以辅助城市的灾后恢复和重建，使居民的生活更快地进入正轨。

7.3.4 海港海堤子系统

我国沿海港口是我国能源进口和输出的重要口岸，对我国发展经济和开展对外贸易有非常关键的支撑作用。例如，青岛港，2016 年 1~7 月货物吞吐量就已经超过 3 亿吨，在全球排名第九。由此可以看出，在应对我国沿海海洋灾害时，必须把海港作为重要的承灾体加以考虑，并制定准确有效的防灾减灾方案，减少海港可能由于海洋灾害带来的损失。海堤是沿海岸带修建的挡潮防浪的水工建筑物，它可以防御风暴潮和海浪的侵袭，保障周边城市的安全。因此，在本部分，把海港海堤作为基于 BIM 的我国沿海城市防灾减灾系统的一个重要子系统，建立相关的 BIM 模型，提高对我国沿海城市海港和海堤的信息化管理，加强我国沿海城市的防灾减灾能力。在建立 BIM 模型时，海港海堤子系统分为海港子系统和海堤子系统，并把每一个海港和每一段海堤作为一个模型单元，把它们的一些特征分为固有属性和特定属性，分别进行编辑，快速地建立相关的 BIM 模型（图 7.11）。

1. 固有属性

海港子系统可以编辑的固有属性包括以下几种：

按照海港功能分类，海港主要包括商业港、工业港、军用港、渔港和避风港。商业港

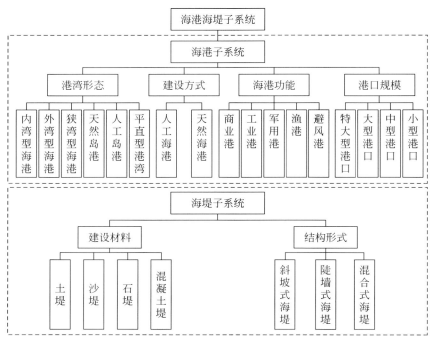

图 7.11 基于 BIM 的海港海堤子系统

主要为一般商船和客货商船进出提供公共性质的服务，工业港则主要为港区内工矿企业提供服务，军用港主要为海军舰艇等提供服务，渔业港则主要为渔船的停泊、卸货、补给和维修等提供服务，避风港是为船只躲避风暴潮、台风等海洋灾害而设置的港口。

按照港湾形态，海港可以分为内湾型海港、外湾型海港、狭湾型海港、天然岛港、人工岛港和平直型岛港。内湾型海港是指港口处在伸向陆地的海湾中的海港，外湾型海港是指港口处在开敞的海域和海湾中的海港，狭湾型海港的港口则修筑在伸向陆地的狭长型的海湾中，天然岛港是指修筑在天然岛上的海港，人工岛港是指修筑在人工岛上的海港，平直型海港主要位于开敞的平直海岸上。

此外，在建模过程中还可以根据海港的建设方式和港口规模对海港进行编辑。

海堤子系统可以编辑的固有属性包括以下几种：

首先，依据建筑材料，海堤可以分为土堤、沙堤、石堤和混凝土堤。其次，依照结构形式分类，海堤又分为斜坡式海堤、陡墙式海堤以及混合式海堤。依据断面结构，斜坡式海堤包括护坡堤和土石混合海堤两种；陡墙式海堤是指由外坡坡度系数小于等于 0.4 的陡墙或直墙的石堤构成的海堤（钟爱华，2011）；而混合式海堤是由以上两种海堤形式组合而成的一种海堤。

2. 特定属性

由于现在的海港和海堤大多处于正在使用的状态，因此建立 BIM 模型时还需要编辑一些海港和海堤单元的特定属性。海港子系统需要编辑的特定属性包括建造年代、使用年限、上次检修情况、港口内各种设备、船只的情况等。海堤子系统还需要考虑的其他信息包括海堤的堤身高度、风浪强度、地基地质、施工地理条件、人流量及车流量等。

海港海堤对于我国沿海城市经济的发展具有重要意义,作为海洋灾害的重要承灾体,在制定我国沿海防灾减灾策略时也必须加以考虑。在建立 BIM 模型时,可以针对海港和海堤的一些固有属性和特定属性进行编辑,精准快速地建立 BIM 模型,并且把相关的数据和资料储存在 BIM 模型中。建立海港海堤的 BIM 模型后,和 GIS 软件结合使用,分析海港和海堤单元所在的地理环境,确定该单元可能遭受的海洋灾害种类及其强度,制定我国沿海城市海港和海堤的防灾减灾预案,并根据外界条件的改变不断修订 BIM 模型和完善救援预案。与 AR 技术结合应用:灾害发生前,利用 AR 技术的增强现实功能,对海港内的设备、船只进行日常检修和维护,也可以对海堤进行日常状态检查分析和维修;灾害发生后,调控海港内船只的分布,实时监控附近船只的状态,指导海上救援,并对受损船只进行维修;如果海堤受到损毁,随时调用海堤的 BIM 模型中的各种信息,充分了解情况,进行修复工作。

7.3.5 BIM 在我国沿海海洋灾害防灾减灾中的应用流程

BIM 在我国沿海城市海洋灾害的预防和控制中可以发挥很大的作用(图 7.12),它可以提高救援的效率,有效地减少人员和财产损失,指导城市各个相关子系统的快速修复,以帮助居民的生活尽快恢复正常状态。在灾害发生前,利用 BIM3D 模型,和 AR 技术结合使用,可以可视化地指导各子系统的日常运营维护,使其一直保持在一个比较良好的工作状态;另外,还可以进行灾害模拟,把各个子系统的 BIM 模型和 GIS 结合起来,利用 Lingo 等算法计算疏散路径,确定疏散安全地点并且制定比较合理的减灾策略,最后形成灾害应急预案,并对防灾减灾人员和居民进行安全教育和培训。在灾害发生时,可以快速精确地收集城市灾害相关信息,实时更新各子系统的信息和模型,确定受灾区域,检查和

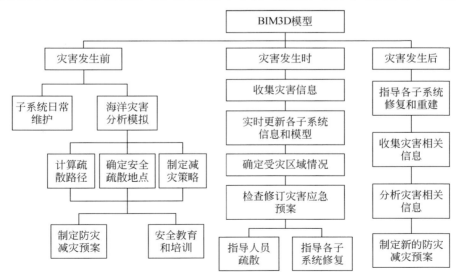

图 7.12 BIM 在我国沿海海洋灾害管理中的应用流程图

修订应急预案,并且根据最新灾害应急预案,指导人员快速准确地救援和疏散,以减少人员损失,利用 BIM 模型,指导各个子系统快速修复,以保证满足城市生活基本所需。灾害发生后,利用 BIM 模型,对受灾区域的各个子系统进行彻底的检查维修和恢复重建,收集灾害发生时的各种信息,包括人身和财产损失、市政设施和道路受损情况、海洋水产损失和船只受损情况等,并把这些信息都反馈到 BIM 数据库中,与 GIS 软件结合应用,利用 GIS 的数据和 BIM 模型分析功能分析各种海洋灾害相关的信息,并根据分析结果制定最新的灾害应急预案。通过以上分析可知,BIM 在我国沿海海洋灾害防灾减灾中有很好的发展前景,也可以发挥很好的效果,因此,可以大力推广 BIM 在我国沿海海洋灾害防灾减灾中的应用,并且与 GIS、AR 等结合使用,以提高我国沿海海洋灾害防灾减灾的效率和精确性,减少灾害造成的人身和财产损失。

7.4 重点区域防灾减灾工程措施

青岛沿海及海域气候温和,雨量适中,是农、林、牧、副、渔全面发展的地区。为了保护沿海的工矿企业和人民的生命财产安全,沿海地区于 20 世纪 50~60 年代修建了部分海堤。80 年代以来,由于海水养殖业、盐田的高速发展,海堤工程建设迅速。随着青岛经济的快速发展及城镇化水平的提高,海堤已由原来较单一的防潮功能,逐渐增加了旅游休闲、港口、码头、养殖等功能。

青岛是一座海滨城市,海岸线较长,历史上青岛曾多次发生风暴潮灾害,时间集中于每年 7~9 月。近年来,青岛市政府开始明显加大对海堤治理的投入,市内城区现有海堤总长度为 112.42km,达到设计防风暴潮标准总长 42.8km,即现有海堤达标率仅为 38%,62% 的现有海堤需进行加固或新建,才能达到设计防风暴潮标准。这些海堤均根据国家堤防标准设计,但因是应急加固工程,海堤工程分散,达不到共同抵御风浪的要求,且很多地方仍是各企业和海水养殖业户各自为政,修建的海堤工程杂乱无章,防潮标准相对较低,与青岛国际大都市的形象差距较大。

青岛市大陆海岸线总长 730.64km,沿海滩涂 57 万亩,研究区域内现有海堤总长度为 112.42km,其中已加固过的海堤总长 71.12km。

从前述章节中的综合风险评估中可知,青岛市黄岛区所受风暴潮影响较大,故本节将以黄岛区的海堤现状及存在问题出发,提出工程措施建议。

7.4.1 黄岛区海堤现状

研究区域内现有海堤总长度为 18.72km,其中已加固过的海堤总长 7.4km,见表 7.5。

表 7.5 黄岛区现有海堤情况

区域名称	大陆海岸线长/m	现有海堤长/m			
		现有海堤总计	已加固海堤	达标海堤	需达标海堤
黄岛区	104280	18720	7400	5600	13120

黄岛区海堤多为砌石防波堤，建设标准偏低，经多年的海水冲刷，出现了护坡塌落，块石松动等现象。随着黄岛区经济快速发展，海堤新建、改建工程也逐渐展开。

7.4.2 黄岛区海堤存在的关键问题

根据黄岛区自然地理、地形特点，主要分为以下4个灾害区。

1. 辛安区域

该区域包括辛安后河、辛安前河、南辛安河三个汇水系统，雨水通过管渠就近排入辛安后河、辛安前河、南辛安河，沿河向东汇入镰湾河，再由镰湾河向南流入前湾港海域。团结路以东、前湾港路以南区域内雨水排向为：松花江路以北的雨水汇入前湾港路明渠向东排入镰湾河；松花江路以南至分水岭的雨水，汇入江山路雨水暗涵向北排入前湾港路明渠，向东排入镰湾河。

2. 北部重化工业区

红石崖、海河路以北及油港部分区域雨水向北，经北大坝暗涵排往胶州湾海域；澎湖岛街以西、进港铁路线以东、海河路以南、黄河东路以北区域的大部分雨水向西南排入镰湾河；眉州岛街以西、进港铁路线以东、黄河路以南至前湾港区域的大部分雨水向南排向前湾港海域；黄岛电厂以西、海南岛路以北大部分区域雨水系统基本成形，向北经斋堂岛街雨水明渠向北入海，东部沿海区域雨水随坡就势入海；海南岛路以南区域雨水向南经电厂用地排向前湾港海域。富源工业园，地形西高东低，北高南低，分别向东排到黄王路雨水管线，向南排到淮河路雨水管线。

3. 唐岛湾沿海回填区

该区域目前规划除涝标准为1年一遇，主要包含两个大的雨水汇水区，即马濠运河汇水区和长白山路汇水区。太行山路以西的雨水由路西侧的防洪沟截留，向南排入唐岛湾海域。香江路以南、太行山以东、阿里山路以西范围内雨水汇入马濠运河，向南排入唐岛湾。北起香江路、南至长江路、西至太行山路、东至丁家河区域内雨水管网系统已基本形成，大部分雨水经马濠运河向南排入唐岛湾。烟崮墩山的雨水先排入丁家河水库蓄洪区，再由长白山路防洪沟向南入海；行政中心广场的雨水也流入长白山路防洪沟。

4. 于家河区域

该区域目前规划除涝标准为1年一遇，主要包括于家河、太行山路和井冈山路三个汇水系统，于家河涝区西起团结路南段，东至长白山路北段，南起香江路，北至齐长城路，集水面积约 $10.75 km^2$。于家河雨水系统雨水经于家河明渠、太行山路明渠向北排；太行山路雨水系统雨水汇入太行山路明沟，然后向北排，过齐长城路后顺齐长城路向东规划防洪沟，汇入马濠运河，继续向东排入前湾港。

辛安地形西高东低，北高南低，下游地势低平，部分地段是由盐地、滩涂填埋形成的城区，一遇降水集中，加上天文大潮，极易造成洼地积水于前湾港附近形成涝灾。

北部重化工业区内部分土地为粉煤灰回填区，地形低且较平坦，每逢涨潮期，排水渠道正常水位低于高潮位，导致海水倒灌，雨水无法排泄，经常造成积水。北部重化工业区目前规划除涝标准为1年一遇。

唐岛湾沿海回填区地势平坦，雨季易受海水顶托倒灌威胁。

7.4.3 黄岛区防灾减灾工程对策

根据以上黄岛区海堤工程存在的关键问题，在充分考虑该地区社会经济状况的情况下，从改善生态与人居环境出发，采取分区治理的原则，对穿越黄岛区的各流域根据各自需要达到的防洪标准提出整治方案。其中，河道的防洪工程内容包括：河槽疏浚扩挖、堤防加高培厚、裁弯取直、滩地清障，以及新建必要的蓄、拦、滞、泄建筑物等工程措施；海堤的建设工程包括海堤的新建和改建；水库的防洪工程包括大坝加固、溢洪道检修维护、放水洞检修维护。

1. 南辛安河

南辛安河防洪标准为50年一遇，河道主要建筑物堤防级别为3级，次要建筑物为4级。

南辛安河各断面的水位，是以入镰湾河处的水位作起始水位，向上游逐次推算的。依据南辛安河设计洪水成果，入镰湾河处5年一遇、10年一遇、20年一遇、50年一遇的起始水位分别为2.82m、3.03m、3.35m、3.60m。水面线推算采用天然河道水面线计算原理，利用天然河道水面线系统 V2004 对天然河道水面线进行计算，河床主槽糙率为0.025。根据地形条件，设计河底比降基本平行于沿河地面坡度。根据确定的设计流量、设计水深等条件，按明渠均匀流公式计算河底宽度。

1）堤防工程

按照3级堤防标准对南辛安河进行堤防建设，新建堤防长度6km，旧堤加高培厚长度合计10km。

2）断面及护岸

基本断面采用生态型断面，遵循天然河道的治理原则，结合水利工程现状，体现城市河道的"亲水性"设计，从上往下可采用3种基本横断形式。

（1）对于开拓路以上河段，下部采用重力式挡土墙，上部采用框格式草皮护坡，与原地面自然蔓坡衔接。

（2）对于开拓路至江山中路河段，断面型式采用亲水平台复式断面，两岸采用重力式挡墙，与原地面自然蔓坡衔接。

（3）对于江山中路以下河段，断面型式也采用亲水平台复式断面，基本与第二种断面型式相同，不同之处在于该段河道左岸滩地较宽，现已存在林状植被，故在左岸设计10m

宽亲水平台，结合绿化景观等进行生态设计。在河道一侧设计轻型沥青混凝土防汛路，宽5m。在河道上游流速大、冲刷力强的地方采用砾石或仿自然石护底。

3）疏浚工程

为降低水位达到50年一遇的防洪标准，加高堤防的同时进行河道清淤疏浚，疏浚长度为12km。

2. 辛安前河

辛安前河防洪标准为50年一遇，河道主要建筑物堤防级别为3级，次要建筑物为4级。辛安前河各断面的水位，是以入镰湾河处的水位作起始水位，向上游逐次推算的。依据辛安前河设计洪水成果，入镰湾河处5年一遇、10年一遇、20年一遇、50年一遇的起始水位分别为3.18m、3.14m、3.88m、4.20m。水面线推算采用天然河道水面线计算原理，利用天然河道水面线系统 V2004 对天然河道水面线进行计算，河床主槽糙率为0.025。根据地形条件，设计河底比降基本平行于沿河地面坡度。根据确定的设计流量、设计水深等条件，按明渠均匀流公式计算河底宽度。

1）堤防工程

按照3级堤防标准对辛安前河进行堤防建设，新建堤防长度3km，旧堤加高培厚长度合计2km。

2）断面形式

河道基本断面采用复式形断面，矩形和梯形相结合，断面具有良好的过水能力。

3）护岸工程

矩形断面采用砌石护坡，梯形断面采用嵌草砖护坡，既能保证河道的行洪功能，体现生态理念，又提升了景观的效果。

4）疏浚工程

为降低水位达到50年一遇的防洪标准，加高堤防的同时进行河道清淤疏浚，疏浚长度为6.5km。

3. 辛安后河

辛安后河防洪标准为50年一遇，河道主要建筑物堤防级别为3级，次要建筑物为4级。辛安后河各断面的水位，是以入镰湾河处的水位作起始水位，向上游逐次推算的。依据辛安后河设计洪水成果，入镰湾河处5年一遇、10年一遇、20年一遇、50年一遇的起始水位分别为3.40m、3.64m、4.16m、4.48m。水面线推算采用天然河道水面线计算原理，利用天然河道水面线系统 V2004 对天然河道水面线进行计算，河床主槽糙率为0.025。根据地形条件，设计河底比降基本平行于沿河地面坡度。根据确定的设计流量、设计水深等条件，按明渠均匀流公式计算河底宽度。

1）堤防工程

通过计算可知，防洪标准为 50 年一遇的情况下，辛安后河洪水位基本都低于两岸地面高程，所以无需新筑堤防，只需对原有堤防进行规整维护。

2）断面形式

河道基本断面采用复式形断面，矩形和梯形相结合，断面具有良好的过水能力。

3）护岸工程

矩形断面采用砌石护坡，梯形断面采用嵌草砖护坡，总长度 5.2km，既能保证河道的行洪功能，体现生态理念，又提升了景观的效果。

4）疏浚工程

为保证辛安后河防洪标准达到 50 年一遇，需对河道进行清淤扩宽，使平均河深达到 3.5m 以上。

4. 镰湾河

镰湾河按照 50 年一遇的防洪标准进行治理，堤防按照 3 级堤防进行建设。镰湾河各断面的水位，是以入海处的水位作起始水位，向上游逐次推算的。依据镰湾河设计洪水成果，入海处 5 年一遇、10 年一遇、20 年一遇、50 年一遇的起始水位分别为 2.61m、2.77m、2.87m、3.03m。水面线推算采用天然河道水面线计算原理，利用天然河道水面线系统 V2004 对天然河道水面线进行计算，河床主槽糙率为 0.025。根据地形条件，设计河底比降基本平行于沿河地面坡度。根据确定的设计流量、设计水深等条件，按明渠均匀流公式计算河底宽度。

1）堤防工程

按照 4 级堤防标准对镰湾河（可洛石至辛安后河与镰湾河交汇处）进行堤防建设。本次规划镰湾河左岸新筑堤防 3.75km，旧堤培厚 23.35km；右岸新筑堤防 7.07km，旧堤培厚 22.81km。

2）断面和护岸工程

根据现有堤防型式及结构，除部分险工段、重点保护段采用浆砌石挡土墙护岸外，一般采用梯形结构，均质土堤。根据堤身结构、筑堤土质、风浪情况，初步拟定迎水面坡度为 1∶3，背水面坡度为 1∶2。两侧均采用草皮护坡。筑堤土料尽量采用主河槽开挖的黏性土，压实度不小于 0.90，若采用无黏性土筑堤，相对密度不小于 0.60。

3）疏浚工程

对镰湾河（可洛石至辛安后河与镰湾河交汇处）进行清淤疏浚，降低水位以满足河道防洪要求。河道疏浚长度 3.5km。

4）建筑物工程

跨河建筑物中有团结路管家楼桥、淮河东路桥、前湾港路桥等交通桥 6 座。为了方便两岸交通，规划在主河槽上新建交通桥 3 座，改建和新建交通桥桥面净宽均为 7.0m。

新建海堤工程主要包括长江路办事处花科子海堤工程、黄岛办事处郭家台子海堤工程、薛家岛办事处辛岛海堤工程、薛家岛办事处南营以西海堤工程、薛家岛办事处北庄海堤工程；拟建海堤总长度为 18.6km。

通过新建、改建海堤工程建设，海堤防潮标准均达到 50 年一遇防潮标准。黄岛区拟建海堤工程建设项目详细内容见表 7.6。

根据现状河口海堤实际情况，并结合沿海岸线各区市社会经济发展需要等内容，以防潮安全为首要目的，推进经济发展为目标，应主要在黄岛区拟建河口海堤工程。黄岛区应建河口海堤工程主要为镰湾河河口两侧各 600m，龙泉河左岸河口海堤 1200m，九区河两侧河口海堤各 600m。通过本次工程建设各河口防潮标准达到 50 年一遇防潮标准。

表 7.6 黄岛区堤断面型式表

海堤名称	海堤长度/m	堤顶宽度/m	堤顶高程/m	迎水坡比	背水坡比	迎水坡护坡厚度/m	背水坡护坡厚度/m	防潮标准
花科子	2500	6	55	1∶2	1∶2	0.55	0.3	50 年一遇
郭家台子	1500	4	60	1∶1.5	1∶2	0.50	0.3	50 年一遇
辛岛	1600	3	50	1∶2	1∶2	0.50	0.3	50 年一遇
南岛	8000	6	60	1∶2	1∶2	0.55	0.3	50 年一遇
北庄	5000	3	55	1∶2	1∶2	0.55	0.3	50 年一遇
合计	18600						0.3	50 年一遇

7.4.4 海堤的设计及经济评价

海堤的设计标准直接关系到海堤的安全和投资，是海堤设计的关键。海堤的设计标准包括设计潮（水）位、设计波浪和设计风速的标准，是潮（洪）、浪、风的组合问题，如何组合是一个难题。

本沿海防护堤的设计原则如下：

（1）总平面布置要充分考虑防护堤后方水、陆域的发展规划，结合防护堤外侧将来要布置亲水景观等功能要求，选择确定合理的轴线位置。

（2）针对本工程所处海域为粉沙质海岸，其泥沙运动比较活跃的特点，以潮流泥沙模型研究成果为指导，充分考虑防护堤建设对海岸线演变及周边港口、航道的影响。

（3）充分利用已布的设施和依托条件，采用新颖可靠的技术，合理安排施工步骤，尽可能节省建设投资。

1. 防护堤主体工程

沿海防护堤工程防护堤主体部分轴线总长度为 18.6km，堤顶宽 3~6m，堤顶高程为 55~60m。

（1）地基处理

根据地质勘察报告，工程拟建处为粉砂质海岸，勘探深度范围内地层上部为全新世中后期海相沉积物，为粉土，粉质黏土等，下部为全新世早期冲海积相沉积地层，为中密-密实状粉土等。拟建工程区主要的不良地质现象为饱和砂土的液化问题，在地震烈度为7度时表层粉土的液化等级为轻微-中等。要保证护堤结构在地震偶然状况时的稳定，则需对护堤基础下的液化土层进行加固特殊处理。地基进行加固处理的方法很多，如强夯、碎石柱振冲置、振冲密实及换填等。由于防护堤较长，无论采取哪种加固措施都要付出很大的代价。

防护堤的主要功能是防止风暴潮的侵袭，保护后方水、陆域及相应设施的安全。由于本防护堤后方为一定宽度的水域，没有重要建筑物，因此为减小工程造价，降低工程投资，防护堤采用抗震性能较强的斜坡式结构，地基不作特殊加固处理，直接在地基土上进行筑堤，防护堤结构满足在非地震情况下的稳定性要求。因防护堤结构为斜坡式，对地基土的适应能力较强，在地震时个别堤段堤的坡脚由于地基土的液化可能发生局部损坏，但堤体本身不会丧失其整体防护功能，且局部的损坏也易于修复。

（2）堤顶高程的确定

本防护堤的防洪标准按50年一遇高水位进行设计。

堤顶高程的确定直接影响防护堤的造价，为此，应合理地确定堤顶高程。堤顶高程的确定有两种方法，即不允许越浪和允许少量越浪，控制越浪量在规范允许的范围内。因防护堤较长，18.6km，若按不允许越浪考虑，提顶高程较高，工程造价较大。为节省工程投资，在保证护堤结构安全可靠及满足正常使用的前提下，尽可能降低堤顶高程，本护堤拟按50年一遇高水位作用下允许少量越浪的标准进行设计。

防护堤堤顶高程为 55~60m，为防止波浪成层水体越过堤顶，对堤顶道路产生影响，在堤顶设置了挡浪墙。根据《堤防工程设计规范》（GB 50286-98），经初步计算后确定挡浪墙顶标高为 8.2m，此时堤顶有少量越浪，50年一遇高水位波浪作用下，越浪量为 $0.041 \text{m}^3/(\text{s} \cdot \text{m})$。

对于防护堤允许越浪量的标准，国内的规范和有关文献尚无明确的标准，日本在港口建筑物设计标准中提出的临界越浪量为 $0.05 \text{m}^3/(\text{s} \cdot \text{m})$。我国《浙江将海塘工程技术规定》中，对浙江沿海地区海塘工程，其最大允许越浪量为 $0.05 \text{m}^3/(\text{s} \cdot \text{m})$。本工程在50年一遇高水位情况下的计算越浪量为 $0.041 \text{m}^3/(\text{s} \cdot \text{m})$，小于 $0.05 \text{m}^3/(\text{s} \cdot \text{m})$，因此拟定的挡浪墙顶标高 8.2m 是合理可行的。为防止越过提顶的水量对道路产生影响，在挡浪墙后设置了排水管，将越过来的水量通过排水管排向堤外，保证道路的正常使用。

（3）施工期间临时导流泄水口、合龙口的结构设计

由于本工程防护堤较长，堤上还有防潮闸，施工工期较长。为保证在防潮闸建成之前防护堤内水体的交换，在防潮闸之间预留临时导流泄水口，其宽度暂定为1000m，同时也作为施工期间河道泄洪的排出口。

因防护堤所围出的水域面积较大，泄水口处涨落潮时的瞬时流速较大，为防止地基被潮流冲刷，在临时导流泄水口处拟采用铺设土工布软体排和60～100kg的块石进行护底。待防潮闸建成以后再进行防护堤的合龙。

防护堤的合龙口拟设在临时导流泄水口之间的某个部位，合龙口的宽度暂定为100m。由于合龙口流速大，为保证护堤迅速合龙并保证合拢段堤的质量，合龙段的结构也适当进行加强处理。

（4）堤顶道路结构

路面结构一般为沥青混凝土路面或水泥混凝土路面。水泥混凝土路面从理论上讲使用寿命长，对路基的承载力要求较低，使用期间的养护维修费用低，但水泥混凝土路面接缝多，开放交通迟缓，修复困难，从全国各地的水泥混凝土路面的使用情况来看，使用效果很不理想，通车不久就有面板破损，而且噪声大。

与水泥混凝土及联锁块路面相比，沥青混凝土路面具有表面平整、无接缝、行车舒适、噪声低、养护维修方便等优势，因此，拟推荐采用沥青混凝土路面。

所设计的防护堤断面图如图7.13所示。

2. 施工方法

在设计中，施工方案都是先做围堰后施工堤防，但由于围堰施工也很困难，而且很容易冲毁，因此在施工中采取了不同方案。由于开发区海防堤堤基是岩基，基底高程为－1.0m多，冬季结冰，冰厚不能施工，只能在春季施工，但要填筑施工围堰也相当困难，因为海水高潮位频率变化与水平年关系不大，一天两次潮，5年一遇与20年一遇潮位相差不多。要是修筑围堰后再筑堤，相当于修筑两道堤防，而且围堰很容易被冲毁。根据当地土料情况，筑堤土料来源于当地小山包，是风化的石坡，护坡采用大块石，粒径在80cm以上，根据机械施工护坡特点，施工方案采用筑堤和护坡同时施工，从一头同时推进，低潮时开始筑堤基，在高潮位到来前把堤筑到高潮位以上，如果有大潮淹没，由于筑堤土料是石碴，大块石护坡，即使堤体过水，土料损失也不大。在整个堤防施工完成后，再在堤顶掏2m宽槽，填筑黏土心墙。修筑围堰也很困难，在冬季由于堤基高程较高，冰冻不是太厚，在开春之前清除冰层，然后全线铺筑碎石1m厚在堤基上碾压，在大潮来之前完成土堤填筑和块石护坡，由于没有完成解冻，土堤压实度受到限制，在预留沉降量时，多预留出冻土沉降的量。以上两种施工方法都解决了修筑围堰的问题且节省资金。海防堤建设居于水利基础设施建设的重要位置，对经济发展起着重要作用，总结海防堤规划设计施工经验，加快海防堤的建设步伐，尽快完善防潮体系，才能为沿海经济发展提供安全保障。

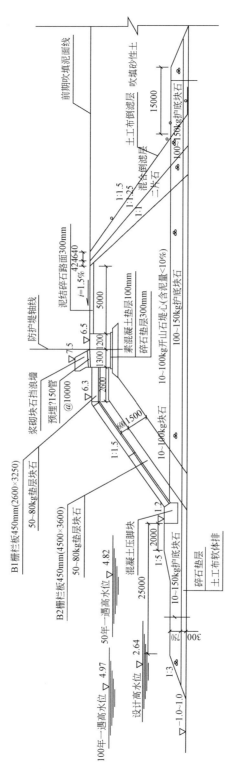

图7.13 防护堤断面图

3. 项目投资经济费用效益分析

沿海防护堤工程是青岛市的重要基础设施，以防御沿海风暴潮灾害为主要目的，具备防潮、防浪及防沙的功能，兼具汛期行洪排涝、疏港交通联系、控制海域污染、改善生态环境和营造宜居城市等多种功能，是保证黄岛区建设的重要屏障，对促进黄岛区经济发展和城市建设具有重要意义。

1）经济效益

建设该海堤的经济效益，主要反映在对国家经济发展做出的重要贡献，具体体现在以下方面：

（1）减少灾害损失的效益

本工程的设计标准为符合抵御百年一遇的风暴潮防洪要求。本工程建成后将有效地抵御风暴潮对沿海地区的侵害，经有无对比分析，每年将减少灾害损失8617万元。

（2）增加利税的效益

本工程建成后，有序排放工业污染物和综合治理将对生态环境保护起到重要作用。本工程是改善黄岛区海洋生态环境的关键措施之一。本工程建成后将对50万 km^2 的沿海区域形成掩护，这一区域将成为滩涂生态养殖地。经有无对比分析，每年将增加利税4106万元。

（3）其他效益

其他效益主要体现为节约现有堤的维护费用效益。经有无对比分析，其他效益为200万元。

2）经济费用

国民经济评价应对投资费用进行价格调整，调整的主要内容是扣除工程费中所含的税金，扣除借款利息以及其他有关属于国民经济内部支付的款项，调整后的投资为112188万元。

沿海防护堤工程投产后，每年要增加维护等费用，初步测算每年增加维护等费用300万元。

3）项目投资经济费用效益指标计算结果

（1）经济净现值（$i=8\%$）：5578万元。

（2）经济内部收益率：8.61%。

4）经济敏感性分析

对经济内部收益率指标作敏感性分析，基本指标为8.61%，变动因素为效益、投资和费用各变化10%，计算结果见表7.7。

从表7.7中可以看出，效益和投资的变化对经济指标影响较大，对费用的变化影响较小。

表 7.7 经济敏感性分析表

项目	基本指标	效益变化		投资变化		费用变化	
		−10%	+10%	−10%	+10%	−10%	+10%
内部收益率/%	8.61	7.58	9.59	9.74	7.62	8.63	8.58
较基本指标增减/%		−1.02	0.98	1.14	−0.98	0.02	−0.02

通过经济评价可以看出实施该项目能够为国家做出较好贡献，项目在实施工程时需注意节约投资，以取得更好的效益。

7.5 本章小结

海洋灾害防灾减灾的目标可以从经济性和技术性两方面来考虑。经济性目标指考虑经济发展与经济恢复等方面的目标；技术性目标指通过技术的实现以达到最终可以为经济性目标服务的目的。本章基于研究内容共提出六种减灾策略。①行政管制类：影响基础设施的开发及建设的政府行政或管制行为，如建筑规范校订、区域法规的变化等。②财产保护类（设施维护）：对现存的建筑及其他公共设施进行加固、拆除，已达到在灾害中免受其带来人员伤亡及财产损失的目的，如建筑物加固、路基加固及提升等。③公众宣传类：重视对公众的安全教育、提高公众的安全意识，对市民、政府官员、业主等进行潜在的灾害和减灾方法的教育，如有关本区域频率较大灾害的教育、对易受损人群的教育等。④自然资源保护类：除最小化灾害损失以外，能起到保护和恢复自然系统功能的措施，如开创露天场所项目、绿化带、蓝色带（人工湖等）、湿地等。⑤应急服务类：指在灾害事件期间或之后保护人民财产的措施，如提供前期预警、减少冗余通信。⑥结构方案：通过建筑结构工程（设计、改进）减少灾害损失的措施，如重建水坝、防波堤，建造绿色屋顶等。并基于 FEMA 的 STAPLEE 方法对防灾减灾的工程措施进行了分析，可以确定特定减灾措施的优势与约束。

现在及未来风险防御工程措施减灾策略识别主要用于预测地震、洪水和风暴潮可能造成的各类损失以及可以采取的应急防范措施，以利于今后备灾、防灾、救灾过程中，强化对人员、设施等的管理，实现灾害事件发生时有效控制人员伤亡及经济损失的目标。而计算机的应用对减灾策略的识别及应用有重大的研究和现实意义。为此，本章提出基于 VR 技术以及 BIM 技术的防灾减灾策略。VR 是一个仿真系统，用户借助不同类型的体感设备将自己感官"投射"到所体验的虚拟环境中，是置身其中的"全感官沉浸"的系统。本课题主要使用模型分割以及纹理映射等技术对灾害现场环境进行三维虚拟建模。虚拟场景的绘制主要通过基于模型以及基于图像的绘制两种方法。灾害模拟过程中虚拟场景的构建使用了多边形建模技术、细分曲面技术等几何建模方法。VR 技术的防灾减灾流程分为五个阶段，分别为防灾减灾应急准备、防灾减灾应急任务启动、灾害应急处置、灾害后处置、防灾减灾应急任务终止。VR 技术在防灾减灾设计中的应用，使我们更加直观、真实、科学地对客观世界的特征与行为进行观察了解。

同时，为了有效地预防和处理我国沿海城市海洋灾害，减少海洋灾害带来的人员和财产损失，本章引入了建筑信息模型（BIM），介绍了 BIM 在我国沿海海洋灾害风险处置中的应用模型。并且与 GIS、AR、Lingo 等技术和软件结合应用，对海洋灾害进行地理空间分析、疏散分析和可视化模拟等，以提高海洋灾害应对的效率。BIM 可以通过三维碰撞和施工方案模拟等技术，提前发现项目方案中的冲突和碰撞，降低风险发生的概率，优化项目管理，以节约成本、控制工期、提升质量。BIM 在我国沿海城市海洋灾害的预防和控制中可以发挥很大的作用，它可以提高救援的效率，有效减少人员和财产损失，指导城市各个相关子系统的快速修复，以帮助城市居民的生活尽快恢复正常状态。

最后，以青岛市黄岛区为例，提出重点区域防灾减灾的工程措施。根据黄岛区海堤工程存在的关键问题，在充分考虑该地区社会经济状况的情况下，从改善生态与人居环境出发，采取分区治理的原则，对穿越黄岛区的各流域根据各自需要达到的防洪标准提出整治方案。其中，河道的防洪工程内容包括河槽疏浚扩挖、堤防加高培厚、裁弯取直、滩地清障，以及新建必要的蓄、拦、滞、泄建筑物等工程措施；海堤的建设工程包括海堤的新建和改建；水库的防洪工程包括大坝加固、溢洪道检修维护、放水洞检修维护。并对海堤的建设进行经济评价，通过经济评价可以看出实施该项目能够为国家做出较大贡献，项目在实施工程时需注意节约投资，以取得更好的效益。

参考文献

蔡榕硕, 齐庆华. 2014. 气候变化与全球海洋: 影响, 适应和脆弱性评估之解读. 气候变化研究进展, 10 (3): 185~190.

巢清尘, 刘昌义, 袁佳双. 2014. 气候变化影响和适应认知的演进及对气候政策的影响. 气候变化研究进展, 10 (3): 167~174.

陈慧敏, 胡飞虎, 耿泽飞. 2011. 基于GIS的灾害应急管理系统业务数据和空间数据的集成. 自然灾害学报, 21 (1): 163~167.

陈科, 黄天勇, 杨林波. 2011. AR技术在GIS可视化中的应用及方法研究. 测绘与空间地理信息, 34 (6): 98~101.

陈奇礼, 陈特固. 1995. 海平面上升对中国沿海工程的潮位和波高设计值的影响. 海洋工程, 13(1): 1~7.

Chui C K, Chen G. 2013. 卡尔曼滤波及其实时应用. 戴洪德, 周绍磊, 戴邵武, 等译. 北京: 清华大学出版社.

丁世飞, 齐丙娟, 谭红艳. 2011. 支持向量机理论与算法研究综述. 电子科技大学学报, 40 (1): 2~10.

董胜, 郝小丽, 李锋. 2005. 海岸地区致灾台风暴潮的长期分布模式. 水科学进展, 16 (1): 42~46.

杜清运, 刘涛. 2007. 户外增强现实地理信息系统原型设计与实现. 武汉大学学报 (信息科学版), 11: 1046~1049.

樊运晓, 罗云, 陈庆寿. 2000. 承灾体脆弱性评价指标中的量化方法探讨. 灾害学, 2: 79~82.

方银钢, 朱合华, 闫治国. 2010. 上海长江隧道火灾疏散救援措施研究. 地下空间与工程学报, 6 (2): 418~422.

冯利华. 2002. 风暴潮等级和灾情的定量表示法. 海洋科学, 26 (1): 40~42.

冯士筰. 1982. 风暴潮导论. 北京: 科学出版社.

傅赐福, 于福江, 王培涛. 2013. 滨海新区温带风暴潮灾害风险评估研究. 海洋学报, 35 (1): 55~62.

高萍, 于汐. 2013. 中美日地震应急管理现状分析与研究. 自然灾害学报, 22 (4): 50~57.

高萍, 齐乐, 徐国栋. 2014. 我国街道社区地震应急管理机制研究——以北京市街道社区为例. 灾害学, 3: 192~196.

郜志超. 2011. 基于GIS技术的台风风暴潮灾害风险评估. 北京: 首都师范大学硕士学位论文.

郜志超, 于淼, 丁照东. 2012. 基于GIS技术的台风风暴潮灾害风险评估——以台州市为例. 海洋环境科学, 31 (3): 439~442, 447.

郭洪寿. 1991. 我国潮灾灾度评估初探. 南京大学学报, 32 (2): 15~21.

郭显光. 1998. 改进的熵值法及其在经济效益评价中的应用. 系统工程理论与实践, 12: 99~103.

国家统计局. 2010. 年国民经济和社会发展的统计公报.

国家海洋局. 2016. 海洋灾害统计年鉴. 北京: 海洋出版社.

何健, 滕德强, 薛峭. 2015. 中国海岸带地质环境与灾害地质. 广东化工, 42 (15): 122-123, 121.

何佩东, 左军成, 顾云碧. 2015. 普陀沿海风暴潮淹没危险性评估. 海洋湖沼通报, 1: 1~8.

何霄嘉, 张九天, 仉天宇. 2012. 海平面上升对我国沿海地区的影响及其适应对策. 海洋预报, 29 (6): 84~91.

何玉春, 谢明勇, 龙德江. 2009. 基于变异系数法的灰色关联模型在水电工程投资方案优选中的应用. 水资源与水工程学报, 2: 127~129.

何征. 2008. 虚拟现实技术在土木工程及避难模拟中的应用与程序实现. 第十四届全国工程设计计算机应

用学术会议论文集. 北京：中国建材工业出版社.
胡蓓蓓, 周俊, 王军. 2012. 天津市滨海新区风暴潮灾害风险评估. 海洋湖沼通报, (2)：114~122.
胡传平, 杨昀. 2007. 高层建筑火灾情况下利用电梯疏散的案例研究. 自然灾害学报, 16 (4)：97~102.
胡春花, 陈晓梅. 2014. 基于虚拟现实的室内地震避险教育系统的研究. 系统仿真学报, 26 (4)：854~858.
胡今鸿, 李鸿飞, 黄涛. 2015. 高校虚拟仿真实验教学资源开放共享机制探究. 实验室研究与探索, 2：140~144, 201.
黄大鹏, 郑伟, 张人禾. 2011. 安徽淮河流域洪涝灾害防灾减灾能力评估. 地理研究, 3：523~530.
黄金池. 2002. 中国风暴潮灾害研究综述. 水利发展研究, 2 (12)：63~65.
黄勇辉, 朱金福. 2009. 基于加速遗传算法的投影寻踪聚类评价模型研究与应用. 系统工程, 11：107~110.
黄镇国, 张伟强, 赖冠文. 1999. 珠江三角洲海平面上升对堤围防御能力的影响. 地理学报, 66 (6)：518~525.
黄镇国, 张伟强, 陈奇礼. 2003. 海平面上升对广东沿海工程设计参数的影响. 地理科学, 23 (1)：39~41.
黄正伟, 唐芳艳. 2016. 基于SVM分类模型的垃圾文本识别研究. 数学的实践与认识, 46 (7)：144~153.
姜新佩, 郭肖娟, 孟祥东. 2013. 公共建筑节能评价指标体系研究. 华北水利水电学院学报, 2：78~82.
焦安亮, 张鹏, 侯振国. 2013. 建筑企业推广BIM技术的方法与实践. 施工技术, 42 (1)：16~19, 64.
李国胜, 李阔. 2013. 广东省中部沿海地区风暴潮灾害风险综合评估. 西南大学学报（自然科学版）, (10)：1~9.
李纪生. 1992. 中国风暴潮概况及其预报. 北京：中国科学技术出版社.
李加林, 王艳红, 张忍顺. 2006. 海平面上升的灾害效应研究. 地理科学, 26 (1)：87~93.
李阔, 李国胜. 2010. 珠江三角洲地区风暴潮重现期及增水与环境要素的关系. 地理科学进展, (4)：433~438.
李阔, 李国胜. 2011. 风暴潮风险研究进展. 自然灾害学报, 20 (6)：104~111.
李阔, 何霄嘉, 许吟隆. 2016. 中国适应气候变化技术分类研究. 中国人口·资源与环境, 26 (2)：18~26.
李莉, 沈琼. 2011. 风暴潮灾害防灾减灾能力评价——以山东省沿海城市为例. 中国渔业经济, 6：98~106.
李琳琳. 2014. 我国沿海省市风暴潮灾害脆弱性组合评价研究. 青岛：中国海洋大学硕士学位论文.
李楠, 任颖, 顾伟宗. 2010. 基于GIS的山东省暴雨洪涝灾害风险区划. 中国农学通报, 26 (20)：313~317.
李宁霞, 谢定华, 董鹏. 2009. LINMAP方法在生产企业供应商选择中的应用. 中国优选法统筹法与经济数学研究会, 四川大学,《中国管理科学》编辑部, 中国科学院科技政策与管理科学研究所. 第十一届中国管理科学学术年会论文集.
李伟平. 2012. 基于BIM（建筑信息模型）技术的历史街区综合安全研究. 天津：天津大学硕士学位论文.
李艳芳. 2010. 论中国应对气候变化法律体系的建立. 中国政法大学学报, (6)：78~91, 159.
李颖, 方伟华, 林伟, 等. 2014. 可能最大风暴潮风险评估中各等级热带气旋设定方法. 海洋科学, 38 (4)：71~80.
李珠瑞, 马溪骏, 彭张林. 2013. 基于离差最大化的组合评价方法研究. 中国管理科学, 1：174~179.
梁海燕, 邹欣庆. 2004. 海口湾沿岸风暴潮漫滩风险计算. 海洋通报, 23 (3)：20~26.
梁海燕, 邹欣庆. 2005. 海口湾沿岸风暴潮风险评估. 海洋学报（中文版）, (5)：22~29.
梁志松. 2013. 风暴潮灾害应急管理技术. 北京：中国水利水电出版社.
刘猛猛, 吕咸青. 2011. 风暴潮模型中空间分布风应力拖曳系数的伴随法反演研究. 海洋与湖沼, 42 (1)：9~19.
刘书贤, 郭涛, 魏晓刚, 等. 2014. 地震作用下煤矿开采损伤建筑的能量耗散演化致灾分析. 地震研究,

37（3）：442~449.

刘伟，邢志祥，任芳，等.2009.大型公共建筑人员安全疏散的模拟研究.消防科学与技术，28（11）：813~816.

刘燕，刘懿.2010.基于可持续发展理念的图书馆避灾体系构建研究.图书馆理论与实践，1：13~14，43.

刘燕华，钱凤魁，王文涛，等.2013.应对气候变化的适应技术框架研究.中国人口资源与环境，23（5）：1~6.

柳有权，刘学慧，朱红斌，等.2005.基于物理的流体模拟动画综述.计算机辅助设计与图形学学报，12：2581~2589.

龙飞鸿，石学法，罗新正.2015.海平面上升对山东沿渤海湾地区百年一遇风暴潮淹没范围的影响预测.海洋环境科学，34（2）：211~216.

娄伟平，陈海燕，郑峰，等.2009.基于主成分神经网络的台风灾害经济损失评估.地理研究，（5）：99~110.

卢美.2013.浙江海岸台风风暴潮漫堤风险评估研究.杭州：浙江大学博士学位论文.

马辉.2009.综合评价系统中的客观赋权方法.合作经济与科技，17：50~51.

马文顶，吴作武，万志军，等.2014.采矿工程虚拟仿真实验教学体系建设与实践.实验技术与管理，9：14~18.

聂作先.2004.基于模糊粗糙集的降维算法研究.长沙：中南大学硕士学位论文.

牛海燕.2012.中国沿海台风灾害风险评估研究.上海：华东师范大学硕士学位论文.

牛海燕，刘敏，陆敏，等.2011.中国沿海地区近20年台风灾害风险评价.地理科学，31（6）：764~768.

潘晓红，贾铁飞，温家洪，等.2009.多灾害损失评估模型与应用述评.防灾科技学院学报，11（2）：77~82.

秦松华，刘强.2016.BIM和AR在境外炼化工程HSE风险管理中的应用.现代化工，36（10）：11~15.

邱倍莉.2015.海平面上升及风暴潮灾害情景下城市社会经济脆弱性评估.上海：华东师范大学硕士学位论文.

沙文钰.2004.风暴潮、浪数值预报.北京：海洋出版社.

石春玲，李峰，孟祥新，等.2012.山东省2010~2011年秋冬连旱特征及成因.干旱气象，30（3）：323~331.

施雅风.1994.我国海岸带灾害的加剧发展及其防御方略.自然灾害学报，3（2）：3~15.

石先武，谭骏，国志兴，等.2013.风暴潮灾害风险评估研究综述.地球科学进展，28（8）：866~874.

史培军.2011.中国自然灾害风险地图集.北京：科学出版社.

史培军.2012.综合风险防范：IHDP综合风险防范核心科学计划与综合巨灾风险防范研究.北京：北京师范大学出版社.

宋城城，李梦雅，王军，等.2014.基于复合情景的上海台风风暴潮灾害危险性模拟及其空间应对.地理科学进展，33（12）：1692~1703.

宋明春.2008.山东省大地构造格局和地质构造演化.北京：中国地质科学院博士学位论文.

苏纪兰.2005.中国近海水文.北京：海洋出版社.

孙敏，陈秀万，张飞舟，等.2004.增强现实地理信息系统.北京大学学报（自然科学版），40（6）：906~913.

孙卫东，彭子成.1996.治理黄河三角洲海岸蚀退的生物措施：米草生态防护工程.中国地质灾害与防治学报，7（3）：45~48.

塔依尔江·吐尔浑，安瓦尔·买买提明.2014.新疆喀什地区城市自然灾害综合风险评估.冰川冻土，5：

1321~1327.

谭丽荣.2012.中国沿海地区风暴潮灾害综合脆弱性评估.上海:华东师范大学博士学位论文.

唐建,史剑,李训强,等.2013.基于台风风场模型的台风浪数值模拟.海洋湖沼通报,2:24~30.

唐银凤,黄志明,黄荣娟,等.2011.基于多特征提取和SVM分类器的纹理图像分类.计算机应用与软件,28(6):22~25.

王超.1986.随机组合概率分析方法及设计水位的推算.海洋学报,8(3):392~400.

王富喜,毛爱华,李赫龙,等.2013.基于熵值法的山东省城镇化质量测度及空间差异分析.地理科学,11:1323~1329.

王康发生.2010.海平面上升背景下中国沿海台风风暴潮脆弱性评估.上海:上海师范大学硕士学位论文.

王丽娜.2008.山东省土地利用格局及其驱动因素.济南:山东大学硕士学位论文.

王平.2013.基于粗糙集属性约简的分类算法研究与应用.大连:大连理工大学硕士学位论文.

王甜甜.2019.基于多种机器学习方法的风暴潮增水预测比较研究.青岛:中国海洋大学硕士学位论文.

王甜甜,刘强.2018.基于BAS-BP模型的风暴潮灾害损失预测.海洋环境科学,37(3):457~463.

王廷.2012.基于GIS的城市防灾减灾决策系统研究.淄博:山东理工大学硕士学位论文.

王喜年.2001.风暴潮预报知识讲座 第四讲 风暴潮预报技术(1).海洋预报,18(4):63~69.

王喜年.2002.风暴潮预报知识讲座 第五讲 风暴潮预报技术(2).海洋预报,19(2):64~70.

王晓玲.2010.我国风暴潮灾害经济风险区划.青岛:中国海洋大学硕士学位论文.

闻斌,汪鹏,万雷,等.2008.中国近海海域台风浪模拟实验.海洋通报,27(3):1~6.

吴明芬,许勇,刘志明.2007.一种基于属性重要性的启发式约简算法.小型微型计算机系统,8:1452~1455.

吴绍洪.2014.气候变化对中国的影响利弊.中国人口资源与环境,24(1):7~13.

吴玮,刘秋兴,于福江,等.2012.台州沿海地区台风风暴潮淹没风险分析.海洋预报,29(2):25~31.

夏东兴,刘振夏.1994.海面上升对渤海湾西岸的影响与对策.海洋学报,16(1):61~67.

谢翠娜.2010.上海沿海地区台风风暴潮灾害情景模拟及风险评估.上海:华东师范大学硕士学位论文.

谢丽,张振克.2010.近20年中国沿海风暴潮强度、时空分布与灾害损失.海洋通报,6:690~696.

熊永柱.2011.海岸带可持续发展评价模型及其应用研究.武汉:中国地质大学出版社.

许炳,朱海龙.2015.我国建筑业BIM应用现状及影响机理研究.建筑经济,36(3):10~14.

许世远,王军,石纯,等.2006.沿海城市自然灾害风险研究.地理学报,61(2):127~138.

于文金,吕海燕,张朝林,等.2009.江苏盐城海岸带风暴潮灾害经济评估方法研究.生态经济,(7):154~159.

颜丽娟.2013.加速遗传算法的投影寻踪模型在新农村建设评价中的应用.农业技术经济,8:90~97.

杨保国.1996.中国沿海的风暴潮灾及其防御对策.自然灾害学报,5(4):82~88.

杨桂山.2000.中国沿海风暴潮灾害的历史变化及未来趋向.自然灾害学报,9(3):23~30.

杨桂山.2001.中国海岸环境变化及其区域响应.南京:中国科学院研究生院(南京地理与湖泊研究所)博士学位论文.

杨桂山,施雅风.1995.海平面上升对中国沿海重要工程设施与城市发展的可能影响.地理学报,50(4):302~309.

杨龙江,苏经宇,王威,等.2013.城市综合防灾减灾能力评价的可变模糊集理论.土木工程学报,S2:288~293.

杨世伦,王兴放.1998.海平面上升对长江口三岛影响的预测研究.地理科学,18(6):518~523.

叶琳,于福江.2002.我国风暴潮灾的长期变化与预测.海洋预报,19(1):89~96.

殷克东,刘士彬,王冰.2011.青岛近海地区风暴潮灾害风险区划研究.中国渔业经济,29(1):41~47.

殷克东，韦茜，李兴东. 2012. 风暴潮灾害社会经济损失评估研究. 海洋环境科学，6：835~837，842.
尹占娥，许世远. 2012. 城市自然灾害风险评估研究. 北京：科学出版社.
尹志刚，任珊珊，周静海，等. 2010. 洪水作用下村镇住宅的力学响应试验研究. 灾害学，25（增）：127~130.
应天元. 1997. 系统综合评价的赋权新方法——PC-LINMAP 耦合模型. 系统工程理论与实践，2：9~14.
袁本坤，刘清容，张薇，等. 2013. 山东沿海的风暴潮灾害及其防御对策研究. 海洋开发与管理，11：22~26.
张斌，赵前胜，姜瑜君. 2010. 区域承灾体脆弱性指标体系与精细量化模型研究. 灾害学，2：36~40.
张建平，李丁，林佳瑞，等. 2012. BIM 在工程施工中的应用. 施工技术，41（371）：10~17.
张俊香，黄崇福，刘旭拢. 2008. 广东沿海台风暴潮灾害的地理分布特征和风险评估（1949—2005）. 应用基础与工程科学学报，(3)：393~402.
张俊香，黄崇福. 2011. 广东沿海地区风暴潮易损性评估. 热带地理，(2)：153~158，177.
张强，邹旭恺，肖风劲. 2006. 中华人民共和国国家标准——气象干旱等级（GB/T 20481—2006）. 北京：中国标准出版社.
张秋余，孙磊. 2007. 基于 PC-LINMAP 耦合赋权及云理论的入侵检测系统. 计算机应用，10：2443~2445.
张晓霞. 2013. 辽宁海洋灾害风险分级及评价方法研究. 大连：大连海事大学硕士学位论文.
张晓艳，王丽丽，王志诚，等. 2010. 山东省农业生产风险因素分析与粮食产量预测. 农业展望，6（10）：34~37.
张延年，王元清，张勇，等. 2012. Gumbel 分布的基本风压计算与分析. 土木建筑与环境工程，34（2）：27~31.
张艳妮. 2008. 山东省灌溉农业分区及节水潜力预测. 泰安：山东农业大学硕士学位论文.
张瑜，黄曦涛. 2009. RS 和 GIS 技术在地震灾害中的应用. 安徽农业科学，30（7）：14760~14763，14853.
张玉红. 2013. 风暴潮灾害风险评估及区划管理研究. 青岛：中国海洋大学硕士学位论文.
张振克. 1997. 山东沿海地区自然灾害与对策. 地理学与国土研究，13（2）：41~46.
章国材. 2015. 自然灾害风险评估与区划原理和方法. 北京：气象出版社.
仇天宇. 2010. 我国海洋领域适应气候变化的政策与行动. 海洋预报，27（4）：67~73.
赵领娣，陈明华. 2011. 中国东部沿海省市风暴潮经济损失风险区划. 自然灾害学报，20（5）：100~104.
赵领娣，王昊运，胡明照. 2011. 中国沿海省市风暴潮经济损失风险区划研究. 海洋环境科学，30（2）：275~278.
赵鹏，李长如. 2013. 中国沿海地区人口趋海移动研究. 海洋经济，3（1）：18~25.
赵微，林健，王树芳，等. 2013. 变异系数法评价人类活动对地下水环境的影响. 环境科学，4：1277~1283.
赵昕，贾宁，李莉. 2011. 山东省风暴潮灾害风险区划研究. 中国渔业经济，29（1）：35~40.
赵振兴，何建京. 2005. 水力学. 北京：清华大学出版社.
郑君. 2011. 风暴潮灾害风险评估方法及应用研究. 杭州：浙江大学.
钟爱华. 2011. 海堤防洪. 大众科技，4：121~122.
周彪，周军学，周晓猛，等. 2010. 城市防灾减灾综合能力的定量分析. 防灾科技学院学报，1：104~112.
周建中. 2011. 减振控制技术在林木风灾中的应用展望. 自然灾害学报，20（6）：140~144.
周民良. 2001. 关于沿海地区经济发展的几个问题. 特区理论与实践，9：36~40.
周益人，陈国平，黄海龙，等. 2003. 透空式水平板波浪上托力分布. 海洋工程，21（4）：41~47.
周忠，周颐，肖江剑. 2015. 虚拟现实增强技术综述. 中国科学：信息科学，45（2）：157~180.
左书华，李九发，陈沈良，等. 2006. 河口三角洲海岸侵蚀及防护措施浅析——以黄河三角洲及长江三角洲为例. 中国地质灾害与防治学报, 17 (4): 97~10.

Adger W N. 2006. Vulnerability. Global Environmental Change, 16 (3): 268~281.

Alfieri L, Feyen L, Dottori F, et al. 2015. Ensemble flood risk assessment in Europe under high end climate scenarios. Global Environmental Change, 35: 199~212.

Araujo I B, Bos M S, Bastos L C, et al. 2013. Analysis the 100 year sea level record of Leixoes, Portugal. Journal of Hydrology, 481: 76~84.

Bariamis D, Maroulis D, Iakovidis D K. 2010. Unsupervised SVM-based gridding for DNA microarray images. Computerized Medical Imaging & Graphics the Official Journal of the Computerized Medical Imaging Society, 34 (6): 418~425.

Bhuiyan M J A N, Dutta D. 2011. Analysis of flood vulnerability and assessment of the impacts in coastal zones of Bangladesh due to potential sea-level rise. Nat Hazards, 61 (2): 729~743.

Bittermann K, Rahmstorf S, Perrette M, et al. 2013. Predictability of twentieth century sea-level rise from past data. Environmental Research Letters, 8 (1): 1880~1885.

Blasio B. 2014. New York City Hazard Mitigation Plan. http://www1.nyc.gov/assets/em/downloads/pdf/hazard_mitigation/plan_update_2014/final_nyc_hmp.pdf[2020-5-25].

Chen Q, Wang L, Tawes R. 2008. Hydrodynamic response of northeastern Gulf if Mexico to hurricanes. Estuaries Coasts, (31): 1098~1116.

Chen S C, Lee C Y, Lin C W, et al. 2012a. 2D and 3D visualization with dual-resolution for surveillance. Computer Vision and Pattern Recognition Workshops (CVPRW), IEEE Computer Society Conference: 23~30.

Chen W B, Liu W C, Hsu M H. 2012b. Predicting typhoon-induced storm surge tide with a two-dimensional hydrodynamic model and artificial neural network model. Natural Hazards and Earth System Sciences, (12): 3799~3809.

Chen Y M, Huang W R, Xu S D. 2014. Frequency analysis of extreme water levels affected by sea-level rise in east and southeast coasts of China. Journal of Coastal Research, 68: 105~112.

Church J A, White N J. 2006. A 20th century acceleration in global sea-level rise. Geophysical Research Letters, 33 (1): 313~324.

Church J A, White N J. 2011. Sea-level rise from the late 19th to the early 21st century. Surveys in Geophysics, 32 (4-5): 585~602.

Cooley D, Nychka D, Naveau P. 2007. Bayesian spatial modeling of extreme precipitation return levels. Journal of the American Statistical Association, 102 (479): 824~840.

Castillo E. 1988. Extreme Value Theory in Engineering. New York: Academic Press.

Cazenave A, Do Minh K, Gennero M C. 2003. Present-day sea level rise: from satellite and in situ observations to physical causes//Hwang C, Shum C K, Li J. Satellite Altimetry for Geodesy, Geophysics and Oceanography. International Association of Geodesy Symposia, vol 126. Springer, Berlin, Heidelberg.

Dasgupta S, Laplante B, Meisner C, et al. 2009. The impact of sea level rise on developing countries: a comparative analysis. Climatic Change, 93 (3-4): 379~388.

Dawson R J, Dickson M E, Nicholls R J, et al. 2009. Integrated analysis of risks of coastal flooding and cliff erosion under scenarios of long term change. Climatic Change, 95 (1-2): 249~288.

Dietrich J C, Zijlema M, Westerink J J, et al. 2011. Modeling hurricane waves and storm surge using integrally-coupled, scalable computations. Coastal Engineering, (58): 45~65.

Dutton A, Carlson A, Long A, et al. 2015. Sea-level rise due to polar ice-sheet mass loss during past warm periods. Science, 349 (6244): aaa4019.

Emanuel K A. 1992. The dependence of hurricane intensity on climate. Nature, 277 (6112): 25~33.

Fan L L, Liu M M, Chen H B, et al. 2011. Numerical study on the spatially varying drag coefficient in simulation of storm surges employing the adjoint method. Chinese Journal of Oceanology and Limnology, 29 (3): 702~717.

Fang G H, Kwok Y K, Yu K J, et al. 1999. Numerical simulation of principal tidal constituents in the South China Sea, Gulf of Tonkin and Gulf of Thailand. Continental Shelf Research, (19): 845~869.

Feng J L, Jiang W S. 2015. Extreme water level analysis at three stations on the coast of the Northwestern Pacific Ocean. Ocean Dynamics, 65 (11): 1383~1397.

Feng X, Tsimplis M N. 2014. Sea level extremes at the coasts of China. Journal of Geophysical Research: Oceans, 119 (3): 1593~1608.

Gaines J M. 2016. Flooding: Water potential. Nature, 531 (7594): S54~S55.

Gazioglu C, Burak S, Alpar B, et al. 2010. Foreseeable impacts of sea level rise on the southern coast of the Marmara Sea (Turkey). Water Policy, 12 (6): 932~943.

Geoffrey E, Hinton, Simon Osindero, et al. 2006. A fast learning algorithm for deep belief nets. Neural computation, 18 (7): 1527~1554.

Ghadirian P, Bishop I D. 2002. Composition of augmented reality and GIS to visualise environmental changes. // Watson T. Proceedings of the Joint AURISA and Institution of Surveyors Conference. Adelaide, South Australia: 25~30.

Ghadirian P, Bishop I D. 2008. Integration of augmented reality and GIS: A new approach to realistic landscape visualization. Landscape and Urban Planning, (86): 226~232.

Gomes M P, Pinho J L, Carmo J S A D, et al. 2015. Hazard assessment of storm events for The Battery, New York. Ocean & Coastal Management, 118: 22~31.

Grinsted A, Moore J C, Jevrejeva S. 2009. Reconstructing sea level from paleo and projected temperatures 200 to 2100 ad. Climate Dynamics, 34 (4): 461~472.

Guneralp B, Guneralp I, Liu Y. 2015. Changing global patterns of urban exposure to flood and drought hazards. Global Environmental Change-Human and Policy Dimensions, 31: 217~225.

Guo J, Hu Z, Wang J, et al. 2015. Sea Level changes of China seas and neighboring ocean based on satellite altimetry missions from 1993 to 2012. Journal of Coastal Research, 73: 17~21.

Haigh I D, MacPherson L R, Mason M S, et al. 2014a. Estimating present day extreme water level exceedance probabilities around the coastline of Australia: Tropical cyclone-induced storm surges. Climate Dynamics, 42 (1-2): 139~157.

Haigh I, Wijeratne E M S, MacPherson L, et al. 2014b. Estimating present day extreme water level exceedance probabilities around the coastline of Australia: Tides, extra-tropical storm surges and mean sea level. Climate Dynamics, 42 (1-2): 121~138.

Hallegatte S, Ranger N, Mestre O, et al. 2011. Assessing climate change impacts, sea level rise and storm surge risk in port cities: A case study on Copenhagen. Climatic Change, 104 (1): 113~137.

Hallegatte S, Green C, Nicholls R J, et al. 2013. Future flood losses in major coastal cities. Nature Climate Change, 3 (9): 802~806.

Hay C C, Morrow E, Kopp R E, et al. 2015. Probabilistic reanalysis of twentieth-century sea-level rise. Nature, 517 (7535): 481~484.

He Y J, Lu X Q, Qiu Z F, et al. 2004. Shallow water tidal constituents in the Bohai Sea and the Yellow Sea from a numerical adjoint model with TOPEX/POSEIDON altimeter data. Continental Shelf Research, 24: 1521~1529.

Hinkel J, Lincke D, Vafeidis A T, et al. 2014. Coastal flood damage and adaptation costs under 21st century sea-level rise. Proceedings of the National Academy of Sciences, 111 (9): 3292~3297.

Hirabayashi Y, Mahendran R, Koirala S, et al. 2013. Global flood risk under climate change. Nature Climate Change, 3 (9): 816~821.

Holgate S J. 2007. On the decadal rates of sea level change during the twentieth century. Geophysical Research Letters, 34 (1): 286~293.

Horne M, Hamza N. 2006. Integration of virtual reality within the built environment curriculum. http://www.itcon.org/cgi-bin/works/Show? 2006_23 [2020-5-25].

Hunter J. 2012. A simple technique for estimating an allowance for uncertain sea-level rise. Climatic Change, 113 (2): 239~252.

IPCC. 2013. Climate Change: The Physical Science Basis: Working Group I Contribution to the Fifth Assessment Report of the Intergovernmental Panel on Climate Change. Cambridge: Cambridge University Press.

Irish J L, Resio D T, Ratcliff J J. 2008. The influence of storm size on hurricane surge. Journal of Physical Oceanography, (38): 2003~2013.

Islam M A, Mitra D, Dewan A, et al. 2016. Coastal multi-hazard vulnerability assessment along the Ganges deltaic coast of Bangladesh: A geospatial approach. Ocean & Coastal Management, 127: 1~15.

Jahanbaksh A S, Khorshiddoust A M, Dinpashoh Y, et al. 2013. Frequency analysis of climate extreme events in Zanjan, Iran. Stochastic Environmental Research and Risk Assessment, 27 (7): 1637~1650.

Javier S F, Jaime G G, Laura P S C. 2010. Design and implementation of a GPS guidance system for agricultural tractors using augmented reality technology. Sensors, 10 (11): 10435~10447.

Jelesnianski C P. 1965. A numerical calculation of storm tides induced by a tropical storm impinging on a continental shelf. Monthly Weather Review, 93 (6): 343~358.

Jelesnianski C P. 1972. SPLASH (Special program to list the amplitudes of surges from hurricanes). I. Landfall-storms. NOAA Technical Memorandum NWS, TDL-46.

Jiang X, Li S. 2017a. BAS: Beetle Antennae Search Algorithm for Optimization Problems. arXiv preprint arXiv: 1710.10724 [2020-5-25].

Jiang X, Li S. 2017b. Beetle Antennae Search without Parameter Tuning (BAS-WPT) for Multi-objective Optimization. arXiv preprint arXiv: 1711.02395 [2020-5-25].

Joanna H, Antonia F C H. 2016. Testing the relationship between mimicry, trust and rapport in virtual reality conversations. Scientific Reports, 6: 35295. doi: 10.1038/srep35295.

Jonkman S, Vrijling J. 2008. Loss of life due to floods. Journal of Flood Risk Management, 1 (1): 43~56.

Kalman R E. 1960. A new approach to linear filtering and prediction problems. Journal of Basic Engineering 82 (Series D): 35~45.

Karamouz M, Zahmatkesh Z, Nazif S, et al. 2014. An evaluation of climate change impacts on extreme sea level variability: Coastal area of New York City. Water Resources Management, 28 (11): 3697~3714.

Karim M F, Mimura N. 2008. Impacts of climate change and sea-level rise on cyclonic storm surge floods in Bangladesh. Global Environmental Change, 18 (3): 490~500.

King G R, Piekarski W, Thomas B H. 2005. ARVino-outdoor augmented reality visualization of viticulture GIS data. Proceedings of the International Symposium on Mixed and Augmented Reality: 52~55.

Kleinosky L R, Yarnal B, Fisher A. 2007. Vulnerability of Hampton Roads, Virginia to storm-surge flooding and sea-level rise. Nat Hazards, 40 (1): 43~70.

Klerk W J, Winsemius H C, Verseveld W J V, et al. 2015. The co-incidence of storm surges and extreme discharges within the Rhine-Meuse Delta. Environmental Research Letters, 10 (3): 035005.

Knutson T R, McBride J L, Chan J, et al. 2010. Tropical cyclones and climate change. Nature Geoscience, 3 (3): 157~163.

Kopp R E, Simons F J, Mitrovica J X, et al. 2009. Probabilistic assessment of sea level during the last interglacial stage. Nature, 462 (7275): 863~851.

Kopp R E, Simons F J, Mitrovica J X, et al. 2013. A probabilistic assessment of sea level variations within the last interglacial stage. Geophysical Journal International, 193 (2): 711~716.

Kopp R E, Horton R M, Little C M, et al. 2014. Probabilistic 21st and 22nd centuries sea-level projections at a global network of tide-gauge sites. Earth's Future, 2 (8): 383~406.

Kunte P D, Jauhari N, Mehrotra U, et al. 2014. Multi-hazards coastal vulnerability assessment of Goa, India, using geospatial techniques. Ocean & Coastal Management, 95 (4): 264~281.

Lee C E, Kim S W, Park D H, et al. 2013. Risk assessment of wave run-up height and armor stability of inclined coastal structures subject to long-term sea level rise. Ocean Engineering, 71 (5): 130~136.

Levermann A, Clark P U, Marzeion B, et al. 2013. The multimillennial sea-level commitment of global warming. Proceedings of the National Academy of Sciences, 110 (34): 13745~13750.

Li Y N, Peng S Q, Yan J, Xie L. 2013. On improving storm surge forecasting using an adjoint optimal technique. Ocean Modelling, (72): 185~197.

Lionello P, Sanna A, Elvini E, et al. 2006. A data assimilation procedure for operational prediction of storm surge in the northern Adriatic Sea. Continental Shelf Research, (26): 539~553.

Little C M, Horton R M, Kopp R E, et al. 2015. Joint projections of US East Coast sea level and storm surge. Nature Climate Change, 5 (12): 1114~1120.

Liu C J. 2014. Measuring social vulnerability of Chinese coastal counties to natural hazards [dissertation]. Newark, Delaware, America: University of Delaware.

Magnan A K. 2016. Climate change: Metrics needed to track adaptation. Nature, 530 (7589): 160~160.

Marchuk G I, Kagan B A. 1989. Dynamics of Ocean Tides. New York: Springer.

Marco B, Georg U. 2010. Storm surge forecast through a combination of dynamic and neural network models. Ocean Modelling, 33 (1~2): 1~9.

McGranahan G, Balk D, Anderson B. 2007. The rising tide: Assessing the risks of climate change and human settlements in low elevation coastal zones. Environment and Urbanization, 19 (1): 17~37.

McKee T B, Doesken N J, Kleist J. 1993. The relationship of drought frequency and duration to time scales. // Adams E. Proceedings of the Eighth Conference on Applied Climatology. Boston: American Meteorological Society.

Meehl G A, Washington W M, Collins W D, et al. 2005. How much more global warming and sea level rise? Science, 307 (5716): 1769~1772.

Menéndez M, Woodworth P L. 2010. Changes in extreme high water levels based on a quasi-global tide-gauge data set. Journal of Geophysical Research: Oceans (1978~2012), 115: C10011.

Milgram P, Kishino F. 1994. A taxonomy of mixed reality visual displays. IEICE Transactions on Information and Systems, E77-D (12): 1321~1329.

Moipone M A L. 2015. An assessment of place vulnerability to natural hazards in South-Western Lesotho [dissertation]. Johannesburg: University of the Witwatersrand.

Mojtahedi S M H, Oo B L. 2016. Coastal buildings and infrastructure flood risk analysis using multi-attribute decision-making. Journal of Flood Risk Management, 9: 87~96.

Morozov V A. 1984. Methods for Solving Incorrectly Posed Problems. New York: Springer.

Mokrech M, Nicholls R J, Dawson R J. 2012. Scenarios of future built environment for coastal risk assessment of climate change using a GIS-based multicriteria analysis. Environment and Planning B, 39 (1): 120~136.

Murdukhayeva A, August P, Bradley M, et al. 2013. Assessment of inundation risk from sea level rise and storm surge in Northeastern Coastal National Parks. Journal of Coastal Research, 29 (6A): 1~16.

Needham H F, Keim B D. 2014. An empirical analysis on the relationship between tropical cyclone size and storm surge heights along the U. S. Gulf Coast. Earth Interactions, 18 (8): 1~15.

Neumann B, Vafeidis A T, Zimmermann J, et al. 2015. Future coastal population growth and exposure to sea-level rise and coastal flooding-A global assessment. Plos One, 10 (3): e0118571.

Nicholls R J. 2002. Analysis of global impacts of sea-level rise: A case study of flooding. Physics and Chemistry of the Earth, Parts A/B/C, 27 (32): 1455~1466.

Nicholls R J, Cazenave A. 2010. Sea-level rise and its impact on coastal zones. Science, 328 (5985): 1517~1520.

Nicholls R J, Hoozemans F M J, Marchand M. 1999. Increasing flood risk and wetland losses due to global sea-level rise: Regional and global analyses. Global Environmental Change,, 9 (1): 69~87.

Nicholls R J, Hanson S E, Lowe J A, et al. 2014. Sea-level scenarios for evaluating coastal impacts. Wiley Interdisciplinary Reviews: Climate Change, 5 (1): 129~150.

Oliver B, Ramesh R. 2006. Modern approaches to Augmented Reality. In: Daly, ed. Proceedings of ACM SIGGRAPH 2006 Courses. Boston: ACM, 1.

Osowski S. 1994. Signal flow graphs and neural networks. Biological Cybernetics, 70 (4): 387~395.

Pai Y S, Yap H J, Md Dawal S Z. 2016. Virtual Planning, Control and Machining for a Modular-Based Automated Factory Operation in an Augmented Reality Environment. Scientific Reports. 6: 27380. doi: 10. 1038/srep27380.

Pawlak Z. 1982. Rough sets. International Journal of Computer and Information Sciences, 11: 341~356.

Peng S Q, Xie L. 2006. Effect of determining initial conditions by four-dimensional variational data assimilation on storm surge forecasting. Ocean Modelling, (14): 1~18.

Peng S Q, Xie L, Pietrafesa L J. 2007. Correcting the errors in the initial conditions and wind stress in storm surge simulation using an adjoint optimal technique. Ocean Modelling, (18): 175~193.

Proudman, J. 1953. Dynamical Oceanography. London: Methuen & Co. Ltd.

Quinn N, Lewis M, Wadey M P, et al. 2014. Assessing the temporal variability in extreme storm-tide time series for coastal flood risk assessment. Journal of Geophysical Research-Oceans, 119 (8): 4983~4998.

Ray R D, Douglas B C. 2011. Experiments in reconstructing twentieth-century sea levels. Progress in Oceanography, 91 (4): 496~515.

Rebecca M F, Christian H P, Christian B. 2016. Using the virtual reality device Oculus Rift for neuropsychological assessment of visual processing capabilities. Scientific Reports, 6: 37016.

Sahin O, Mohamed S. 2014. Coastal vulnerability to sea-level rise: A spatial-temporal assessment framework. Natural Hazards, 70 (1): 395~414.

Sarpkaya T, Isaacson M, Wehausen J V. 1982. Mechanics of wave forces on offshore structures. Journal of Applied Mechanics, 49 (2): 466.

Scotto M G, Tobias A. 1999. Parameter estimation for the Gumbel distribution. Stata Technical Bulletin, 8 (43): 1~44.

Sebastian A, Proft J, Dietrich J C, et al. 2014. Characterizing hurricane storm surge behavior in Galveston Bay using the SWAN + ADCIRC model. Coastal Engineering, (88): 171~181.

Shaevitz D A, Camargo S J, Sobel A H, et al. 2014. Characteristics of tropical cyclones in high-resolution models in the present climate. Journal of Advances in Modeling Earth Systems, 6 (4): 1154~1172.

Shi X, Liu S, Yang S, et al. 2015. Spatial-temporal distribution of storm surge damage in the coastal areas of China. Natural Hazards, 79 (1): 237~247.

Simav Ö, Zafer Şeker D, Gazioğlu C. 2013. Coastal inundation due to sea level rise and extreme sea state and its potential impacts: Çukurova Delta case. Turkish Journal of Earthences, 22 (4): 671~680.

Sindhu B, Unnikrishnan A S. 2012. Return period estimates of extreme sea level along the east coast of India from numerical simulations. Nat Hazards, 61 (3): 1007~1028.

Skjong M, Naess A, Naess O E B. 2013. Statistics of extreme sea levels for locations along the Norwegian Coast. Journal of Coastal Research, 29 (5): 1029~1048.

Smith K. 2011. We are seven billion. Nature Climate Change, 1 (7): 331~335.

Solaiman S, Simone G, Renan C M. 2016. Assimilation of virtual legs and perception of floor texture by complete paraplegic patients receiving artificial tactile feedback. Scientific Reports, 6: 32293.

Stefan D, Thomas O. 2008. An evaluation model for ICT investments in construction projects. ITcon 13: 343~361.

Strauss B H, Ziemlinski R, Weiss J L, et al. 2012. Tidally adjusted estimates of topographic vulnerability to sea level rise and flooding for the contiguous United States. Environmental Research Letters, 7 (1): 014033.

Syvitski J P, Kettner A J, Overeem I, et al. 2009. Sinking deltas due to human activities. Nature Geoscience, 2 (10): 681~686.

Sztobryn M. 2003. Forecast of storm surge by means of artificial neural network. Journal of Sea Research, 49 (4): 317~322.

Takagi H, Esteban M, Shibayama T. 2015. Track analysis, simulation, and field survey of the 2013 Typhoon Haiyan storm surge. Journal of Flood Risk Management. doi: 10.1111/jfr3.12136.

Tamma A C, Solomon M H. 2016, Social and economic impacts of climate. Science. 353 (6304): aad9837.

Taramelli A, Valentini E, Sterlacchini S. 2014. A GIS-based approach for hurricane hazard and vulnerability assessment in the Cayman Islands. Ocean & Coastal Management, 108: 116~130.

Temmerman S, Meire P, Bouma T J, et al. 2013. Ecosystem-based coastal defence in the face of global change. Nature, 504 (7478): 79~83.

Thompson R R, Garfin D R, Silver R C. 2017. Evacuation from natural disasters: A systematic review of the literature. Risk Analysis. doi: 10.1111/risa.12654.

Tikhonov A N. 1963. Solution of incorrectly formulated problems and the regularization method. Soviet Math Society Docum entation Dokl., (4): 1035~1038.

Torres R R, Tsimplis M N. 2014. Sea level extremes in the Caribbean Sea. Journal of Geophysical Research-Oceans, 119 (8): 4714~4731.

Toyoda Y, Kanegae H. 2014. A community evacuation planning model against urban earthquakes. Regional Science Policy & Practice, 6: 231~249.

Vapnik V N. 1999. An overview of statistical learning theory. IEEE Transactions on Neural Networks, 10 (5): 988~999.

Vickery P, Skerlj P, Twisdale L. 2000. Simulation of hurricane risk in the US using empirical track model. Journal of structural engineering, 126 (10): 1222~1237.

Wahl T, Chambers D P. 2015. Evidence for multidecadal variability in US extreme sea level records. Journal of Geophysical Research-Oceans, 120 (3): 1527~1544.

Walsh K J E, Mcbride J L, Klotzbach P J, et al. 2010. Tropical cyclones and climate change. Nature Geoscience,

3 (3): 157~163.

Walton T L. 2000. Distributions for storm surge extremes. Ocean Engineering, 27 (12): 1279~1293.

Wang G, Kang J, Yan G, et al. 2015. Spatio-temporal variability of sea level in the East China Sea. Journal of Coastal Research, 73 (sp1): 40~47.

Wang J, Gao W, Xu S, et al. 2012. Evaluation of the combined risk of sea level rise, land subsidence, and storm surges on the coastal areas of Shanghai, China. Climatic Change, 115 (3): 537~558.

Wang L P, Huang G L, Chen Z S, et al. 2014a. Risk analysis and assessment of overtopping concerning sea dikes in the case of storm surge. China Ocean Engineering, 28 (4): 479~487.

Wang X L, Hou X Y, Li Z, et al. 2014b. Spatial and Temporal Characteristics of Meteorological Drought in Shandong Province, China, from 1961 to 2008. Advances in Meteorology, 2014, 873593. https://doi.org/10.1155/2014/873593

Westerink J J, Luettich R A, Feyen J C, et al. 2008. A basin-to channel-scale unstructured grid hurricane storm surge model applied to southern Louisiana. Monthly Weather Review, (136): 833~864.

White N J, Church J A, Gregory J M. 2005. Coastal and global averaged sea level rise for 1950 to 2000, 32 (1): 357.

Winsemius H C, Aerts J C J H, van Beek L P H, et al. 2016. Global drivers of future river flood risk. Nature Climate Change, 6 (4): 381~385.

Woodruff J D, Irish J L, Camargo S J. 2013. Coastal flooding by tropical cyclones and sea-level rise. Nature, 504 (7478): 44~52.

Woth K, Weisse R, von Storch H. 2006. Climate change and North Sea storm surge extremes: An ensemble study of storm surge extremes expected in a changed climate projected by four different regional climate models. Ocean Dynamics, 56 (1): 3~15.

Wu J. 1982. Wind-stress coefficients over sea surface from breeze to hurricane. Journal of Geophysical Research, 87: 9704~9706.

Wu S H, Feng A Q, Gao J B, et al. 2017. Shortening the recurrence periods of extreme water levels under future sea-level rise. Stochastic Environmental Research and Risk Assessment, 31 (10): 2573~2584.

Yang S, Liu X, Liu Q. 2016. A storm surge projection and disaster risk assessment model for China coastal areas. Natural Hazards, 84 (1): 649~667.

Yin J, Yin Z E, Hu X M, et al. 2011. Multiple scenario analyses forecasting the confounding impacts of sea level rise and tides from storm induced coastal flooding in the city of Shanghai, China. Environmental earth sciences, 63 (2): 407~414.

Yin J, Yin Z, Wang J, et al. 2012. National assessment of coastal vulnerability to sea-level rise for the Chinese coast. Journal of Coastal Conservation, 16 (1): 123~133.

Yu K, Jia L, Chen Y, et al. 2013. Deep learning: Yesterday, today, and tomorrow. Journal of Computer Research & Development, 20 (6): 1349.

Yuan J P, Fang Z, Wang Y C, et al. 2009. Integrated network approach of evacuation simulation for large complex buildings. Fire Safety Journal, 44: 266~275.

Yue S, Ouarda T B M J, Bobee B, et al. 1999. The Gumbel mixed model for flood frequency analysis. Journal of Hydrology, 226 (1~2): 88~100.

Zhang J C, Lu X Q, Wang P, et al. 2011. Study on linear and nonlinear bottom friction parameterizations for regional tidal models using data assimilation. Continental Shelf Research, (31): 555~573.

Zhang W Z, Hong H S, Shang S P, et al. 2007. A two-way nested coupled tide-surge model for the Taiwan

Strait. Continental Shelf Research,(27): 1548~1567.

Zhou Y, Li N, Wu W X, et al. 2014. Assessment of provincial social vulnerability to natural disasters in China. Nat Hazards, 71: 2165~2186.

Zong Y Q, Tooley M J. 2003. A historical record of coastal floods in Britain: Frequencies and associated storm tracks. Nat Hazards, 29 (1): 13~36.